はじめての PHP エンジニア入門編

TECHNICAL MASTER 102

A textbook for fast learning of PHP programming;language basics, popular libraries, tools, and Web frameworks.

宇谷 有史／島袋 隆広／高橋 邦彦／藤田 泰生／
佐野 元気／岩原 真生／矢田 直／富所 亮 著

秀和システム

本書サポートページ

本書で使われるサンプルコードは秀和システムのウェブページのリンクからダウンロードして学べます。

●秀和システムのウェブサイト

https://www.shuwasystem.co.jp/

●本書ウェブページ

https://www.shuwasystem.co.jp/book/9784798073224.html

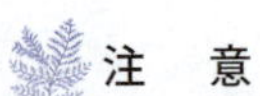

注　意

1. 本書は、著者が独自に調査した結果を出版したものです。
2. 本書の内容については万全を期して制作しましたが、万一、ご不審な点や誤り、記入漏れなどお気付きの点がありましたら、出版元まで書面にてご連絡下さい。
3. 本書の内容に関して運用した結果の影響については、上記2項にかかわらず責任を負いかねますのでご了承下さい。
4. 本書の全部あるいは一部について、出版元から文書による許諾を得ずに複製することは、法律で禁じられています。

商標等

はじめに

PHPは当初シンプルなWebアプリケーションを簡単に制作するために作られた言語で、その扱いやすさから人気を得ました。その後、より複雑で大規模なWebアプリケーションの開発にも利用できるようにバージョンアップしてきました。

そんなPHPですが、初心者向けの書籍は以前からたくさんあるのにもかかわらず、その次にあるのはフレームワークを扱ったものとなっており、その間を埋めるためのものがないと感じていました。

本書はより良いWebアプリケーションを開発するための知識について、開発の各フェーズで必要となる項目を各章で説明しています。

本書を読めば開発に関してすべてがわかるということを目指したわけではなく、開発を行うためにどのような分野があるのかを知り、現時点で自分が何を知らないのかを知っていただくのが目標となります。

各章に書かれていることはそれぞれの内容で1冊の書籍が書けるようなものであり、深掘りするよりも次に学ぶべきことを示すことにより、必要に応じてステップアップをしていくという使い方を想定しています。

本書の対象読者

本書は次のような方が対象となっています。

- PHPの初心者向けの書籍を読んだことはあるがその次に読む本に悩んでいる方
- 以前PHPを使って開発をしていたがしばらく離れていて久々に利用する方
- RubyやPythonといった別の言語で開発をしたことがある方

Webアプリケーションの開発は知っておくべき範囲がとても広いですが、本書を読むことにより、自分が何を知らないかを知り、次にどのようなアクションを起こせばいいかといった気づきがあることを願っています。

本書の構成

本書は4つのパートによって構成されています。

- Part01 PHP言語の知識と新機能
- Part02 より良いアプリケーションを作るための知識
- Part03 アーキテクチャと設計
- Part04 アプリケーション開発プロセス

PHPの文法に対して不安のある方はPart01の「PHP言語の知識と新機能」から読むことによりPHPの文法をおさらいすることができます。

Part02の「より良いアプリケーションを作るための知識」ではWebアプリケーションを安全に動作させるために必要な知識を学びます。

その次のPart03「アーキテクチャと設計」ではWebアプリケーションを作るにあたっての設計や実装の原則・パターンを紹介します。Webアプリケーション開発の初期段階だけではなく、修正や機能追加を行いやすくするためにはどのような設計にしておくべきなのかを学びます。

最後のPart04「アプリケーション開発プロセス」ではより複雑で大規模になってきているWebアプリケーション開発に対して複数人のチームで対応するための方法を紹介します。

なお、本書ではこういった書籍ではよくある「開発環境構築方法」というものを掲載していません。書籍に書かれているコードを試すためには開発環境の構築は必要となるのですが、時間の経過とともに動かないものになるといった問題もあるため、本書ではあえて紙面に載せずに、外部のサイトで提示するということを行っています。実際に試される場合には次のURLから開発環境構築の方法を参照してください。

https://github.com/php-tech-master24/devenv

この外部サイトはオープンソースとして維持管理する予定であり、どのような環境でも動作を保証しているものではなく、PHP 8.3 がサポート終了するまでの期間でベストエフォートで提供していきます。

また、こちらの外部サイトに関しては、正誤表もあわせて提供していく予定です。

謝辞

本書を執筆するにあたって多くの方に協力いただきました。査読いただいた赤瀬 剛さん、市川 快さん、金城 秀樹さん、新原 雅司さん、増永 玲さん、びきニキさん、ホライズンテクノロジー株式会社の大谷 祐司さん、長井 裕美さん、望月 眞喜さん、株式会社カオナビの菊川 和哉さん、城福 彩乃さんまた、日々支えてくれた友人、家族に心から感謝いたします。

本書がPHPを使って開発を行おうとしている初心者の方の道しるべになることを筆者一同心より願っております。

2024年11月 筆者代表 高橋 邦彦

TECHNICAL MASTER

Contents 目次

Part 01 PHP言語の知識と新機能

Chapter 01 最近のPHP

01-01 PHPの特徴 …… 4

1 埋め込むことを前提とした記述方法
2 文法はさまざまな言語から影響を受けている
3 Webサーバーとの連携が言語レベルでサポートされている

01-02 PHPの歴史 …… 9

1 小さなWebアプリケーションを作るシンプルなものから始まった
2 より大きな規模なアプリケーションをつくる方向へ
3 日本語対応が早い時期から行われていた

01-03 PHPのさらなる進化 …… 11

1 フレームワークの利用が広く行われるようになってきた
2 オブジェクト指向のサポートが強化された
3 パフォーマンスが改善された

01-04 PHPのライフサイクル …… 14

1 毎年新しいバージョンがリリースされる
2 サポートは2種類ありそれぞれ期間が違う
3 バージョン毎にリリース担当が存在する

01-05 PHP言語の発展プロセス …… 16

1 PHP開発者が意見交換を行うメーリングリストがある
2 機能に対する提案は決められたフォーマットで行われている
3 複数のコミッターの多数決で意思決定が行われる

02-01 基本的な構文 ・・・・・・ 20

1 PHPタグは<?phpで始まり、ファイル全体がPHPコードなら終了タグは省略可能
2 コメントはC言語タイプやUnixシェルタイプに対応し、ドキュメンテーションコメントで関数の説明も可能
3 配列は連想配列として扱われ、キーには整数や文字列、真偽値などが使用可能

02-02 変数、定数、型 ・・・・・・ 26

1 変数はドル記号 $ で始まり、大文字と小文字が区別される
2 定数はconstかdefineで定義され、constはコンパイル時、defineは実行時に評価される
3 型宣言により、関数の引数や戻り値の型を指定でき、型エラーが検出される

02-03 式 ・・・・・・ 29

1 変数と定数は、最も基本的な式の一形態で、変数には値が代入され、定数は固定の値を持つ
2 演算子（算術、比較、論理など）は、異なる種類の計算や比較を行うために使用される
3 関数呼び出しも式の一部で、再利用可能なコードブロックを実行し、その結果を返す

02-04 基本演算子 ・・・・・・ 30

1 PHPの算術演算子には、加算（ + ）、減算（ - ）、乗算（ * ）、除算（ / ）、剰余（ % ）、累乗（ ** ）があり、基本的な計算を行う
2 インクリメント（ ++ ）とデクリメント（ -- ）は前置と後置があり、動作が異なる（前置は先に値を変え、後置は後に値を変える）
3 代入演算子（ = ）は値の代入に使われ、複合演算子（例：+=、.=、??=）を使うことで、式の結果を同じ変数に代入可能

02-05 高度な演算子 ・・・・・・ 33

1 &&と||はandとorより優先順位が高く、短絡評価を行う
2 ビット演算子にはビットシフト（<<, >>）とビット単位の論理演算子（&, |, ^, ~）があり、いくつか注意が必要な点がある
3 instanceof演算子を使ってオブジェクトが特定のクラスまたはインターフェイスに属するかを確認できる

02-06 特殊な演算子 ・・・・・・ 38

1 ==や!=は型変換を行い、===や!==は型も含めて厳密に比較する
2 文字列の結合には . と .= を使用し、+ はサポートされていない
3 配列の + 演算子は左の配列を優先し、同じキーの要素は右の配列で上書きされない

02-07 条件分岐 ・・・・・・ 42

1 if文で条件に応じた異なる処理が可能
2 switch文は値による分岐に便利ですが、緩やかな比較が行われる
3 match式は値と型の完全一致に基づき、結果を返す

02-08 ループ ······ 44

1 whileとdo-whileは条件が真の間ループし、do-whileは必ず1回は実行される
2 forループは、初期化、条件、更新を明示的に指定して繰り返し処理を行う
3 foreachは配列やオブジェクトを簡単に処理するための特別なループ構文である

02-09 外部ファイル参照 ······ 47

1 includeとrequireはファイルを参照して読み込むが、includeはファイルが見つからない場合に警告を発し処理を続行し、requireは致命的エラーを発して処理を中断する
2 include_onceとrequire_onceはファイルを一度だけ読み込む。これにより、同じファイルが複数回読み込まれるのを防げる
3 spl_autoload_register()関数を使うと、クラスやインターフェイスを自動で読み込むオートローダーを登録でき、手動でのファイル読み込み指示を省略できる

02-10 関数 ······ 49

1 PHPにおいて引数として値渡し、リファレンス渡し、デフォルト引数、可変長引数、名前付き引数をサポートし、デフォルト引数は指定しない場合に使用される
2 関数はreturnで値を返し、配列を使って複数の値を返すことができる。returnを使わない場合、関数は自動的にnullを返す
3 無名関数(Closure)は名前を持たず、変数に代入して使うことができる。親スコープから変数を引き継ぐためにはuseキーワードが必要で、クラス内で使用する際はstaticキーワードでインスタンスへのバインドを防げる

02-11 クラスの基本機能 ······ 54

1 クラスにはプロパティ、メソッド、コンストラクタ、デストラクタがあり、プロパティのアクセス権はpublic、protected、privateで制御される
2 クラスをnewキーワードでインスタンス化し、プロパティやメソッドには->演算子を用いてアクセスする。staticプロパティやメソッドには::を用いる
3 コンストラクタ(__construct)はオブジェクト生成時に初期化を行い、デストラクタ(__destruct)はオブジェクトの使用が終わったときに呼び出される

02-12 クラスの応用機能 ······ 63

1 同じクラス内であれば、privateやprotectedメンバーにアクセスできる
2 新しいクラスが親クラスのメソッドやプロパティを引き継ぐ継承が使用可能であり、オーバーライドも可能
3 インターフェイスでメソッドの契約を定義し、抽象クラスで部分的な実装を提供することができる

02-13 名前空間 ······ 69

1 名前空間は、クラスや関数の名前の衝突を防ぎ、コードを整理する
2 namespaceを使って名前空間を定義し、ファイル内でクラスや関数を整理する
3 useキーワードで外部の名前空間をインポートし、エイリアスを使って別名でアクセスできる

02-14 リファレンス …… 74

1 リファレンスの代入とは、変数に対して別名を付けることであり、両方の変数は同じ値を参照する
2 リファレンス渡しとは関数にリファレンスを渡すことであり、関数内の変更が元の変数にも反映される
3 PHPではnewでオブジェクトの識別子がコピーされ、オブジェクト自体のリファレンスが代入されるわけではない

Chapter 03 → PHPの新機能とモダンな機能

03-01 配列 …… 78

1 一般的には連想配列と呼ばれるような特徴を持つ
2 極めて自由度が高いデータ型になっている
3 自由度が高いがゆえの欠点がある

03-02 型宣言の追加の歴史 …… 81

1 最初はタイプヒンティングと呼ばれていた
2 最初は引数だけの対応だったが指定できる箇所が増えていった
3 指定できるデータ型が増えていっている

03-03 PHPDocとアトリビュート …… 88

1 コメントから型を取得していたがかなり面倒だった
2 コメントよりも解析しやすい文法が追加されました
3 アトリビュートを積極的に活用しているツールがあります

03-04 トレイト、列挙型（Enum） …… 95

1 PHPは単一継承だが、外から違う特性を付与する文法が追加された
2 トレイトは一見便利だが気をつけて使う必要がある
3 特定の値のみに限定できるデータ型が追加された

03-05 PHP標準化の流れ …… 99

1 言語とは違ったプロセスで決められている
2 必ず守らないといけない絶対的なルールではない
3 標準的なルールによりチーム開発がやりやすくなります

Chapter 04 パッケージマネージャー

04-01 Composer ……104

1 パッケージの依存関係を管理してくれる
2 現在のPHP開発では必須のツール
3 マルチプラットフォームで動作する

04-02 Composerの使い方 ……107

1 インストールできるパッケージはPackagistで管理している
2 requireコマンドを使うことでパッケージのインストール、更新ができる
3 Composer本体も更新が必要です

04-03 オートローディング ……114

1 autoload.phpファイルを読み込むだけで使える
2 オートローディングのルールは3種類
3 設定を反映するにはdump-autoloadコマンドの実行が必要

Chapter 05 モダンなPHPフレームワーク

05-01 フレームワーク誕生の流れ ……120

1 フレームワーク誕生前の悩みは効率と品質
2 複数人で開発することが増えてきた
3 ある程度のルールを決めることにより効率と品質を確保した

05-02 Webアプリケーションフレームワークの特徴 ……123

1 Webアプリケーションの土台となる機能を準備している
2 どのフレームワークでもだいたい同じような機能を提供している
3 フレームワークが提供している機能を使うことにより効率と品質を改善する

05-03 Laravel ……127

1 公式ドキュメントが充実しているので学習しやすい
2 多機能で自由度の高いフレームワーク
3 メンテナンスが活発

05-04 Symfony ……133

1 高い柔軟性とカスタマイズ性を持つ
2 高いパフォーマンスを発揮する
3 大規模なコミュニティと豊富なドキュメント

05-05 CakePHP ・・・・・・・・・・・・・・・・・・・・・・・・・・・・・・ 140

1「設定より規約」という特徴的なポリシーで作られている
2 日本語のマニュアルが整備されている
3 シンプルなルールに従う形なので学習曲線は緩めである

05-06 Slim ・・・・・・・・・・・・・・・・・・・・・・・・・・・・・・ 146

1 軽量でシンプルな設計
2 柔軟な拡張性
3 高速なルーティングシステム

Part 02 より良いアプリケーションを作るための知識

Chapter 06 → 例外処理とロギング

06-01 例外とは ・・・・・・・・・・・・・・・・・・・・・・・・・・・・・・ 156

1 例外とはプログラムの正常な実行を妨げるもの
2 PHPに定義されている例外が存在する
3 自分たちの運用するシステムに必要な例外を独自に定義する

06-02 例外処理の書き方 ・・・・・・・・・・・・・・・・・・・・・・・・・・ 159

1 PHPでの例外処理の基本的な書き方
2 複数の例外に対応した書き方
3 独自に例外を定義する方法

06-03 ログを記録する ・・・・・・・・・・・・・・・・・・・・・・・・・・ 163

1 PHP標準のerror_log関数の使い方
2 代表的なライブラリのMonologの基本的な使い方
3 ログを記録するだけでなく通知によって例外発生を知る方法

06-04 ロギングの注意点 ・・・・・・・・・・・・・・・・・・・・・・・・・・ 168

1 ログレベルの設定
2 ディスク容量
3 機密情報の取り扱いについて

Chapter 07 認証と認可

07-01 認証と認可の違い ……… 172

1 認証はWebアプリケーション設計の重要ポイント
2 言葉の定義を大切に
3 認証と認可はまったく異なるプロセス

07-02 Session認証 ……… 175

1 Cookieの仕組みを覚える
2 セッションを使った認証方法を覚える
3 ソーシャル連携によるログインでも、認証の状態管理はSession認証

07-03 トークン認証 ……… 180

1 2つのトークンを利用
2 認証はHTTPヘッダを利用
3 短い有効期限で、何度も再発行

07-04 Laravelでの認証の例 ……… 183

1 一見複雑に見えるけど、基本のSession認証
2 何がSessionに保存されているのかチェック
3 画面遷移するたびにログインユーザーの情報をデータベースから取得

07-05 認証強度を上げるための方法 ……… 188

1 パスワードを漏洩するのは自社とは限らない
2 アカウントID、パスワードの使いまわしの弱点をカバー
3 企業によっては二要素認証がSaaSの選定要件に含まれる

Chapter 08 セキュリティ

08-01 HTTPについて ……… 192

1 HTTPはとてもシンプルなプロトコル
2 リクエストとレスポンスはそれぞれ特徴的な1行目を持つ
3 2行目以降はヘッダとボディと呼ばれる

08-02 脆弱性の原因 ……… 196

1 リクエストで渡された値を信用してはいけない
2 不正な値が入ってくるパターンは複数ある
3 リクエストで渡された値は必ず対策を行う必要がある

08-03 基本的な対策 …… 198

1 リクエストで受け取った値は必ずチェックする
2 不正な部分だけ取り除くというやりかたは非推奨
3 出力時には出力する対象に合わせて対策を行う

08-04 代表的な脆弱性一覧 …… 200

1 悪意のユーザーの攻撃方法を把握する
2 脆弱性を使った攻撃を受けると大きな被害が発生する
3 外部サイトに対する加害者になる可能性がある

08-05 XSS(クロスサイト スクリプティング) …… 201

1 外部から受け取った値をそのまま利用した場合に発生する
2 情報漏洩や悪意のサイトに誘導される可能性がある
3 外部から受け取った値は必ずエスケープ処理を行う

08-06 OSコマンド インジェクション …… 203

1 外部から受け取った値をそのまま利用した場合に発生する
2 不正なプログラムの実行や情報漏洩が起こる可能性がある
3 コマンドの実行を避ける方法を検討する

08-07 SQLインジェクション …… 205

1 外部から受け取った値をそのまま利用した場合に発生する
2 情報漏洩や改ざんなどが発生する可能性がある
3 文字列連結でSQL文を生成するのは避ける

08-08 ディレクトリ トラバーサル …… 207

1 外部から受け取った値をそのまま利用した場合に発生する
2 情報漏洩や改ざんが発生する可能性がある
3 アクセスできる場所を限定するといった対策を行う

08-09 セッション ハイジャック …… 209

1 セッションIDを適切に扱っていない場合に発生する
2 情報漏洩や改ざんが発生する可能性がある
3 セッションIDを類推しにくいものにするといった対策を行う

08-10 CSRF(クロスサイト リクエスト フォージェリ) …… 211

1 アクセス経路の確認を行っていない場合に発生する
2 なりすましによる不正利用が発生する可能性がある
3 想定した経路でアクセスされているかを確認する

08-11 HTTPヘッダ インジェクション ……… 213

1 外部から受け取った値をそのまま利用した場合に発生する
2 情報漏洩や悪意のあるサイトに誘導される可能性がある
3 文字列連結でレスポンスヘッダを生成するのは避ける

08-12 バッファオーバーフロー ……… 215

1 外部から受け取った値をそのまま利用した場合に発生する
2 情報漏洩や任意のコード実行等が行われる可能性がある
3 脆弱性のあるバージョンを利用しない等の対策を行う

08-13 安全なウェブサイトの作り方 ……… 217

1 独立行政法人 情報処理推進機構が脆弱性対策情報を提供している
2 本書で説明したもの以外も説明がある
3 セキュリティに対する知識を常にアップデートしていく

Part 03 アーキテクチャと設計

Chapter 09 設計原則とパターン

09-01 アーキテクチャ ……… 222

1 アーキテクチャの定義とその必要性を理解する
2 ソフトウェアがビジネスの変化に対応する重要性を学ぶ
3 変化に強いソフトウェアを構築するための指針を示す

09-02 依存関係 ……… 224

1 依存の向きを理解する
2 安定度と変更の影響範囲を学ぶ
3 依存関係の管理が設計に与える影響を知る

09-03 SOLID原則 ……… 228

1 SOLID原則の各原則を理解する
2 原則に違反した例とその改善方法を学ぶ
3 各原則間の関連性とデザインパターンとの関係を知る

09-04 アーキテクチャパターンとアンチパターン ……… 260

1 アーキテクチャパターン（MVC、レイヤードアーキテクチャなど）の理解
2 各アーキテクチャパターンの適用例とメリット・デメリットの分析
3 アンチパターンと設計時の注意点

Chapter 10 RESTful API

10-01 RESTful APIとは……278

1 ソフトウェア間のデータのやりとりをするためのインターフェイスをAPIと呼ぶ
2 RESTful APIとはRESTというアーキテクチャスタイルに基づいて設計されたAPIのことを指す
3 RESTful APIは広く使われており当たり前の概念となっている

10-02 RESTful APIの設計……279

1 リソースを階層を意識して名詞で表現する
2 データの操作はHTTPのメソッドで表現する
3 リクエストの成功失敗をHTTPのステータスコードで表現する

10-03 リクエスト・レスポンスの設計……282

1 リクエストとレスポンスはJSONで表現されることが多い
2 JSONの中身のデータ構造はネストを浅くすることが多い
3 エラーの表現方法はいくつか考えられるのでプロジェクトで最初に決めておくことが大事

10-04 ドキュメント……285

1 APIの設計を記述するフォーマットにはOpenAPIという仕様がある
2 APIドキュメントを書くためのツールにはSwagerというツールがある
3 実際にドキュメントを記述してみましょう

Chapter 11 データベース設計と運用戦略

11-01 なぜリレーショナル・データベースを使うのか？……294

1 リレーショナル・データベースがなかった頃はデータ保存の方式は統一されていなかった
2 リレーショナル・データベースは矛盾なくデータを保存できる
3 データベース設計、SQLの知識はプロダクトをまたがって利用できる

11-02 データベース設計……296

1 アプリケーションの都合ばかりを考えない
2 正規化を覚えよう
3 データ型や制約の知識をつけよう

11-03 基本のリレーションシップ……303

1 基本パターンをとにかくおさえる
2 テーブル関連図からデータ構造が読み取れるように
3 特殊なパターンについては専門書籍に頼ろう

11-04 ORマッパー ・・・・・・・・・・ 307

1 アプリケーション開発の効率を大幅にアップさせる仕組み
2 パフォーマンスの懸念など、ORマッパーの弱点も理解しておこう
3 SQLの知識がなくて良いわけではない

11-05 マイグレーション ・・・・・・・・・・ 309

1 データベースの変更をソフトウェア変更と同列で扱う
2 変更適用、変更取消をコマンドで行う
3 ただし、本番データベースへの適用は慎重に考えよう

Part 04 アプリケーション開発プロセス

Chapter 12 日常的な開発プロセス

12-01 アジャイル開発 ・・・・・・・・・・ 316

1 アジャイル開発とは、アジャイルという価値観に根ざした複数の開発手法を指す
2 アジャイルの定義には、4つの価値と12の原則のみが存在する
3 アジャイルは「やり方」ではなく「あり方」である

12-02 テスト駆動開発（TDD） ・・・・・・・・・・ 319

1 テスト駆動開発の始まりは、やるべきことを整理するところから始まる
2 その後は「Red - Green - Refactor」のサイクルで開発する
3 テスト駆動開発はいくつかのプラクティスと組み合わせることで、さらに効果を高めることができる

12-03 PHPにおける自動テスト ・・・・・・・・・・ 327

1 PHPUnitとは、PHPの単体テストを行うためのフレームワークである
2 Composerを使用することで簡単に使えるようになる
3 テストケース名は、ソフトウェアエンジニア以外の人が見ても、何が起こっているのかわかるように書く

12-04 コードレビュー ・・・・・・・・・・ 339

1 コードレビューを実施するのは、自分以外のソフトウェアエンジニアに変更内容を同意してもらうためである
2 コードレビューを上手く運用するには、チームに適切な文化が根付いていることが重要である
3 レビュアーとレビュイーの両者が適切な心構えを持って臨むことで、適切な文化が根付いていく

Chapter 13 →継続的インテグレーション(CI)

13-01 GitHub Actions ····· 350

1 モダン開発の鍵「継続的インテグレーション(CI)」
2 ビルド、デプロイプロセスの自動化
3 Github ActionsでCIを体験

13-02 GitHub Actionsでテストを実行できるようにする ····· 355

1 GitHub ActionsでPHPUnitを実行できるようにする
2 CIで動く自動テストで失敗を検知する
3 コードを修正して、CIで動く自動テストを成功させる

13-03 GitHub Actionsで静的解析を実行できるようにする ····· 359

1 静的解析を実行することでコードの品質を保ちやすくなる
2 PHPにおける静的解析の一つにPHPStanがある
3 PHPStanをCIに組み込んでみる

13-04 GitHub Actionsで脆弱性検知をできるようにする ····· 366

1 Composerを使ってパッケージの脆弱性チェックができる
2 脆弱性チェックと対応方法を知る
3 脆弱性検知をCIに組み込んでみる

13-05 GitHub ActionsでSlack通知を行えるようにする ····· 371

1 GitHub Actionsの結果を毎回見に行くのは大変
2 GitHub ActionsはSlackと連携することが可能
3 CI/CDパイプラインの結果をSlackに通知する

13-06 GitHub Actionsに関わる設定 ····· 376

1 ブランチプロテクションルールを設定する
2 ワークフローを手動で制御する
3 GitHub Actionsはメンテナンスし続けることが重要

補足資料 ····· 379

参考文献

索引 ····· 382

PHP 言語の知識と新機能

当初静的なWebページの一部を簡単に動的にすることを目的に作られたPHPという言語は、その後いろいろな言語から便利な機能や文法を取り込み、年々進化を続けています。このパートではPHPの歴史や基本的な構文、モダンな使い方を眺めることにより、現在のPHPの立ち位置を一通り俯瞰していきます。

Part 01 PHP 言語の知識と新機能

最近の PHP

PHP がどのように生まれ、どのように進化を続けているのかを見ていきましょう。また、どのようなプロセスを経て、新しい機能や文法を取り入れていっているのかも説明していきます。

Contents

01-01 PHP の特徴 …… 4
01-02 PHP の歴史 …… 9
01-03 PHP のさらなる進化 …… 11
01-04 PHP のライフサイクル …… 14
01-05 PHP 言語の発展プロセス …… 16

Section 01-01 PHPの特徴

まず最初にPHPという言語のもつ特徴について見ていきましょう。PHPを使ったスクリプトの記述方法をおさらいし、どのように動作するのかも確認しておきましょう。

このセクションのポイント

1. 埋め込むことを前提とした記述方法
2. 文法はさまざまな言語から影響を受けている
3. Webサーバーとの連携が言語レベルでサポートされている

PHP（PHP: Hypertext Preprocessor を再帰的に略したもの）は、Webアプリケーションの制作を中心に今もなお人気のスクリプト言語です。

PHPは以下のような特徴をもちます。

- HTMLやテキスト等に埋め込むことを前提としていたため、開始タグおよび終了タグをもつ
- C言語、Perl、sh、Java 等の文法を取り入れつつ独自の文法へと進化している
- 他の言語と違って、データベース接続や画像処理といった機能を言語機能として標準搭載している
- Webサーバーとの連携が言語レベルで行われている

これらの特徴について、ひとつひとつ掘り下げていってみましょう。

埋め込むことを前提とした記述方法

HTMLだけだと静的な表示しかできなかったものに対して、動的な表示を行うためにPHPは作成されました。そのため、以下のように**開始タグ**と**終了タグ**を指定することにより、どこからどこまでがPHPとして解釈してほしいということをPHPに伝えることができます。

```
<!DOCTYPE html>
<html lang="ja">
  <head>
    <title>Hello, PHP!</title>
  </head>
  <body>
    <?php echo 'Hello, PHP!'; ?>
  </body>
</html>
```

上記のようなHTMLファイルをPHPにわたすと、以下のように処理されます。

1. 開始タグ（<?php）が見つかるまではそのまま出力します
2. 開始タグをみつけると、終了タグ（?>）が見つかるところまでをPHPスクリプトとして解釈し、処理します
3. テキストが終了するまで1と2を繰り返します

今回の例であれば、PHPとして処理される部分が「Hello, PHP!という文字列を出力する」となっているので、その文字列が入ったHTMLが全体として出力されるということになります。

PHPで動作する**CMS**（Content Management System）であるWordPressではこのようなPHPの特徴をフルに活かして、HTML/CSSでデザインを作りつつ、動的に処理したい部分にPHPタグを埋め込むという形で制作されています。

この気軽さがPHPの人気を支えており、またPHPの利用者の裾野を広げている要因となっています。

ただし、PHPで制作されるWebサイトの規模はどんどん大きなものになってきているため、Laravel等のフレームワークを利用した開発では、PHPの処理部分だけを分けて記述するということが多くなってきていますので、HTML等に埋め込んで利用するということは以前よりは少なくなってきています。

さまざまな言語の文法を拝借した文法

PHPは以下のような言語に影響を受けています。

- Perl
- sh
- C言語
- Java

上記の4つは大きく影響を受けた代表例であり、その他の言語からも便利な文法はどんどん取り込んで発展してきました。

基本的な文法は2章で詳しく説明しますので、ここでは代表的な特徴を紹介します。

Perlに似た記述

PHPはPerl同様に文の最後は ;（セミコロン）で区切ります。また、変数を表すために $（ドルマーク）を利用します。この $ を利用するのはPerlというよりは、さらに元になっている sh から拝借した文法かもしれません。

```
$greeting = 'Hello, PHP!';
echo $greeting;
```

C言語ライクなブロック

条件文やループを表す際に各言語によって記述方法があります。例えばPythonではホワイトスペースで段下げを行うとブロックとして扱いますが、PHPではC言語のように { } を使ってブロックを表します。

```
if ($point >= 80) {
  echo 'OK!';
} else {
  echo 'NG!';
}
```

PerlやC言語の文法をまねたのは、その2つの言語の利用者がスムーズに利用できるようにしたためでした。

Javaの影響を大きく受けた文法

当初はPerlやC言語といったものから影響を受けていましたが、オブジェクト指向の機能を拡充していく過程で、Javaの影響を大きく受けた文法が次々と追加されていきました。

例えば、クラスは以下のように宣言します。

```
class Member extends Person
{
  public string $name = 'Taro';
  public int $age = 20;

  (中略)
}
```

また、例外についても、以下のように記述します。

```
try {
   (何らかの処理)
} catch (RuntimeException $e){
   (エラー処理)
}
```

これら以外にもPHPはJavaに大きく影響された文法が追加されていっており、

静的解析が比較的行いやすい言語へと進化しています。

言語単体でさまざまなものが扱える

PythonやRuby等のスクリプト言語ではデータベース接続や画像処理等を行うためには、言語を拡張するライブラリを利用する必要がありますが、PHPではかなりの部分が言語そのものだけでできるようになっています。

以下のことは言語機能だけで実現可能です。

・MySQL、PostgreSQL、SQLiteといったデータベースとの接続
・bzip2等を利用したファイル圧縮
・メール送信
・GIF、JPEG、PNGの画像の作成や編集
・XMLの読み込みおよび出力

上記のような機能は**拡張モジュール**として実現されており、必要なものだけを取捨選択してPHPを作成するという形を取っています。

Linuxでは拡張モジュールごとにパッケージになっているので、PHP本体と必要な拡張モジュールの各パッケージをインストールすることで利用できるようになっています。

また、Webアプリケーションでよく使う以下のような処理も**標準関数**として利用可能となっており、このあたりもPHPの特徴的なところです。

・配列に関する関数群
・文字列に関する関数群
・正規表現を扱う関数群
・日時を扱うクラス/関数群

Webサーバーとの連携

PHPはもともとWebアプリケーションを制作するために作られた言語のため、Webサーバーとの連携は言語レベルでサポートされています。

PHP以外の言語では、その言語でHTTPリクエストを受けて動作するようなWebサーバーを実装してそれを起動して利用するといった準備が必要ですが、PHPには**SAPI**（Server API）と呼ばれる外部と連携するインターフェイスが定義されており、これによってWebサーバーと緊密に連携することができます。

代表的なSAPIは以下のようなものです。

▼代表的なSAPI

- cgi
  各Webサーバーで CGIモードで動作する
  リクエストごとにPHPインタプリタを起動するので効率が悪い

- apache2handler
  CGIの効率の悪さを解消するために作られたもの
  Webサーバー Apache と連携して動作
  Apacheモジュール（mod_php）として動作

- fpm
  FastCGI Process Manager の略
  Webサーバーとは別プロセスとして起動
  主に Nginx との連携で利用される

- litespeed
  LiteSpeed というWebサーバーと連携して動作
  fpm 同様に別プロセスとして起動

- cli
  Command Line Interface の略
  これは特殊なSAPIでWebサーバーとの連携で利用するのではなく、コマンドラインから呼び出した際に利用される

PHPがWebサーバーと連携して動く際、リクエストごとにメモリや外部のリソースとの接続をすべて破棄・消去するという特徴的な動作をします。

つまり、リクエストを受けるたびにPHPのスクリプトを読み込み、読み込んだスクリプトの実行を行い、実行が終わったら利用したメモリやデータベース接続等をすべて捨てるという一見効率の悪い動作をしていますが、これにより1つのリクエストが他のリクエストに影響を及ぼさないというクリーンな状況を作り出すことができます。

このような挙動をするため、複数のリクエストを受けた際のメモリ等のリソースの排他処理といった複雑なことを考えなくていいというメリットがあります。

また、毎回利用したリソースを破棄するという、この一見効率の悪い動作をしているのにもかかわらず、実用に十分耐えるスピードで動作しているというのは、PHPの驚くべき特徴だと言えます。

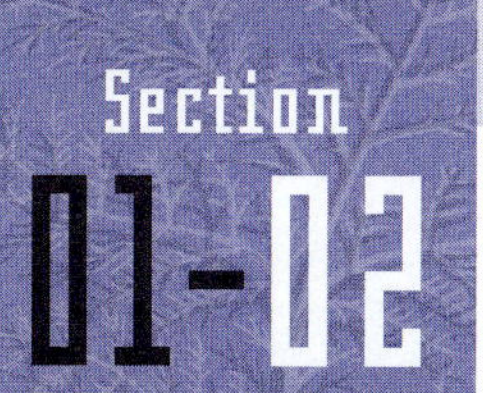

PHPの歴史

PHPはどのように誕生し、バージョンアップしていったのかを見ていきます。また、どのように日本で利用されるようになったかも説明します。

このセクションのポイント

1. 小さなWebアプリケーションを作るシンプルなものから始まった
2. より大きな規模なアプリケーションをつくる方向へ
3. 日本語対応が早い時期から行われていた

PHPは今では毎年のようにバージョンアップしていますが、最初からこのような状態だったわけではありません。ではどのような形で誕生し、バージョンアップしてきたのでしょうか。ここではPHPの歴史を見ていきましょう。

PHP Tools 誕生 ～ PHP/FI 2.0 へ

PHPは Rasmus Lerdorf がC言語で作成したCGIツール群が出発点です。それは "Personal Home Page Tools" と名付けられており、略されて**PHP Tools**と呼ばれていました。

PHP Tools は当初は簡単な動的Webアプリケーションを作成するために作られたものであり、言語と呼ぶにはシンプルなものでしたが、その後何度もコードを書き換え直すことにより、データベース接続やHTMLへの埋込みといったことが可能な言語と呼べるレベルまで発展させました。この言語と呼べるレベルになったものを Rasmus は**PHP/FI**と名付けました。

PHP/FI はその後 2.0 へとバージョンアップが行われ、徐々に利用者が増えていきました。

PHP3

PHP/FI 2.0 は小規模なアプリケーションをつくることはできましたが、これを使ってさらに大きな規模のアプリケーションを作りたいと考えた人物が現れました。

それが Andi Gutmans と Zeev Suraski で、彼らはPHP/FI 2.0で言語を処理していたパーサー（構文解析部分）を書き直そうと Rasmus に相談を持ちかけ、3人は協力して新たなプログラミング言語として作成し、PHP3 としてリリースしました。

PHP3 は言語に拡張性をもたせたのが特徴的で、データベース接続やメール送信の機能といったものをモジュールという形で拡張できるようになっていました。

このモジュールを使った拡張性というのが多くのユーザーに受け入れられ、Webアプリケーション制作の現場で次々と採用されるようになっていきます。

また、このPHP3が出た頃には日本人の有志が日本語（正確にはマルチバイト文字列）を扱えるようなパッチを作成したおかげで日本でもPHPが利用されるようになりました。

東京で年に1回開催されるPHPカンファレンスを主催する日本PHPユーザー会が発足したのもこの時期で、日本におけるPHP普及の第一段階がここで始まりました。

PHP4

PHP3 は PHP/FI 2.0 に比べると拡張性が広がり扱いやすいものになっていましたが、それに対して Andi Gutmans と Zeev Suraski はいくつかの不満点を解消するために、更にPHPのコアの部分を書き換えを実施しました。

書き換えられたコアは2人の名前を組み合わせて "Zend Engine" と呼ばれるものとなり、これを採用した PHP4 は PHP3 に比べて大幅にパフォーマンスが改善され、拡張性がさらに向上しました。

この "Zend Engine" は PHP5 以降の後継バージョンでも更に機能追加がされており、PHP4 は今のPHPの進化の出発点といえます。

この段階になるとPHPとWordPressの組み合わせは全世界で爆発的に利用が増え、日本でもWeb制作で利用されるメジャーな言語となっていきました。

PHP3 のころは日本語を扱うためのパッチがあたった日本語対応版を別途入手する必要がありましたが、PHP4になると mbstring というマルチバイト対応モジュールによって日本語が簡単に扱えるようになりました。

日本ではもともとJIS、SJIS、euc-jpといった複数の文字コードを扱わないといけないということに悩まされていましたが、PHPはそれぞれの文字コード間の変換も比較的スムーズに行うことができたのでとても扱いやすい言語でした。

このため普及が進んだフィーチャーフォンに対応するサイト制作にもPHPが多く利用されるようになっていったのです。

Section 01-03 PHPのさらなる進化

日本でも利用が広がってきたPHPですがさらなるバージョンアップが続きます。より大規模なサイトの開発を可能とするためにどのような拡張が行われたのかを見ていきましょう。

このセクションのポイント

1. フレームワークの利用が広く行われるようになってきた
2. オブジェクト指向のサポートが強化された
3. パフォーマンスが改善された

PHP4 までの歴史を見てきましたが、PHPはその後もさらに大規模な開発ができるものへと進化を続けています。その進化の歴史を続けて見ていきましょう。

PHP5

PHP4 の頃にはPHPを使ったWebアプリケーション制作でも**フレームワーク**が利用されるようになってきました。

この頃には今でも利用されている**Symfony**や**CakePHP**が公開されたということもあり、PHPを使ったWebアプリケーション開発の転換点に差し掛かっていました。

しかし、フレームワークを利用したアプリケーションの実装をするにはPHP4のオブジェクト指向のサポートはかなり貧弱でした。

その弱点を補うべく、"Zend Engine" も2.0へと進化したPHP5では**オブジェクト指向**のサポートの強化を中心に言語として大幅に進化しました。

PHP5は 5.3 まで順調にバージョンアップし、それに対してさらに機能強化したPHP6の開発が開始されました。PHP6では内部エンジンで扱うエンコードをすべて UTF-16 にするということが目玉機能として進められていましたが、パフォーマンスや後方互換性で問題が出てしまい、かなりの議論の上、このバージョンは破棄されるという決断が行われました。そのため、PHPには6というバージョンはありません。

当初PHP6に入るはずだった機能はPHP5として取り込まれ、PHP 5.4 というバージョンが実装されました。

これまでのバージョンもマルチバイト対応モジュール mbstring をはじめとして日本人コミッターが活躍していましたが、PHP 5.4 では日本人が提案した2つの大きな機能が組み込まれました。

ビルトインウェブサーバー

ローカルの開発環境で動作確認で使うためのシンプルなウェブサーバーの機能がPHPの機能として組み込まれた

この機能によりApacheやNginxといったWebサーバーを別途準備しなくてもPHP単体でWebアプリケーションの動作確認ができるようになった

以下のような引数でPHP CLIを実行するとWebサーバーとして起動する

```
$ php -S localhost:8000
```

配列の短縮表記

PHPでは配列の記述が他の言語に比べると冗長なものになっていたが、それに対して記述量を大幅に減らせる短縮表記ができるようになった

```
$arr1 = array(1, 2, 3); // 従来の記述方法
$arr2 = [1, 2, 3];      // 新しい記述方法
```

PHP 5.4 というバージョンは本来PHP6で入るはずだった機能を数多く取り込んでおり、その前の PHP 5.3 に比べると大幅に言語仕様が拡張された結果、当時5.3 から 5.4 へのバージョンアップにはかなり苦労したという話が多くありました。

結局 PHP5 は最終的には PHP 5.6 までリリースされ、この PHP5.6 というバージョンは PHP7 が登場して以降も多くの制作現場で長く利用されたバージョンとなりました。

PHP7以降

PHP4からPHP5へのバージョンアップは言語仕様の大幅な強化があったものの、以前のバージョンと同様の設定を行えば今まで通り動作するという形で下位互換性を保っていたため、過去のあまり推奨されない機能や設定がまだ残っている状態でした。

PHP7にバージョンを上げるにあたって、以下のような施策が行われました。

- 今後廃止予定の機能や設定に関して、利用すると段階的に上位のエラーが出るようにした

  最初は notice レベルのエラーを出すようにし、その後 warning となり、最終的には deprecated のエラーが出るようにした

  deprecated レベルのエラーになったものは更にバージョンが進むと機能として削除される

上記のような段階的な機能の整理はPHP5後半以降に順次行われており、この

サイクルにしっかり従いつつ、スムーズなバージョンアップ対応ができるようにするという施策になっています。

PHP7、PHP8以降は以下のような仕様変更、機能強化が行われています。これらに関しては、2章、3章でも詳しく説明します。

・パフォーマンス改善
　PHP5からPHP7に上げると大幅に動作が速くなり、メモリ使用量等も大幅に減った

・より安全な開発のサポート
　エラー及び例外の整理
　Nullが入っているかもしれない場合の処理を簡素化するシンタックスシュガーの追加（Null合体演算子等）
　メソッドの引数に型宣言の追加
　メソッドの返却値にも型宣言の追加

・曖昧だった挙動の改善
　標準関数の引数の型チェックを強化
　比較時の曖昧さを極力なくす

Part 01
01
02
03
04
05
06
07
08
09
10
11
12
13

Section 01-04

PHPのライフサイクル

PHPのバージョンアップのサイクルとサポート期間について見ていきます。

このセクションのポイント

1 毎年新しいバージョンがリリースされる
2 サポートは2種類ありそれぞれ期間が違う
3 バージョン毎にリリース担当が存在する

過去のPHPはメジャーバージョンアップおよびマイナーバージョンアップが決まったサイクルで実施されていませんでしたが、PHP7以降は以下のようなサイクルになったため、バージョンアップの計画が立てやすくなりました。

・毎年12月前後にマイナーバージョンアップを行う
　数年に1回マイナーではなくメジャーバージョンアップを行う
　α、β、RC といったバージョンのリリーススケジュールがあらかじめ公開される

・同時にサポートされるバージョンは3つとし、新しいバージョンがリリースされると3つ前のバージョンがサポート終了（EOL: End of Life）となる

・アクティブサポート、セキュリティサポートとして決まった年数対応するという形になった
　最初の2年間はアクティブサポートとして、バグ修正やセキュリティ対応が行われる
　3年目はセキュリティサポートとしてセキュリティ対応のみが行われる

上記のように3年間サポートを行うという形で進めてきましたが、サポート期間が短すぎてバージョンアップ対応が間に合わないといった意見が出たため、PHP 8.1 からは以下のような形に方針変更されました。

・合計4年のサポート
　2年間のアクティブサポート（これは今まで通り）
　2年間のセキュリティサポート

リリースマネージャー

PHPのリリースですが、各バージョンに対してリリースマネージャーが任命されており、任命された人がリリース作業を分担して行っていきます。

リリースマネージャーは以下のページで確認することができます。

PHPリリースマネージャー
https://wiki.php.net/internals/release-managers

このPHPのリリースマネージャーですが、PHP 8.4 のリリースマネージャーに日本人が1名含まれており、これも日本のPHPコミュニティにとって嬉しいニュースとなりました。

Section 01-05

PHP言語の発展プロセス

PHPは毎年バージョンアップを続けていますが、新しい追加機能や既存の機能の拡張・改善はどのように議論され、決定されているのかを見ていきましょう。

このセクションのポイント

1. PHP開発者が意見交換を行うメーリングリストがある
2. 機能に対する提案は決められたフォーマットで行われている
3. 複数のコミッターの多数決で意思決定が行われる

PHPはバージョンアップするにつれて言語規模が大きくなり、言語仕様の決定プロセスも変化していきました。

その中でも言語仕様の決定に大きく関わってくるものを2つ紹介します。

internals

PHPにはいくつかのメーリングリストが準備されており、PHP 開発者が情報交換、意見交換を行うメーリングリストとして internals というのがあります。

PHPメーリングリスト「internals」
https://news-web.php.net/group.php?group=php.internals

ここである程度の意見交換をしつつ、後述する RFC というものを作成することにより、今後の機能追加の提案等を行う流れになります。

このメーリングリストを追いかけておけば、今PHP開発者がどのようなことに関心があり、どのような議論をしているのかを確認できるのでおすすめです。なお、このメーリングリストは以下のページで内容を確認することもできます。

#externals - Opening PHP's #internals to the outside
https://externals.io/

RFC

RFCとは Request for Comments の略で、今後のバージョンで追加したい機能や現在の機能の挙動変更等を提案し、最終的にコミッターによる多数決により、採用されるかどうかが決められるものとなります。

RFC(Request for Comments)
https://wiki.php.net/rfc

PHPの機能は誰か特定のメンバーの一存で入ることはなく、あくまでも複数のコミッターの合意がなければ言語には取り込まれません。

今までもこの機能が入ったらよさそうというRFCがいくつかありましたが、議論がなかなか進まなかったり、最終的な多数決で反対多数で対応されないといったものも多くありました。

採用されたものも、何度か提案したものが反対されたものをブラッシュアップして再提案した結果、採用されるというものも結構あります。

このRFCを眺めておけば今後のバージョンでどういう機能が入りそうかということを早めにキャッチアップすることができます。PHP言語の開発は誰にでも開かれたものになっています。日本人のコミッターの方も何人も活躍されている世界なので、言語開発に興味のある方はどんどんチャレンジしていきましょう!

Part 01 PHP言語の知識と新機能

基本構文

PHPはもともとWebページ作成用のツールとして開発されたため、その名残が少し残りつつ、オブジェクト指向言語としての基本構文を持っています。この章では初心者向けによく使うものをいくつか紹介してきます。詳細な内容については公式ドキュメントに載っています。
特に断りがない場合、サンプルコードについてはPHP8.3で動作確認をしています。

PHPの歴史
https://www.php.net/manual/ja/history.php.php

PHP公式ドキュメント
https://www.php.net/manual/ja/index.php

Contents

02-01 基本的な構文 ･････････ 20
02-02 変数、定数、型 ･･････ 26
02-03 式 ････････････････ 29
02-04 基本演算子 ･･･････････ 30
02-05 高度な演算子 ････････ 33
02-06 特殊な演算子 ････････ 38
02-07 条件分岐 ････････････ 42
02-08 ループ ･････････････ 44
02-09 外部ファイル参照 ･････ 47
02-10 関数 ････････････････ 49
02-11 クラスの基本機能 ･････ 54
02-12 クラスの応用機能 ･････ 63
02-13 名前空間 ････････････ 69
02-14 リファレンス ････････ 74

Section

02-01 基本的な構文

PHPの基本的な構文として、PHPタグ、コメント、数値、文字列リテラル、配列の扱い方について解説をしていきます。

このセクションのポイント

1. PHPタグは<?phpで始まり、ファイル全体がPHPコードなら終了タグは省略可能
2. コメントはC言語タイプやUnixシェルタイプに対応し、ドキュメンテーションコメントで関数の説明も可能
3. 配列は連想配列として扱われ、キーには整数や文字列、真偽値などが使用可能

まずはPHPの基本的な構文について説明します。

PHPタグ

PHPはファイル内の**開始タグ**<?phpと**終了タグ**?>を探します。これらが見つかると、タグ内のコードをPHPとして実行します。

```
<?php echo 'こうすると文字列が出力される'; ?>
```

ファイル全体がPHPコードのみで構成されている場合、終了タグを省略することが推奨されています。終了タグの後に空白や改行があると、予期しないエラー(headers already sentエラーなど)が発生することがあるためです。

```
<?php

echo 'こんにちは世界';
```

コメント

PHPでは、いわゆるC言語タイプとUnixシェルタイプのコメントに対応しています。

```
// コメント
# コメント
/* 1行目のコメント
   2行目のコメント */
```

また、他の言語と同じように、PHPにもドキュメンテーションコメントがあります。ドキュメンテーションコメントを使用し、関数やメソッドのパラメータや戻り値を説明することができます。

ドキュメンテーションコメントは`/** */`となります。

```
/**
 * 2つの数値を加算します。
 *
 * @param int $a 加算する最初の数値
 * @param int $b 加算する2つめの数値
 * @return int 2つの数値の合計
 */
function add(int $a, int $b): int {
    return $a + $b;
}
```

よく使うものを以下にまとめます。

- @param: 関数やメソッドのパラメータを説明します。
- @return: 関数やメソッドの戻り値を説明します。
- @throws: メソッドがスローする可能性のある例外を説明します。
- @deprecated: 非推奨の関数やメソッドを示します。

その他については公式サイト[*1]をご確認ください。

数値

PHPの数値には**整数**と**浮動小数点**の2つがあります。

PHPの整数は`int`型のみであり、32bit環境だと4バイトの整数、64bit環境だと8バイトの整数となります。

いわゆる`unsigned int`と呼ばれる符号なし整数はサポートされておらず、符号付き整数のみサポートされてます。

10進数の他に16進数、8進数、2進数を使用することも可能です。

```
<?php
$a = 1234;        // 10進整数
$a = 01234;       // 8進数：10進数で表すと668
$a = 0o1234;      // 8進数（PHP8.1.0以上）： 10進数で表すと668
$a = 0x12AB;      // 16進数：10進数で表すと4779
$a = 0b11111111; // 2進数：10進数で表すと255
```

*1 https://docs.phpdoc.org/guide/references/phpdoc/tags/index.html

intが整数の最大値を超えると浮動小数点(float)に変換されます。

```
<?php
// 64bit環境で実行
$integer = PHP_INT_MAX;

var_dump($integer); // 出力: int(9223372036854775807)

$overflow = PHP_INT_MAX + 1;

var_dump($overflow); // 出力: float(9.2233720368547 76E+18)
```

PHPの浮動小数点はfloat型であり、プラットフォーム依存ではありますが、最大値はおよそ1.8E+308(64bit環境の場合)と非常に大きな値をサポートしています。

floatは浮動小数点なので丸め誤差というものが発生し、float同士の比較をすると一致しないことがあります。

float同士を比較する場合は、許容できる**誤差**(**イプシロン**と呼ばれます)を設定し、誤差範囲内で収まっているかどうかで判断しましょう。

```
<?php
$float = PHP_FLOAT_MAX;
var_dump($float); // 出力: float(1.7976931348623157E+308)



$a = 0.1 * 3;
$b = 0.3;
var_dump($a == $b); // 出力: bool(false)

$epsilon = 0.00001;

if(abs($a - $b) < $epsilon) {
    echo "一致しているとみなす";
}
```

文字列リテラル

文字列リテラルの定義は、以下の4つの方法で行うことが可能です。

- ' で囲む
- " で囲む
- ヒアドキュメント
- NowDoc構文

ここでは、'で囲む方法と"で囲む方法について紹介します。その他の方法については公式ドキュメント*1をご確認ください。

まずは、'で囲む方法です。この方法は最もシンプルな文字列の定義方法で、定義した文字列をそのまま出力します。'を文字列内に含めたい場合は、\でエスケープする必要があります。また、\を文字列内に含めたい場合は\\と記述します。それ以外のエスケープシーケンス(例えば、\rや\nなど)は、そのまま文字列として出力され、特別な意味を持ちません。

```
<?php

echo 'こんにちは世界！'; // 出力: こんにちは世界！

echo '改行もそのまま出力されます\n'; // 出力: 改行もそのまま出力されます\n

echo 'シングルクォーテーションは\'です'; // 出力: シングルクォーテーションは'です

echo 'バックスラッシュは\\です'; // 出力: バックスラッシュは\です
```

次に、"で囲む方法について説明します。この方法では、いくつかの**エスケープシーケンス**が特殊な文字として解釈されます。代表的なエスケープシーケンスの例を以下に示します。

- \n: 改行
- \r: キャリッジリターン
- \t: タブ
- \\: バックスラッシュ
- \": ダブルクォーテーション

また、"で囲む方法では変数を展開することができます。変数をそのまま文字列に埋め込むことも可能ですが、文字列中に続く文字が変数名として解釈される場合があるため、その場合は変数名を {} で囲む必要があります。また、変数だけでなく、オブジェクトのプロパティも展開することができます。

```
<?php

$name = "太郎";

echo "私の名前は$name\n";

echo "あなたの名前は{$name}ですね\n";
```

*1 https://www.php.net/manual/ja/language.types.string.php

```
class SomeClass{
    public string $name;
}

$some = new SomeClass;

$some->name = "花子";

echo "私の名前は$some->name\n";

echo "あなたの名前は{$some->name}ですね\n";
```

メモ

本書ではバックスラッシュ("\")を使用して表示していますが、Windowsの日本語環境では円記号("¥")が使用されます。
例:"¥n"

配列

PHPにおける**配列**は、実際には**連想配列**です。通常の配列はキーが順番付けられた整数値となった連想配列という扱いになっています。キーには整数もしくは文字列が指定可能です。

PHPでは、配列のキーに使う文字列や数値にはいくつかのルールがあります。例えば、文字列の"3"は数値の3として扱われますが、"03"のようにゼロがついていると、数値としては扱われません。

また、小数点がある数値、たとえば9.5をキーに使うと、小数点以下が切り捨てられて9として扱われます。さらに、trueやfalseも数値に変換され、trueは1、falseは0として扱われます。

nullは空の文字列として扱われるので、nullをキーにすると、空の文字列がキーになります。ただし、配列やオブジェクトをキーにしようとすると、エラーが発生します。

配列の宣言はarray()もしくは[]で行えます。正式な宣言方法はarray()ですが、短縮表現である[]のほうがよく使用されます。

```
<?php
// 配列の宣言
$array = [
    3 => '整数のキー 3', // 数値キー
```

```
    '3' => '文字列のキー \'3\'', // 文字列キー '3' (数値として扱われる)
    '03' => '文字列のキー \'03\'', // 文字列キー '03' (そのまま文字列として扱われる)
    9.5 => '浮動小数点キー 9.5', // 小数点のあるキー (整数9として扱われる)
    true => 'trueのキー', // boolean true (1として扱われる)
    false => 'falseのキー', // boolean false (0として扱われる)
    null => 'nullのキー' // null (空の文字列として扱われる)
];

// 配列の内容を表示
var_export($array);
/*
出力:
array (
  3 => '文字列のキー \'3\'',
  '03' => '文字列のキー \'03\'',
  9 => '浮動小数点キー 9.5',
  1 => 'trueのキー',
  0 => 'falseのキー',
  '' => 'nullのキー',
)
*/
```

Section 02-02 変数、定数、型

PHPにおいて変数は動的に型が決定され、定数はconstやdefineで定義可能です。型宣言により型の整合性を確保でき、動的型付けの柔軟性と併用します。

このセクションのポイント

1. 変数はドル記号 $ で始まり、大文字と小文字が区別される
2. 定数はconstかdefineで定義され、constはコンパイル時、defineは実行時に評価される
3. 型宣言により、関数の引数や戻り値の型を指定でき、型エラーが検出される

PHPは動的型付け言語です。いくつかの基本型とユーザーの定義した型が使え、その評価は実行時に行われます。

ここでは、変数、定数の説明とそれらを定義する型について説明していきます。

変数

PHPの変数は、ドル記号（$）に続けて変数名を記述する形式で表現されます。これは他の言語にはあまり見られない特徴であり、変数だとわかりやすくしています。

変数名として、先頭のみ文字またはアンダースコア、それ以後は任意の数の文字、数字、アンダースコアを使用することができます。正規表現で表すと`^[a-zA-Z_\x80-\xff][a-zA-Z0-9_\x80-\xff]*$`という形になります。

変数名は大文字と小文字が区別されるため、同じ名前でも異なる大文字小文字の組み合わせは別の変数として扱われます。

```
<?php

// 有効な変数名
$name = 'PHP';

// これも有効な変数名
$_name = 'PHP2';

// 無効な変数名
$0name = 'これはだめ';
```

定数

PHPで定数を定義するには2種類の方法があります。`const`を使用する方法と

define関数で定義する方法です。定数名として、先頭のみ任意の文字またはアンダースコア、それ以後は任意の数の文字列、数字、アンダースコアを使用することができます。正規表現で表すと^[a-zA-Z_\x80-\xff][a-zA-Z0-9_\x80-\xff]*$という形になります。変数とは違い、ドル記号($)は不要です。

まずはconstで定義する方法です。

constで指定できる値は、スカラー値(bool、int、float、string)、スカラー式、スカラー値とスカラー式のみを持つarray、PHP8.3からはEnum(後述)を受け入れます。constは文法解析時に評価されるため、関数の結果などを定数値として扱うことはできません。

constはトップレベルかクラスでのみ定義可能です。

```
<?php

// スカラー値
const HELLO_WORLD = 'Hello World';

echo HELLO_WORLD; // 定数は$記号不要

// スカラー式
const JAPANESE_WORLD = HELLO_WORLD . 'は「こんにちは世界」';

function add(int $a, int $b): int
{
    return $a + $b;
}

//これはダメ(Fatal errorが発生する)
const ERROR_CONST = add(1, 2);
```

次にdefine関数で定義する方法です。

define関数で指定できる値はconstで指定できるものに加え、関数の結果を定数として定義することができます。これはdefine関数が実行時に評価されるためです。

```
<?php

// スカラー値
define('HELLO_WORLD', "Hello world.");
echo HELLO_WORLD; // 使うときはconstと同じ

// スカラー式
```

```
define('JAPANESE_WORLD', HELLO_WORLD.'; こんにちは世界');
                        // 定数の値は「Hello world.; こんにちは世界」

function add(int $a, int $b): int
{
    return $a + $b;
}

// 関数の結果を定数として定義
define('ADD_CONST', add(1, 2));
```

型、型宣言

PHPの型システムは動的型付けを採用しており、変数の型は実行時に決まります。これにより、型の互換性に関して柔軟に取り扱うことが可能です。型の検証は実行時に行われ、型の変換や互換性のチェックが自動的に行われます。また、PHPは部分型関係をサポートしており、クラスのサブクラスやインターフェイスの実装を通じて型の互換性を持たせることができます。

PHPでは、基本型を組み合わせて複雑な型を作成することができます。型宣言時にこれらの型を指定できるため、他の言語での型の使い方と類似する部分もありますが、PHPの動的型付けの特性により、型の取り扱い方には独自のポイントがあります。基本型には、スカラー値(int、float、stringなど)を始め、arrayやobject、ユーザー定義型(インターフェイスやクラス)などさまざまな型があります。詳細は公式ドキュメント[*1]を参照してください。

関数の引数や戻り値、クラスのプロパティやメソッドの引数に対して型を宣言することができます。

これによって、その値が特定の型であることを保証できます。その型でない場合は、TypeError の例外が投げられます。

```
<?php

function add(int $a, int $b): int{
    return $a + $b;
}

// OK
echo add(1, 5);

// NG: TypeErrorが発生する
echo add('aa', 10);
```

＊1 https://www.php.net/manual/ja/language.types.type-system.php#language.types.type-system.atomic

Section 02-03 式

PHPの式は、変数、定数、演算子、関数呼び出しなどを含むコードのブロックで、値を生成するために評価されます。式にはさまざまな要素が含まれ、異なる結果を生み出します。

このセクションのポイント

1 変数と定数は、最も基本的な式の一形態で、変数には値が代入され、定数は固定の値を持つ
2 演算子（算術、比較、論理など）は、異なる種類の計算や比較を行うために使用される
3 関数呼び出しも式の一部で、再利用可能なコードブロックを実行し、その結果を返す

PHPの式は、値を生成するために評価されるコードのブロックです。式には、変数、定数、演算子、関数呼び出しなど、さまざまな要素が含まれます。ここでは、PHPの式について詳しく解説します。

まず、変数と定数について説明します。変数と定数は、最も基本的な式の一形態です。

```
$a = 5;
$b = 'Hello, world!';
const PI = 3.14;
```

次に、演算子を用いた式についてです。演算子には、算術演算子（例:+）、比較演算子（例:==）、論理演算子（例:&&）などがあり、それぞれ異なる結果を生成します。ここでは簡単な例を紹介します。

```
$sum = 3 + 2; // 足し算
$isEqual = (5 == 5); // 等しいかどうか
$and = (true && false); // AND
```

最後に、関数の呼び出しも式のひとつです。関数とは、特定のタスクを実行するために設計された再利用可能なコードのブロックです。関数を呼び出すと、その処理が実行され、結果が返されます。

```
function add(int $a, int $b): int
{
    return $a + $b;
}

$result = add(2, 3); // 関数呼び出し
```

Section
02-04 基本演算子

PHPでは、算術演算子を使用して基本的な計算ができ、インクリメントやデクリメント演算子で変数の値を増減させることができます。代入演算子では値の設定や複合演算が可能です。

このセクションのポイント

1. PHPの算術演算子には、加算(+)、減算(-)、乗算(*)、除算(/)、剰余(%)、累乗(**)があり、基本的な計算を行う
2. インクリメント(++)とデクリメント(--)は前置と後置があり、動作が異なる（前置は先に値を変え、後置は後に値を変える）
3. 代入演算子(=)は値の代入に使われ、複合演算子（例: +=、.=、??=）を使うことで、式の結果を同じ変数に代入可能

この節では、PHPの基本的な演算子について解説します。

算術演算子

四則演算を行うための演算子です。PHPでは、以下の算術演算子が用意されています。

```
<?php

// 加算
echo 10 + 5 . "\n"; // 出力: 15

// 減算
echo 10 - 3 . "\n"; // 出力: 7

// 乗算
echo 10 * 5 . "\n"; // 出力: 50

// 除算
echo 10 / 5 . "\n"; // 出力: 2

// 剰余
echo 10 % 3 . "\n"; // 出力: 1

// 累乗
echo 10 ** 3 . "\n"; // 出力: 1000
```

このコードでは、加算 (+)、減算 (-)、乗算 (*)、除算 (/)、剰余 (%)、累乗

(**) の各演算子を使って、基本的な算術演算を行っています。

加算子/減算子

インクリメントおよびデクリメント演算子は、変数の値を1ずつ増加または減少させるために使用します。これらの演算子は、C言語系のプログラミング言語でよく見られる++(インクリメント)と--(デクリメント)です。前置演算子と後置演算子があり、それぞれ異なる動作をします。

```
<?php

$a = 10;

// 前置加算子
// 変数の値を1増加させた後に出力
echo ++$a . "\n"; // 出力: 11

$a = 10;

// 後置加算子
// 出力後に変数の値を1増加させる
echo $a++ . "\n"; // 出力: 10

$a = 10;

// 前置減算子
// 変数の値を1減少させた後に出力
echo --$a . "\n"; // 出力: 9

$a = 10;

// 後置減算子
// 出力後に変数の値を1減少させる
echo $a-- . "\n"; // 出力: 10
```

- 前置加算子 (++$a): 変数の値を1増加させた後にその値を返します。
- 後置加算子 ($a++): 現在の値を返し、その後に変数の値を1増加させます。
- 前置減算子 (--$a): 変数の値を1減少させた後にその値を返します。
- 後置減算子 ($a--): 現在の値を返し、その後に変数の値を1減少させます。

代入演算子

代入演算子は、左オペランドに右オペランドの値を設定します。PHPでは、基本的に値の代入が行われますが、オブジェクトの場合は識別子がコピーされます。

```
<?php

// 基本的な代入
$a = 10;

class A {}

$origin = new A();
$ref = $origin; // オブジェクトの識別子がコピーされる
```

また、算術演算子などと結合した複合演算子もあります。これにより、式の結果を同じ変数に代入できます。

```
<?php

$a = 10;

// 算術演算子との複合演算子
$a += 10; // $a = $a + 10

$a = 'aaa';

// 文字列結合代入演算子
$a .= 'bbb'; // $a = $a . 'bbb'

$a = null;

// NULL合体演算子との複合演算子
$a ??= 'default'; // $a が null なら 'default' を代入
```

Section 02-05 高度な演算子

PHPの論理演算子は条件の組み合わせや反転に使われ、&&と||の優先順位が高く、andやorは代入演算子より優先順位が低くなります。ビット演算子は整数のビット操作やシフト操作を行います。型演算子instanceofはオブジェクトのクラスやインターフェイスのチェックに使います。

このセクションのポイント

1. &&と||はandとorより優先順位が高く、短絡評価を行う
2. ビット演算子にはビットシフト（<<, >>）とビット単位の論理演算子（&, |, ^, ~）があり、いくつか注意が必要な点がある
3. instanceof演算子を使ってオブジェクトが特定のクラスまたはインターフェイスに属するかを確認できる

この節では、高度な演算子を主に解説します。

論理演算子

PHPの論理演算子は、条件文やループ内で複数の条件を組み合わせたり、条件を反転させたりするのに使います。主要な論理演算子には以下があります。

- 論理積 (&&とand): 両方の条件が真の場合に真を返します。&&の方が優先順位が高いです。
- 論理和 (||とor): いずれかの条件が真の場合に真を返します。||の方が優先順位が高いです。
- 否定 (!): 条件が偽の場合に真を返します。
- 排他的論理和 (xor): 一方が真で他方が偽の場合に真を返します。

また、PHPの論理演算子はすべて短絡評価となり、一方が条件を満たした場合は、もう一方が評価されることはありません。

さらに、論理積と論理和は&&とand、||とorとそれぞれ2種類ずつ演算子が存在します。

これらの違いをまとめると以下のようになります。

- &&はandよりも優先順位が高い
- ||はorよりも優先順位が高い
- andとorは代入演算子 (=) よりも優先順位が低い

これらの動作をまとめると、以下のコードのようになります。

```
<?php

$a = true;
$b = true;
$c = false;

// 論理積
$and1 = $a && $b;
echo var_export($and1) . "\n"; // 出力: true

$and2 = $a and $b;
echo var_export($and2) . "\n"; // 出力: true

$and3 = $a && $c;
echo var_export($and3) . "\n"; // 出力: false

// $and4に$a値を代入してから"and"演算子を評価するが、結果が$and4に代入されません
$and4 = $a and $c;
echo var_export($and4) . "\n"; // 出力: true

// 論理和
$or1 = $a || $b;
echo var_export($or1) . "\n"; // 出力: true

$or2 = $a or $b;
echo var_export($or2) . "\n"; // 出力: true

$or3 = $a || $c;
echo var_export($or3) . "\n"; // 出力: true

// $or4$a値を代入してから"or"演算子を評価するが、結果が$or4に代入されません
$or4 = $a or $c;
echo var_export($or4) . "\n"; // 出力: true

// 否定
$not = !$a;
echo var_export($not) . "\n"; // 出力: false

// 排他的論理和
$xor = $a xor $c;
echo var_export($xor) . "\n"; // 出力: true
```

ビット演算子

PHPのビット演算子にはビットシフトを行うための演算子（<<、>>）とビット単位の論理演算子（&、|、^、~）の二種類が存在します。

ビット演算子は整数値の特定のビットに対して評価や操作を行います。PHPでは、シフト処理は算術シフトとして実装されています。

シフト処理を行うと、端からあふれたビットは捨てられます。左にシフトすると右側にはゼロが入りますが、符号ビットは左端から消えるため、元の符号は保たれません。

右にシフトすると、左端には符号ビットと同じ値が入るため、元の符号が保たれます。

```
<?php
// 左シフトの例
$a = 5; // 5は2進数で0101
$leftShift = $a << 1; // 左シフト: 0101 -> 1010 (10)

echo "左シフト:\n";
echo "$a << 1 = $leftShift\n"; // 出力: 5 << 1 = 10

// 左シフトで符号が消える例 (64bit)
$c = -2; // -2は2進数で補数表現を使うと1111...1111110 (64bitの場合)
$leftShiftNeg = $c << 63; // 63ビット左シフトするとすべて0になるので(64bitの場合)

echo "左シフトで符号が消える例 (64ビット):\n";
echo "$c << 63 = $leftShiftNeg\n"; // 出力: -2 << 63 = 0

// 右シフトの例
$b = -5; // -5は2進数で補数表現を使うと1111...1011 (64bitの場合)
$rightShift = $b >> 1; // 1111...1011->1111...1101 (64bitの場合)

echo "右シフト:\n";
echo "$b >> 1 = $rightShift\n"; 出力: -5 >> 1 = -3
```

ビット単位の論理演算子には、ビット積（&）、ビット和（|）、排他的論理和（^）、否定（~）があります。

PHPでは、これらの演算子はオペランドが文字列の場合は文字のASCII値を使って計算し、結果は文字列になります。それ以外の場合は、オペランドを整数値に変換してから計算し、結果も整数値になります。

- ビット積 (&): 両方のビットが1のときだけ1になるビット積演算。
- ビット和 (|): いずれかのビットが1のとき1になるビット和演算。
- 排他的論理和 (^): 片方のビットが1で他方が0のとき1になる演算。
- 否定 (~): ビットを反転させる演算。

```
<?php
// 文字列の場合
$str1 = 'A';
$str2 = 'B';

// & 演算子
$result_and = $str1 & $str2; // "ASCII 65 & ASCII 66 = 64, 64の文字は '@'
echo '文字列で & 演算子を使った結果: ' . $result_and . "\n"; // 出力：@

// | 演算子
$result_or = $str1 | $str2; // ASCII 65 | ASCII 66 = 67, 67の文字は 'C'
echo '文字列で | 演算子を使った結果: ' . $result_or . "\n"; // 出力：C

// ^ 演算子
$result_xor = $str1 ^ $str2; // "ASCII 65 ^ ASCII 66 = 3
echo '文字列で ^ 演算子を使った結果: ' . $result_xor . "\n"; // 出力：(ASCII 3なので不可視)

// ~ 演算子
$result_not = ~$str1; // "~ASCII 65(01000001) = 190(10111110)
echo '文字列で ~ 演算子を使った結果: ' . $result_not . "\n"; // 出力：(ASCII 190)
var_dump(decbin(ord($result_not)));

// 整数の場合
$int1 = 0b0101;  // 5 (二進数表現)
$int2 = 0b0011;  // 3 (二進数表現)

// & 演算子
$result_and_int = $int1 & $int2; // 1 (0101 & 0011 = 0001)
echo '整数で & 演算子を使った結果: ' . $result_and_int . "\n"; // 出力：1

// | 演算子
$result_or_int = $int1 | $int2; // 7 (0101 | 0011 = 0111)
echo '整数で | 演算子を使った結果: ' . $result_or_int . "\n"; // 出力：7

// ^ 演算子
$result_xor_int = $int1 ^ $int2; // 6 (0101 ^ 0011 = 0110)
echo '整数で ^ 演算子を使った結果: ' . $result_xor_int . "\n"; // 出力：6

// ~ 演算子
```

```
$result_not_int = ~$int1; // -6 (~0101 = 1111111111111111111111111111111111111111
1111111111111111111010)
echo '整数で ~ 演算子を使った結果: ' . $result_not_int . "\n"; // 出力：-6
```

型演算子

PHPでは、ある変数が特定のクラスのオブジェクトかどうかを確認するためにinstanceof演算子を使います。また、instanceofは特定のクラスを継承しているか、特定のインターフェイスを実装しているかを確認するのにも使用できます。

```
<?php

interface AnimalInterface {}

class Animal implements AnimalInterface {}

class Dog extends Animal {}

interface PetInterface {}

$dog = new Dog();

var_dump($dog instanceof Dog); // 出力: bool(true)
var_dump($dog instanceof Animal); // 出力: bool(true)
var_dump($dog instanceof AnimalInterface); // 出力: bool(true)
var_dump($dog instanceof PetInterface); // 出力: bool(false)
```

Section 02-06 特殊な演算子

PHPの比較演算子は型変換を行い緩やかな比較を行う==と!=、型変換をせず厳密な比較を行う===と!==があります。文字列の演算子にはそれぞれ結合演算子と結合代入演算子、配列には配列結合演算子があります。演算子を使用する際は、演算子の優先順位と結合性に注意が必要です。

このセクションのポイント

1. ==や!=は型変換を行い、===や!==は型も含めて厳密に比較する
2. 文字列の結合には . と .= を使用し、+はサポートされていない
3. 配列の + 演算子は左の配列を優先し、同じキーの要素は右の配列で上書きされない

この節では、PHP独自の特殊な演算子を解説します。

比較演算子

PHPの比較演算子には注意が必要です。==や!=、<>は型変換を行ってから比較します。そのため、意図していない結果を生むことがあります。一方、===や!==は型変換をせずに比較します。

```
<?php
$a = 5;
$b = "5";

var_dump($a == $b);   // true:  値が等しいため成り立つ
var_dump($a != $b);   // false: 値が等しいため成り立たない
var_dump($a <> $b);   // false: 値が等しいため成り立たない
var_dump($a === $b);  // false: 値は等しいが型が異なるため成り立たない
var_dump($a !== $b);  // true:  値は等しいが型が異なるため成り立つ

$c = 10;
$d = 5;

var_dump($c == $d);   // false: 値が等しくないため成り立たない
var_dump($c != $d);   // true:  値が等しくないため成り立つ
var_dump($c <> $d);   // true:  値が等しくないため成り立つ
var_dump($c === $d);  // false: 型は同じだが値が等しくないため成り立たない
var_dump($c !== $d);  // true:  型は同じで値が等しくないため成り立つ
```

公式ドキュメントには、型変換の比較や厳密な比較の詳細があります[*1]。結果が期待通りでない場合は、こちらを参照すると良いでしょう。

文字列演算子

文字列の演算子には2種類あります。

- 結合演算子(.):左側の文字列と右側の文字列を結合し、新しい文字列を生成します。
- 結合代入演算子(.=):左側の文字列に右側の文字列を追加します。

PHPでは、よくある+での文字列結合はサポートされておらず、結合演算子(.)や結合代入演算子(.=)を使用して文字列の結合を行います。

```
<?php
// 結合演算子 (.)
$str1 = 'Hello, ';
$str2 = 'World!';
$result = $str1 . $str2; // $str1 と $str2 を結合
echo $result . "\n"; // 出力: Hello, World!

// 結合代入演算子 (.=)
$str = 'Hello, ';
$str .= 'World!'; // $str に "World!" を追加
echo $str; // 出力: Hello, World!
```

＊1 https://www.php.net/manual/ja/types.comparisons.php

配列演算子

PHPには、配列に対して演算を行う配列演算子が存在します。+演算子は、右の配列を左の配列に結合した結果を返します。同じキーが両方の配列に含まれている場合は、左の配列の要素が優先され、右の配列の同じキーの要素は無視されます。

```
<?php

$a = ['a' => 'りんご', 'b' => 'バナナ'];
$b = ['a' => '洋ナシ', 'b' => 'いちご', 'c' => 'さくらんぼ'];

$c = $a + $b;

var_export($c);
/* 結果：
array (
  'a' => 'りんご',
  'b' => 'バナナ',
  'c' => 'さくらんぼ',
)
*/
```

また、比較演算子もすべて使えます。==と===、!=と!==の違いについても比較演算子と概ね同じです。===と!==はキー/値のペア、並び順、データ型まで等しいかどうか確認します。

```
<?php

$array1 = ['果物1' => 'りんご', '果物2' => 'バナナ'];
$array2 = ['果物2' => 'バナナ', '果物1' => 'りんご']; // 同じ内容だがキーの順序が異なる
$array3 = ['果物1' => 'りんご', '果物2' => 'さくらんぼ']; // 内容が異なる
$array4 = ['果物1' => 'りんご', '果物2' => 'バナナ', '果物3' => 'チェリー']; // 内容とサイズ
が異なる

var_dump($array1 == $array2); // 出力: bool(true) (内容が同じ)
var_dump($array1 === $array2); // 出力: bool(false) (キーの順序が異なるため)
var_dump($array1 != $array3); // 出力: bool(true) (内容が異なる)
var_dump($array1 !== $array3); // 出力: bool(true) (内容が異なる)
var_dump($array1 == $array4); // 出力: bool(false) (内容とサイズが異なる)
var_dump($array1 === $array4); // 出力: bool(false) (内容とサイズが異なる)
```

演算子の優先順位について

演算子の優先順位は、式のどの演算子が他の演算子よりも先に評価されるかを示します。例えば、`6 + 4 * 2`の結果は14になります。これは、乗算演算子`*`の優先順位が加算演算子`+`よりも高いため、`4 * 2`が先に計算されるからです。優先順位を変更するには、括弧を使って明示的に順序を指定します。例えば、`(6 + 4) * 2`は20になります。

同じ優先順位の演算子は、結合性によって評価順が決まります。例えば、減算演算子`-`は左結合なので、`9 - 3 - 4`は`(9 - 3) - 4`と評価され、結果は2です。

代入演算子`=`は右結合で、`$a = $b = $c`は`$a = ($b = $c)`と評価されます。

同じ優先順位の演算子を連続して使用する場合、エラーが発生することがありますが、いくつかの例外もあります。例えば、`1 <= 1 == 1`は問題ありません（`true`が返ってくる）。

単項演算子には結合の概念はなく、例えば`!!$a`は`!(!$a)`と評価されます。

いくつか例示したように、括弧を使用することで、演算子の優先順位に依存せずにコードの可読性を高めることができます。

詳細な優先順位と結合性については、公式ドキュメント＊1を参照してください。

＊1 https://www.php.net/manual/ja/language.operators.precedence.php

Part 01

Section 02-07

条件分岐

条件分岐では、条件に応じて異なるコードブロックを実行します。PHPではif文やswitch文の他に、型と値を厳密に評価するmatch式が使えます。

このセクションのポイント

1. if文で条件に応じた異なる処理が可能
2. switch文は値による分岐に便利ですが、緩やかな比較が行われる
3. match式は値と型の完全一致に基づき、結果を返す

条件分岐は特定の条件が真か偽かによって異なるコードブロックを実行するための構文です。主に文と式に分かれます。これにより、動的な意思決定を行い、多様なシナリオに対応できます。PHPにも文である`if`や`switch`、式として`match`があります。

if elseif else

PHPでは、C言語に似た次のような`if`構文が使えます。他の言語と同様に、`if`、`elseif`、`else`があり、条件に応じて異なるコードブロックを実行することができます。以下に、年齢に基づいてメッセージを表示する例を示します。

```php
<?php
$age = 20;

if ($age >= 18) {
    echo '入場できます。';
} elseif ($age >= 13) {
    echo '保護者同伴で入場できます。';
} else {
    echo '入場できません。';
}
```

switch

`switch`文は、ある値によって処理を分岐させたいときに使う便利なものです。例えば、成績がA, B, Cのどれかによって、異なるメッセージを表示したい場合、`switch`文を使うと簡単に実現できます。`if`文でも同じことができますが、`switch`文を使うと、コードがより簡潔になります。

しかしいくつか注意点があります。他の言語とは違い、`continue`は警告が発

出されますがswitchにも使え、breakと同じ動作をします。また、switchが行う比較は==と同じ比較であるため、型の相互変換が発生することに注意が必要です。

```
<?php
$grade = 1;

switch ($grade) {
    case '1':
        echo '成績が1です！';
        continue; // Warning: "continue" targeting switch is equivalent to "break"
    case 2:
        echo '成績が2です！';
        break;
    default:
        echo '無効な成績です。';
}
```

match

match式は、値の一致に基づいて結果を分岐させる便利な機能です。match式は、switch文とは異なり、三項演算子のように値を評価し、結果を返します。さらに、match式では、switch文が使用する緩やかな比較(==)ではなく、型と値の完全一致チェック(===)が行われるため、型変換は発生しません。

```
<?php
$grade = 1; // 整数の1

$message = match ($grade) {
    '1' => '成績が1です！',
    2 => '成績が2です！',
    default => '無効な成績です。',
};

echo $message; // 出力：無効な成績です。
```

Part 01

01
02
03
04
05
06
07
08
09
10
11
12
13

Section 02-08 ループ

PHPには特定の条件下でコードを繰り返し実行するループ構文があり、while、do-while、for、foreachの4種類があります。それぞれのループは状況に応じた効率的な繰り返し処理を実現します。

このセクションのポイント

1 whileとdo-whileは条件が真の間ループし、do-whileは必ず1回は実行される
2 forループは、初期化、条件、更新を明示的に指定して繰り返し処理を行う
3 foreachは配列やオブジェクトを簡単に処理するための特別なループ構文である

ループは特定の条件が満たされるまで同じコードブロックを繰り返し実行する構文です。for、while、do-while、foreachがあります。これにより、効率的にデータを処理したり、同じタスクを複数回実行することができます。

while

whileループは、PHPにおいて最もシンプルなループ構造です。このループは、C言語のWHILEループと同じように動作します。

```
<?php
$i = 0;

while ($i < 5) {
    echo "iの値は: $i\n";
    $i++;
}
```

do while

do-whileループは、whileループとほぼ同じですが、条件が各繰り返しの最後にチェックされる点が異なります。そのため、do-whileループは必ず少なくとも1回は実行されます。一方、通常のwhileループは条件が最初にチェックされるので、最初から条件がfalseの場合は一度も実行されないことがあります。

```
<?php
$i = 0;

do {
    echo "iの値は: $i\n";
```

```
    $i++;
} while ($i < 5);
```

 for

forループは、PHPで最も複雑なループです。このループは、C言語のforループと同じように動作します。forループの基本的な書き方は次の通りです。

```
for (式1; 式2; 式3)
    文
```

- 最初の式（式1）は、ループが始まるときに一度だけ実行されます。
- 各繰り返しの始めに、式2が評価されます。
  この式がtrueであれば、ループは続行され、文が実行されます。
  falseの場合、ループは終了します。
- 各繰り返しの後、式3が実行されます。

各式は空にすることもできますし、複数の式をカンマで区切って指定することもできます。式2にカンマ区切りの式を使用すると、すべての式が評価されますが、最終的に最後の式の結果が使われます。式2を空にすると、無限ループになります（PHPではこの状態を暗黙のうちにtrueとみなします）。forループの結果ではなく、条件付きのbreak文を使ってループを終了させることもよくあります。

```
<?php

for ($i = 0; $i < 5; $i++) {
    echo "iの値は: $i\n";
}
// 上下どちらのforも同じ内容
for ($i = 0;; $i++) {
    if ($i >= 5) {
        break;
    }
    echo "iの値は: $i\n";
}
```

foreach

foreachは、配列を簡単に処理するための便利な方法です。foreachが使えるのは配列とオブジェクトだけで、他のデータ型や初期化されていない変数に使うとエラーになります。foreachには、次の2種類の書き方があります。

```
foreach (配列 as $value)
    文
```

```
foreach (配列 as $key => $value)
    文
```

最初の形式では、配列の各要素の値が順に$valueに代入されます。
2番目の形式では、各要素のキーが$keyに、値が$valueに代入されます。

foreachは、current()やkey()のような関数で使われる内部の配列ポインタを変更しないことに注意してください。

```
<?php
$array = [1, 2, 3, 4, 5];

// 最初の形式
foreach ($array as $value) {
    echo "値: $value\n";
}

// 2番目の形式
foreach ($array as $key => $value) {
    echo "キー: $key, 値: $value\n";
}
```

Section 02-09

外部ファイル参照

PHPでは外部ファイルを参照するためにinclude/include_onceやrequire/require_onceを使い、クラスの自動読み込みにはspl_autoload_register()が利用されます。これにより、コードの管理や依存関係の処理が効率化されます。

このセクションのポイント

1 includeとrequireはファイルを参照して読み込むが、includeはファイルが見つからない場合に警告を発し処理を続行し、requireは致命的エラーを発して処理を中断する

2 include_onceとrequire_onceはファイルを一度だけ読み込む。これにより、同じファイルが複数回読み込まれるのを防げる

3 spl_autoload_register()関数を使うと、クラスやインターフェイスを自動で読み込むオートローダーを登録でき、手動でのファイル読み込み指示を省略できる

PHPでは、外部ファイルに書いたクラスを参照するためにはincludeやrequireといった構文を使用する必要があります。includeもrequireも、同じ形式でファイルを参照します。

```
include "ファイルへのパス";
require "ファイルへのパス";
include_once "ファイルへのパス";
require_once "ファイルへのパス";
```

実際に使う際は、マジック定数__DIR__(そのファイルのあるディレクトリをフルパスで取得)を使用してファイルへのパスを指定することが多いです。

```
// 02-08 名前空間のサンプルコードより抜粋
require_once __DIR__ . "/Utilities.php";
require_once __DIR__ . "/StringHelper.php";
```

include/require

includeもrequireも、外部ファイルを参照して読み込みます。ファイルのincludeは指定されたパスから行われます。もしパスを指定しなかった場合は、php.iniのinclude_pathの設定から行われます。ここまではincludeもrequireも同じ挙動ですが、ファイルが見つからなかった場合の挙動が変わっており、includeはE_WARNINGを発行して続行、requireはE_ERRORを発行して処理を中断する、という挙動をします。

include_once/require_once

include_onceとrequire_onceは、基本的な挙動はincludeとrequireと同じです。ただし、includeとrequireは同じファイルを読み込んだ場合、何度も読み込まれてしまいますが、include_onceとrequire_onceは一度だけ読み込む、という挙動をします。例えばクラス定義は何度も読み込むと重複定義のエラーになるため、そのような場合に利用しましょう。

クラスの自動読み込み

オブジェクト指向のプログラムを作るとき、開発者はクラスごとに別々のPHPファイルを作ります。その場合、各ファイルの最初に多くの読み込み指示を書く必要があります。

spl_autoload_register()関数を使うと、複数のオートローダーを登録して、クラスやインターフェイスが必要なときに自動で読み込むことができます。これにより、PHPがエラーになる前にクラスを読み込むことができます。

この方法で、クラスだけでなく、インターフェイスやトレイト、列挙型も自動で読み込むことができます。

複数のオートローダーを登録する場合は、spl_autoload_register()を何度でも呼び出せます。ただし、オートローダー関数で例外が投げられると、後のオートローダーが実行されなくなるので、例外を投げないようにしましょう。

```
<?php
// オートローダー関数の定義
function myAutoloader($class) {
    include 'classes/' . $class . '.php';
}

// オートローダーの登録
spl_autoload_register('myAutoloader');

// クラスのインスタンス化（クラスファイルが自動で読み込まれる）
$myClass = new MyClass();
$someClass = new SomeClass();
```

この例では、classesフォルダにあるMyClass.phpとSomeClass.phpというファイルを自動で読み込む設定をしています。クラスが必要になったときに、PHPが自動で対応するファイルを読み込むようになります。

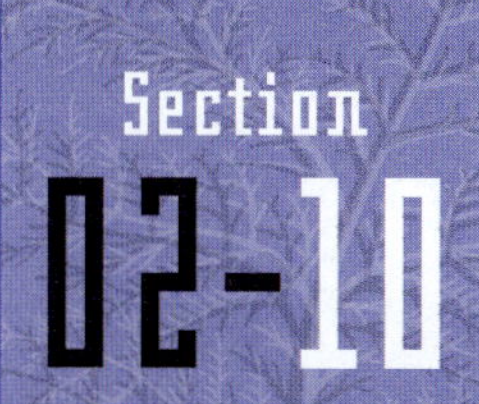

Section 02-10 関数

PHPでは関数を定義して、引数や戻り値、無名関数を使い分けることができます。関数は引数の渡し方や戻り値の型に柔軟性があり、無名関数を使ってコールバックやクラス内での処理も可能です。

このセクションのポイント

1. PHPにおいて引数として値渡し、リファレンス渡し、デフォルト引数、可変長引数、名前付き引数をサポートし、デフォルト引数は指定しない場合に使用される
2. 関数はreturnで値を返し、配列を使って複数の値を返すことができる。returnを使わない場合、関数は自動的にnullを返す
3. 無名関数（Closure）は名前を持たず、変数に代入して使うことができる。親スコープから変数を引き継ぐためにはuseキーワードが必要で、クラス内で使用する際はstaticキーワードでインスタンスへのバインドを防げる

ここでは関数について解説していきます。関数は以下の構文で表すことができます。

```
function foo(int $arg_1, string $arg_2, int $arg_n): int
{
    echo "関数の例\n";
    return $retval;
}
```

関数名として、先頭のみ任意の文字またはアンダースコア、それ以後は任意の数の文字列、数字、アンダースコアを使用することができます。正規表現で表すと `^[a-zA-Z_\x80-\xff][a-zA-Z0-9_\x80-\xff]*$` という形になります。大文字小文字を区別することはありませんが、非常にややこしいので定義時と同じ文字で呼び出すようにしましょう。

引数

他の言語と同様に、関数に情報を渡すためにカンマで区切られた式のリストを使います。関数が呼び出される前に、引数は左から右の順に評価されます。

PHPでは、**値渡し**（デフォルト）、**リファレンス渡し**、**デフォルト引数**をサポートしています。さらに、**可変長引数リスト**や**名前付き引数**も使えます。PHP8.0以降では、引数リストの最後にカンマを付けても問題ありません。このカンマは無視されるので、引数が多くて長くなる場合に便利です。

複数のデフォルト値を持つ引数をスキップするためには、名前付き引数を使うと便利です。

デフォルト引数は、その引数が指定されなかったときに使われます。ただし、明示的にnullを渡すとデフォルト値は使われません。

デフォルト値には、数値や文字列、配列、PHP8.1.0以降では`new ClassName()`記法を使ってオブジェクトも指定できますが、変数やクラスのメンバーは指定できません。デフォルト値は定数でなければなりません。

デフォルト値を設定した引数の後に必須の引数を置くことは推奨されません。これは、デフォルト値が使われないことになるからです。ただし、`Type $param = null`のように nullをデフォルト値として使うことは許可されていますが、明示的に`nullable`型を使用することが推奨されます。

```
<?php

// 値渡し
function talk(string $message){
    echo "$message\n";
}

// リファアレンス渡し
function referenceUp(int &$ref){
    $ref += 1;
}

// デフォルト引数
function defaultArgs(int $param1 = 1, int $param2 = 10){
    echo "param1: {$param1}, param2: {$param2}";
}

// 可変長引数
function dumpArguments(int ...$numbers){
    var_dump($numbers);
}

// 名前付き引数
defaultArgs(param2:100); // defaultArgs(1, 100) と同じ
```

戻り値

関数から値を返すには、return文を使います。これにより、配列やオブジェクトなど、どんな型の値でも返すことができます。return文を使うことで、関数の実行を任意の場所で終了し、その関数を呼び出した場所に制御を戻すことができます。

returnを書かない場合、関数は自動的にnullを返します。

関数は一度に複数の値を直接返すことはできませんが、配列を返すことで複数の値をまとめて返すことができます。

```
<?php

function add(int $a, int $b): int {
    return $a + $b;
}
$result = add(1, 3);
echo 'result: ' . $result . "\n";

// returnしない関数
function notReturn(){
    // returnしない
}

$not = notReturn();
var_dump($not); // 出力: NULL

// 配列を返す関数
function getArray(): array {
    return [1, 2, 3, 4, 5];
}

// 配列を展開して受け取る
[$a, $b, $c, $d, $e] = getArray();
echo "展開された配列の値: $a, $b, $c, $d, $e\n";
```

無名関数

無名関数は名前を付けずに関数を作る方法です。これにより、関数を直接変数に代入したり、コールバックとして渡したりするのが簡単になります。

無名関数はClosureクラスを使って実装されており、変数に代入して使うことができます。変数への代入は普通の代入と同じように書き、最後にセミコロンを付けます。

無名関数は、親のスコープから変数を引き継ぐことができます。引き継ぎたい変数はuseキーワードを使って指定する必要があります。スーパーグローバル変数や$this、関数パラメータと同じ名前の変数を引き継ぐことはできません。また、useの後に戻り値の型を指定する必要があります。

PHP8.0以降では、useで指定した変数の一覧の最後にカンマを付けても問題ありません。このカンマは無視されます。

無名関数が親のスコープから変数を引き継ぐことと、グローバル変数を使うことは異なります。グローバル変数は関数の実行に関係なく常にアクセス可能ですが、無名関数が引き継ぐ変数は、その関数が定義されているスコープから引き継がれます。

クラス内で無名関数を使うと、$thisが自動的にそのクラスにバインドされます。クラスにバインドされたくない場合は、staticな無名関数を使うと良いでしょう。staticを付けることで、無名関数はクラスのインスタンスにバインドされなくなります。

```
<?php

// 無名関数を変数に代入する
$sayHello = function() {
    echo "こんにちは\n";
};
$sayHello(); // 出力： こんにちは

// 親のスコープから変数を引き継ぐ
$greeting = 'こんにちは';
$greet = function() use ($greeting) {
    echo $greeting . "\n"; // 出力： こんにちは
};
$greet();

// クラス内で無名関数を使う
class MyClass {
    public $message = 'クラスのメッセージ';
```

```
    public function createClosure() {
        // 無名関数を使う
        $closure = function() {
            echo $this->message . "\n"; // 出力: クラスのメッセージ
        };
        return $closure;
    }

    public function createStaticClosure() {
        // static 無名関数
        $staticClosure = static function() {
            // $this はバインドされない
            echo "静的無名関数\n";
        };
        return $staticClosure;
    }
}

// クラスのインスタンスを作成し、無名関数を呼び出す
$obj = new MyClass();
$closure = $obj->createClosure();
$closure(); // 出力: クラスのメッセージ

$staticClosure = $obj->createStaticClosure();
$staticClosure(); // 出力: 静的無名関数
```

Section

02-11 クラスの基本機能

PHPではクラスの構成要素としてプロパティ、メソッド、コンストラクタ、デストラクタがあり、アクセス修飾子でアクセス権を制御できます。クラスのインスタンス化やプロパティ、メソッドの操作を通じて、オブジェクトの振る舞いを定義します。

このセクションのポイント

1. クラスにはプロパティ、メソッド、コンストラクタ、デストラクタがあり、プロパティのアクセス権はpublic、protected、privateで制御される
2. クラスをnewキーワードでインスタンス化し、プロパティやメソッドには->演算子を用いてアクセスする。staticプロパティやメソッドには::を用いる
3. コンストラクタ（__construct）はオブジェクト生成時に初期化を行い、デストラクタ（__destruct）はオブジェクトの使用が終わったときに呼び出される

PHPには完全なオブジェクトモデルが搭載されており、アクセス修飾子、`abstract`クラスやメソッド、`final`クラスやメソッド、インターフェイスなどの機能があります。

この節ではクラスの基本的な機能について解説します。

以下は基本的なクラスの構成です。

```
<?php

class SampleClass
{
    // プロパティの宣言
    public string $name;

    // コンストラクタ
    public function __construct(string $name) {
        $this->name = $name;
    }

    // メソッドの宣言
    public function displayName(): void {
        echo $this->name;
    }
}

// インスタンス化
$sample = new SampleClass('name');
```

```
// メソッド呼び出し
$sample->displayName();

// プロパティの参照
$sample->name = 'changed!';
```

インスタンス化

クラスをインスタンス化するには、newキーワードを使用します。また、クラス名の部分には、変数を使用することもできます。

```
<?php
class SampleClass
{
    // プロパティの宣言
    private string $name;

    // コンストラクタ
    public function __construct(string $name) {
        $this->name = $name;
    }
}

// newによるインスタンス化
$sample = new SampleClass('sample1');

// 変数によるインスタンス化
$className = 'SampleClass';
$sample2 = new $className('sample2');
```

プロパティ

クラスの変数はプロパティと呼ばれます。プロパティには、public、protected、privateといったアクセス権を設定できます。また、staticキーワードを使って、クラス全体で共有されるプロパティを定義することもできます。

プロパティにアクセスするには、オブジェクトのプロパティには->を使い、$this->propertyのように書きます。staticなプロパティには::を使い、self::$propertyのように書きます。

プロパティには型を指定できます。型を指定したプロパティは、使用する前に必ず初期化します。

PHP8.2.0以降では、動的にプロパティを追加することは推奨されません。(Deprecatedレベルの警告メッセージが表示されます)

事前にプロパティをクラス内で宣言することをおすすめします。

```
<?php

class Example {
    // プロパティの宣言
    public int $value = 10; // 型付きプロパティ、初期値として定数を指定
    private static string $name = 'example'; // static プロパティ

    // メソッドでプロパティにアクセス
    public function showValues() {
        echo '値: ' . $this->value . "\n"; // オブジェクトプロパティへのアクセス
        echo '静的な名前: ' . self::$name . "\n"; // static プロパティへのアクセス
    }
}

$example = new Example();
$example->value = 100; // publicプロパティへのアクセス
```

メソッド

メソッドはクラスの中で定義された振る舞いのことです。メソッドもプロパティと同様に、`public`、`protected`、`private`といったアクセス権を設定できます。

メソッドはクラスのインスタンス(オブジェクト)によって呼び出され、オブジェクトのプロパティにアクセスしたり、操作を行ったりするために使用します。メソッドは関数と同様の方法で定義できます。オブジェクトを使ってメソッドを呼び出すには、プロパティと同じ`->`演算子を使います。

また、staticキーワードを使って、クラス全体で共通して使えるメソッドを定義することもできます。staticメソッドはオブジェクトではなく、クラス名に`::`を使って呼び出します。

```
<?php

class Person {
    private string $name;
    private int $age;

    public function __construct(string $name, int $age) {
        $this->name = $name;
        $this->age = $age;
```

```
    }

    public function introduce() {
        echo 'こんにちは。私の名前は ' . $this->name . ' で、年齢は ' . $this->age . " 歳
です。\n";
        echo AgeValidate::isAdult($this->age) ? "私は成人です。\n" : "私は未成年です。\
n";
    }
}

class AgeValidate {
    public static function isAdult(int $age): bool {
        return $age >= 18;
    }
}

// クラスのインスタンスを作成
$person = new Person('太郎', 20);

// メソッドを呼び出す
$person->introduce();

// staticメソッドを呼び出す
$result = AgeValidate::isAdult(17);
```

コンストラクタ

PHPでは、クラスのコンストラクタメソッドを使って、オブジェクトが生成されるときに初期設定を行うことができます。コンストラクタは`__construct()`という特別な名前のメソッドで、新しいオブジェクトが生成されると自動的に呼ばれます。

コンストラクタを持つクラスを使うと、オブジェクトを生成するときに必要な情報を渡して、初期化処理を行うことができます。例えば、オブジェクトの名前や年齢などを設定します。

子クラスがコンストラクタを持っている場合、親クラスのコンストラクタは自動的には呼び出されません。親クラスのコンストラクタを呼び出したいときは、子クラスのコンストラクタの中で`parent::__construct()`を呼ぶ必要があります。

コンストラクタは任意の数の引数を受け取ることができます。メソッドと同様に、引数には型を指定したり、デフォルト値を設定したりすることができます。コンストラクタでは、引数を使ってプロパティを初期化するのが一般的です。

PHP8.0からは、コンストラクタの引数をクラスのプロパティに直接代入する「プロパティ昇格（プロモーション）」という機能が追加されました。この機能を使うと

コードが簡潔になります。例えば、以下のようにコンストラクタを定義できます。

```
<?php

class Person {
    public function __construct(
        public string $name,
        public int $age
    ) {
        // コンストラクタの中身は空でもOK
    }
}

$person = new Person('太郎', 35);

echo 'こんにちは、私の名前は ' . $person->name . ' で、年齢は ' . $person->age . " 歳です。
\n";

$person->name = '花子';

echo 'こんにちは、私の名前は ' . $person->name . ' で、年齢は ' . $person->age . " 歳です。
\n";
```

このように、コンストラクタの引数に`public`や`private`などのアクセス修飾子を付けることで、その引数が自動的にクラスのプロパティとして定義されます。この方法を使うと、コンストラクタの中でプロパティに値を代入するコードを書かなくても済みます。

デストラクタ

PHPには、他のオブジェクト指向言語（例えばC++）と似たデストラクタの概念があります。デストラクタメソッドは、特定のオブジェクトがもう使われなくなったときや、スクリプトが終了したときに自動的に呼び出されます。

コンストラクタと同様に、親クラスのデストラクタは自動的には呼び出されません。親クラスのデストラクタを呼び出したい場合は、子クラスのデストラクタの中で`parent::__destruct()`を明示的に呼び出す必要があります。子クラスでデストラクタを定義しない場合、親クラスのデストラクタが継承されます。

また、スクリプトを`exit()`で終了させた場合にもデストラクタは呼び出されますが、デストラクタの中で`exit()`を呼び出すと、それ以降のシャットダウン処理は実行されません。

スクリプトの終了時にデストラクタが呼び出された場合、HTTPヘッダはすでに送信されています。また、スクリプトのシャットダウン時の作業ディレクトリは、使用しているサーバーによって異なる場合があります（例えば、Apacheなど）。

最後に、デストラクタ内で例外を投げると（throwすると）、致命的なエラーが発生します。

```
<?php

class ParentClass {
    public function __construct() {
        echo "親クラスのコンストラクタ\n";
    }

    public function __destruct() {
        echo "親クラスのデストラクタ\n";
    }
}

class ChildClass extends ParentClass {
    public function __construct() {
        parent::__construct();
        echo "子クラスのコンストラクタ\n";
    }

    public function __destruct() {
        echo "子クラスのデストラクタ\n";
        parent::__destruct();
    }
}

$obj = new ChildClass();
unset($obj);
```

上記を実行すると以下のように出力されます。

```
親クラスのコンストラクタ
子クラスのコンストラクタ
子クラスのデストラクタ
親クラスのデストラクタ
```

アクセス権

PHPでは、クラスのプロパティ(変数)やメソッド(関数)、定数にアクセス権を設定できます。これにより、どこからアクセスできるかを制御します。アクセス権には3つの種類があります。

- public: クラスの外部からも内部からもアクセスできます。
- protected: クラスの内部と、そのクラスを継承したクラスからのみアクセスできます。
- private: クラスの内部からのみアクセスできます。

アクセス権を指定しない場合、デフォルトでpublicになります。これを使って、クラスのどの部分を他のコードから見えるようにするかを決めることができます。

```
<?php

class MyClass {
    public $publicProperty = 'これはpublicプロパティ';  // public アクセス権
    private $privateProperty = 'これはprivateプロパティ';  // private アクセス権
    protected $protectedProperty = 'これはprotectedプロパティ';  // protected アクセス権

    public function showProperties() {
        // 同じクラス内ではすべてのプロパティにアクセス可能
        echo $this->publicProperty . "\n";
        echo $this->privateProperty . "\n";
        echo $this->protectedProperty . "\n";
    }

    // Publicメソッド
    public function publicMethod() {
        echo "これはpublicメソッドです。\n";
    }

    // Privateメソッド
    private function privateMethod() {
        echo "これはprivateメソッドです。\n";
    }

    // Protectedメソッド
    protected function protectedMethod() {
        echo "これはprotectedメソッドです。\n";
    }
```

```
    // アクセス権を指定しないメソッド（デフォルトでpublic）
    function defaultPublicMethod() {
        echo "これはデフォルトでpublicメソッドです。\n";
    }

    // Public定数
    public const PUBLIC_CONST = 'これはpublic定数です';

    // Private定数
    private const PRIVATE_CONST = 'これはprivate定数です';

    // Protected定数
    protected const PROTECTED_CONST = 'これはprotected定数です';

    // アクセス権を指定しない定数（デフォルトでpublic）
    const DEFAULT_PUBLIC_CONST = 'これはデフォルトでpublic定数です';
}

class ChildClass extends MyClass {
    // Protectedメソッドを呼び出すメソッド
    public function callProtectedMethod() {
        $this->protectedMethod();
    }
}

$instance = new MyClass();
$instance->showProperties();
$instance->publicMethod();
$instance->defaultPublicMethod();

echo $instance->publicProperty . "\n";
echo MyClass::PUBLIC_CONST . "\n";
echo MyClass::DEFAULT_PUBLIC_CONST . "\n";

// Childクラスのインスタンスを作成し、protectedメソッドを呼び出す
$child = new ChildClass();
$child->callProtectedMethod();

// private と protected プロパティ、メソッド、定数にはアクセスできない
// echo $instance->privateProperty;
// echo $instance->protectedProperty;
// echo $instance->privateMethod();
// echo $instance->protectedMethod();
```

```
// echo MyClass::PRIVATE_CONST;
// echo MyClass::PROTECTED_CONST;
```

　このように、アクセス権を指定することで、クラスの外部からのアクセスを制御し、クラスの内部実装を隠蔽することができます。

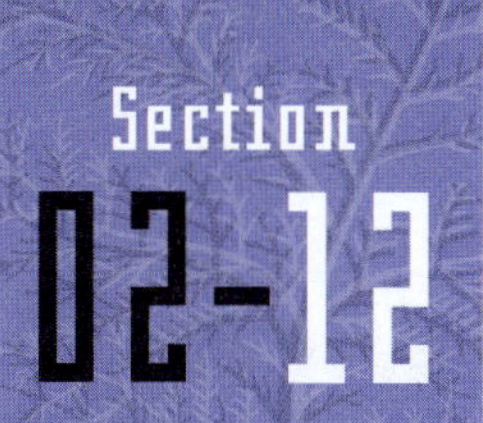

Section 02-12

クラスの応用機能

PHPには、クラスの応用的な機能として他のオブジェクトからのアクセス、継承、インターフェイス、抽象クラス、finalキーワードが含まれます。これにより、クラスの拡張性と再利用性が高まります。

このセクションのポイント

1 同じクラス内であれば、privateやprotectedメンバーにアクセスできる
2 新しいクラスが親クラスのメソッドやプロパティを引き継ぐ継承が使用可能であり、オーバーライドも可能
3 インターフェイスでメソッドの契約を定義し、抽象クラスで部分的な実装を提供することができる

先の節ではクラスの基本的な機能について解説しました。この節ではオブジェクト指向の応用的な機能である継承やインターフェイス、抽象クラスなどの使い方を解説します。

他のオブジェクトからのアクセス権

同じ種類のオブジェクト同士なら、たとえ同じオブジェクトでなくても、privateやprotectedメンバーにアクセスできます。これは、同じクラスのオブジェクト同士であれば、内部の詳細を知っているからです。

```
<?php

class ExampleClass {
    // Privateメンバー
    private $privateValue = 'これはprivateメンバーです';

    // Protectedメンバー
    protected $protectedValue = 'これはprotectedメンバーです';

    // 同じクラス内でprivateおよびprotectedメンバーに直接アクセス
    public function showValues(ExampleClass $obj) {
        echo 'Private: ' . $obj->privateValue . "\n"; // 直接アクセス
        echo 'Protected: ' . $obj->protectedValue . "\n"; // 直接アクセス
    }
}

$example = new ExampleClass();
$obj = new ExampleClass();
$example->showValues($obj);
```

継承

オブジェクト指向のプログラミング言語では「**継承**」という概念がよく使われます。PHPもこの「継承」を使い、あるクラスを基にして新しいクラスを作ることができます。この新しいクラスは、元のクラス（親クラス）のメソッドやプロパティを引き継ぎます。

たとえば、新しいクラス（サブクラス）を作ると、そのクラスは親クラスからpublicおよびprotectedなメソッドやプロパティをすべて引き継ぎます。サブクラスが親クラスのメソッドやプロパティをオーバーライドしない限り、親クラスのそれらはそのまま使えます。

これにより、似たような機能を持つクラスを作るときに、同じ機能をはじめから作る必要がなくなります。なお、親クラスのprivateなメソッドやプロパティはサブクラスからはアクセスできませんが、PHP8.0以降、privateなコンストラクタの使用に特定の制約が適用されることがあります。

また、親クラスのメソッドやプロパティのアクセス修飾子は、サブクラスでより緩いアクセス権に変更することができます。たとえば、親クラスでprotectedなメソッドをサブクラスでpublicにすることができますが、逆にpublicなメソッドをprotectedやprivateにすることはできません。ただし、コンストラクタについては例外で、親クラスのpublicなコンストラクタをサブクラスでprivateにすることが許可されています。

最後に、クラスを使う前に、そのクラスの定義が先に必要です。特に、他のクラスを継承する場合は、親クラスが先に定義されていなければなりません。また、プロパティのアクセス権を変更する際に、読み取りと書き込みが可能なプロパティを読み取り専用にすることや、その逆もできません。

```
<?php
// 親クラス（基本クラス）
class Animal {
    // 公開メソッド
    public function sound() {
        echo "動物の声\n";
    }

    // 保護されたメソッド
    protected function sleep() {
        echo "ぐーぐー\n";
    }
}
```

```
// サブクラス（継承したクラス）
class Dog extends Animal {
    // メソッドをオーバーライド
    public function sound() {
        echo "ワンワン\n";
    }

    // 親クラスの保護されたメソッドを呼び出す
    public function callSleep() {
        $this->sleep();
    }
}

// クラスのインスタンス化
$dog = new Dog();
$dog->sound();  // 出力: ワンワン
$dog->callSleep();  // 出力: ぐーぐー
```

インターフェイス

インターフェイスを使うと、クラスにどのメソッドを実装するべきかを指定できます。インターフェイス自体はメソッドの中身を定義せず、どのメソッドを実装すべきかだけを決めます。同じスコープ内でインターフェイス、クラス、トレイトに同じ名前を付けることはできません。

インターフェイスは通常のクラスと似た方法で作成しますが、`class`の代わりに`interface`キーワードを使います。インターフェイス内のメソッドは中身を書かず、すべて暗黙的に`public`であり、省略することはできません。

インターフェイスを使うことで、異なるクラスが同じインターフェイスを実装すれば、交換可能なものになります。例えば、異なるデータベースへの接続や決済方法など、同じインターフェイスを使うことで、それぞれの実装が異なっても問題なく動作します。また、メソッドや関数がインターフェイスを使用することで、オブジェクトの実装を気にせずに扱うことができます。よく使われるインターフェイスには`Iterator`や`Countable`などがあります。

クラスがインターフェイスを実装するには、`implements`キーワードを使います。そのインターフェイスに含まれるすべてのメソッドを実装しなければならず、実装されない場合はエラーが発生します。また、クラスは複数のインターフェイスをカンマで区切って指定することができます。

クラスがインターフェイスを実装する際、インターフェイスのメソッドと異なる引数名を使うことができます。ただし、PHP8.0以降では名前付き引数が使えるため、インターフェイスの名前に合わせた引数名を使うのが望ましいとされています。

さらに、インターフェイスもクラスと同様にextendsキーワードで継承することが可能です。クラスは同じ名前のメソッドを持つ複数のインターフェイスを実装できますが、その場合、すべてのメソッドがシグネチャの互換性に関するルールに従う必要があります*1。

インターフェイスには定数を含めることもでき、インターフェイスの定数はクラスの定数と同じように動作します。PHP8.1.0以降では、インターフェイスを継承したクラスや他のインターフェイスで定数を上書きすることが可能です。

```
<?php
// インターフェイスの定義
interface AnimalInterface {
    // メソッドの宣言（実装なし）
    public function sound();
    public function sleep();
}

// インターフェイスを実装するクラス
class Dog implements AnimalInterface {
    // インターフェイスで宣言されたメソッドを実装
    public function sound() {
        echo "ワンワン\n";
    }

    public function sleep() {
        echo "ぐーぐー\n";
    }
}

// インターフェイスを実装する別のクラス
class Cat implements AnimalInterface {
    // インターフェイスで宣言されたメソッドを実装
    public function sound() {
        echo "ニャーニャー\n";
    }

    public function sleep() {
        echo "むにゃむにゃ\n";
    }
}

// クラスのインスタンス化とメソッドの呼び出し
```

*1 https://www.php.net/manual/ja/language.oop5.basic.php#language.oop.lsp

```
$dog = new Dog();
$cat = new Cat();

$dog->sound();  // 出力: ワンワン
$dog->sleep();  // 出力: ぐーぐー

$cat->sound();  // 出力: ニャーニャー
$cat->sleep();  // 出力: むにゃむにゃ
```

抽象クラス/抽象メソッド

PHPには「**抽象クラス**」と「**抽象メソッド**」という機能があります。抽象クラスは直接インスタンスを作ることができません。

抽象メソッドはメソッドの名前や引数を定義しますが、実際の処理内容（実装）は書きません。その処理内容は、このクラスを継承したクラスで決める必要があります。

抽象クラスから派生するクラスでは、親クラスで定義されたすべての抽象メソッドを具体的に実装する必要があります。その際、元のメソッドと同じルールに従わなければなりません。

```
<?php
// 抽象クラスの定義
abstract class Animal {
    // 抽象メソッド（実装はなし）
    abstract public function sound();

    // 通常のメソッド
    public function sleep() {
        echo "眠っている...\n";
    }
}

// 抽象クラスを継承したクラス
class Dog extends Animal {
    // 抽象メソッドを実装
    public function sound() {
        echo "ワンワン\n";
    }
}

// 抽象クラスを継承した別のクラス
class Cat extends Animal {
```

```
    // 抽象メソッドを実装
    public function sound() {
        echo "ニャーニャー\n";
    }
}

// クラスのインスタンス化とメソッドの呼び出し
$dog = new Dog();
$cat = new Cat();

$dog->sound();  // 出力: ワンワン
$dog->sleep();  // 出力: 眠っている...

$cat->sound();  // 出力: ニャーニャー
$cat->sleep();  // 出力: 眠っている...
```

final

finalキーワードを使うと、メソッドや定数は子クラスから上書きできなくなります。また、クラス自体にfinalを付けると、そのクラスは他のクラスから継承できなくなります。

プロパティをfinalとして宣言することはできません。finalとして宣言できるのは、クラス、メソッド、定数（PHP8.1.0 以降）だけです。PHP8.0以降では、privateメソッドをfinalとして宣言できるのはコンストラクタだけになりました。

```
<?php

final class ParentClass {
    final public const CONSTANT = '定数値';

    final public function method() {
        echo '親クラスのメソッド';
    }
}

class ChildClass extends ParentClass {
    // 継承不可能なのでエラー
}
```

Section 02-13

名前空間

名前空間は、PHPのコードの整理と名前の衝突を防ぐ仕組みです。namespaceで定義し、クラスや関数を整理し、useでインポートやエイリアスを使うことができます。

このセクションのポイント

1. 名前空間は、クラスや関数の名前の衝突を防ぎ、コードを整理する
2. namespaceを使って名前空間を定義し、ファイル内でクラスや関数を整理する
3. useキーワードで外部の名前空間をインポートし、エイリアスを使って別名でアクセスできる

PHPには「**名前空間**」という仕組みがあり、これにより次の2つの問題を解決できます。

- 作成したコードの名前が、PHPの組み込み機能や他の人が作成したコードの名前と重複して、予期しない動作を引き起こす可能性があることです。
  名前の重複を避けるために長い名前を付けることもできますが、それではコードが使いにくくなります。

- 関連するクラスや関数などを整理する必要があることです。
  PHPの名前空間は、これらを効果的に整理するための手段です。
  名前空間の名前は大文字と小文字を区別します。
  ただし、PHPやそれに続く名前（例：`PHP\Classes`）は、PHPが内部で使用しているため、開発者はこれらの名前を使用できません。

この項目では、そんな名前空間の使い方を紹介します。

定義

PHPでは、クラスやインターフェイス、関数、定数などが名前空間の影響を受けます。`namespace`キーワードで名前空間を定義し、必ずファイルの最初に配置します。例外として`declare`のみが前に置けます。

名前空間内で**完全修飾名**で指定を行わないと、相対的な名前として解釈されます。同じ名前空間を複数のファイルで使用でき、階層構造も作成可能です。一つのファイルに複数の名前空間を使う場合、波括弧で囲むことが推奨されますが、基本的には一つの名前空間を使う方が良いです。名前空間とグローバルコードを併用する場合は、波括弧構文が必要です。

▼一つの名前空間を使う場合（ファイル名：StringHelper.php）

```
<?php
namespace Utilities;
class StringHelper
{
    public function __construct()
    {
        echo "StringHelper インスタンスが作成されました。\n";
    }
}
```

▼一つのファイルに名前空間とグローバルコードを併用する場合（ファイル名：Utilities.php）

```
<?php

namespace Utilities {
    const DEFAULT_VALUE = 42;
    class Logger
    {
        public function __construct()
        {
            echo "Logger インスタンスが作成されました。\n";
        }
    }

    class MathHelper
    {
        public function __construct()
        {
            echo "MathHelper インスタンスが作成されました。\n";
        }
    }
}
// サブ名前空間
namespace Utilities\Functions {

    function formatDate()
    {
        return date('Y-m-d');
    }
}

namespace {
    function globalfunction()
    {
```

```
        echo "グローバルな関数". "\n";
    }
}
```

参照

PHPの名前空間内の要素の使い方について説明します。ここでは、StringHelper.php(p.70)やUtilities.php(p.70)で定義した名前空間Utilitiesの各要素を使う方法をご紹介します。

クラスを参照する方法は主に3つあります。

1つめは要素名だけを使用する方法です。現在の名前空間がUtilitiesの場合、new Logger();やDEFAULT_VALUEと書くと、それぞれUtilities\LoggerやUtilities\DEFAULT_VALUEとして解釈されます。

もしグローバルなコード上で同じように書いた場合、単にLoggerやDEFAULT_VALUEとして解釈されます。

2つめに、名前空間の一部を含めて要素を使用する方法です。現在の名前空間がUtilitiesの場合、Functions\formatDate();と書くと、Utilities\Functions\formatDate()として解釈されます。

もしグローバルなコード上で同じように書いた場合、単にFunctions\formatDate();として解釈されます。

3つめに、バックスラッシュ\を使って完全なパス(完全修飾名)を指定する方法です。たとえば、new \Utilities\Logger();や\Utilities::DEFAULT_VALUE;と記述すると、常にUtilities\LoggerやUtilities\DEFAULT_VALUEとして解釈されます。また、グローバルなクラスや関数、定数にアクセスする場合も、\を使って完全修飾名を指定します。たとえば、\globalfunction()のように記述します。

```
<?php

namespace Utilities;

require_once __DIR__ . "/Utilities.php";
require_once __DIR__ . "/StringHelper.php";

// 要素名だけで使用する
$logger = new Logger();
echo DEFAULT_VALUE . "\n";
```

```
// 名前空間の一部を含めて使用する
$strDate = Functions\formatDate();
echo $strDate . "\n";

// 完全修飾名を指定して使用する
$logger2 = new \Utilities\Logger();
echo \Utilities\DEFAULT_VALUE . "\n";
\globalfunction();
```

インポートとエイリアス

PHPでは、名前空間を利用して外部のクラス、関数、定数などを簡単に参照できます。useキーワードを使って、これらをインポートしたり、エイリアス（別名）を作成したりできます。名前空間付きの完全修飾名を指定し、asキーワードを使ってエイリアスを付けることで、クラスや関数などを短い名前で利用できます。

useはファイルの最上部や名前空間宣言内で使用し、複数のuse文を1行にまとめることも可能です。インポートはコンパイル時に行われ、動的なクラス名や関数名、定数名には影響しません。また、インポートのルールはファイルごとに適用されます。

```
<?php

namespace MyApp;

require_once __DIR__ . "Utilities.php";
require_once __DIR__ . "StringHelper.php";

use Utilities\Logger;
use Utilities\Logger as Log;
use function Utilities\Functions\formatDate as fd;
use function Utilities\Functions\formatDate;
use const Utilities\DEFAULT_VALUE;
use Utilities\{MathHelper, StringHelper};


// 使用例
$logger = new Logger();
$log = new Log();
$result = fd();  // エイリアスを使って呼び出す
$date = formatDate();
$math = new MathHelper();
```

```
$strHelper = new StringHelper();
$constant = DEFAULT_VALUE;

echo "結果: $result\n";
echo "定数: $constant\n";
```

Part 01
01
02
03
04
05
06
07
08
09
10
11
12
13

Section 02-14

リファレンス

PHPのリファレンスは、変数に対して別名を付けることを意味し、メモリ上のアドレスとは異なる。主にリファレンス代入と関数へのリファレンス渡しが可能で、オブジェクトのnewはリファレンスのように扱われるが、実際には識別子がコピーされる。

このセクションのポイント

1. リファレンスの代入とは、変数に対して別名を付けることであり、両方の変数は同じ値を参照する
2. リファレンス渡しとは関数にリファレンスを渡すことであり、関数内の変更が元の変数にも反映される
3. PHPではnewでオブジェクトの識別子がコピーされ、オブジェクト自体のリファレンスが代入されるわけではない

PHPにおいて、リファレンスとは「同じ変数を別の名前で参照すること」を意味します。これはCのポインタとは異なります。Cのポインタはメモリ上のアドレスの加算/減算ができるため、想定外の場所を指してエラーになるといった事故が発生する可能性がありますが、リファレンスはアドレスが指している場所を利用することしかできないため比較的安全です。

リファレンスは初心者向けではないので、基本的に使う機会はありませんが、頭の片隅に置いておくとよい概念のため解説します。

この項目では、リファレンスの代入と関数やメソッドへのリファレンス渡しを説明します。

リファレンスの代入

とある変数$aのリファレンスを取得する場合、以下のように行います。

```
<?php

$a = 10;

$b = &$a;

$b = 20;

echo $a . "\n"; // 出力:20
```

▼リファレンスのイメージ

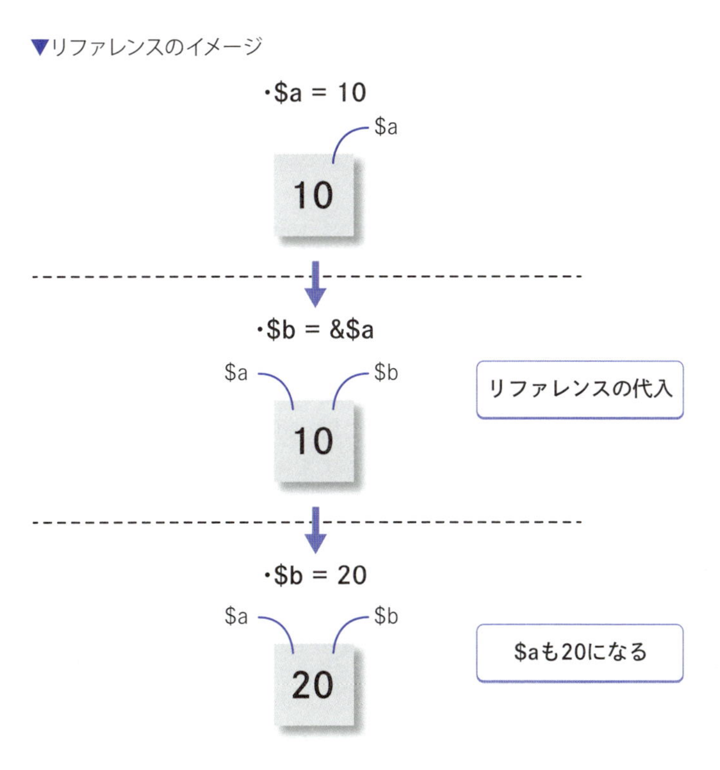

このようにすることで、変数$aの内容に対して$bという別名を付けたことになります。$bはポインタではないので、$bの型はintになります。

リファレンス渡し

関数の引数にはリファレンスを渡すことができます。引数に変数のリファレンスを渡すことで、関数内で変更された値が元の変数にも反映されます。関数定義にのみリファレンス記号が付き、呼び出し時にはリファレンス記号が付いていないことに注意してください。

リファレンス渡しができるのは変数とリファレンスを返す関数のみです。リファレンスを返す関数に関しては、実際の開発で使用する機会が少ないため、本書では詳細な解説を割愛します。

必要に応じて、公式ドキュメント[*1]を参照してください。

```
<?php

function change(int &$origin){
    $origin = 5; // 変数の値を変える
}
```

*1 https://www.php.net/manual/ja/language.references.return.php

```
$test = 10;
change($test);

echo $test;// 出力: 5
```

オブジェクトとリファレンス

ここまで読んでこう思ったのではないでしょうか。「new」で渡されたオブジェクトはリファレンスではないのか、と。厳密には違います。

PHPでは、オブジェクトの変数の値にオブジェクト自身は持たず、オブジェクトの識別子を保持しています。この識別子を用いてオブジェクト自身にアクセスできるようになっているのです（だから**->**という特別な演算子でオブジェクトの情報にアクセスしている）。

したがって代入も、オブジェクト自身がコピーされるわけではなく、リファレンスを代入するわけでもなく、オブジェクトの識別子がコピーされる、という仕組みになっています。

ただし、明示的にオブジェクトの変数のリファレンスを代入した場合は、同じオブジェクトの識別子に対して別名をつける、リファレンス本来の挙動になります。

```
<?php
class A{
    public string $hoge = '10';
}

$a = new A(); // オブジェクトの識別子を渡している
$b = $a;      // オブジェクトの識別子をコピーしている

$c = new A(); // オブジェクトの識別子を渡している
$d = &$c;     // オブジェクトの識別子のリファレンスを代入している
```

Part 01 PHP言語の知識と新機能

PHPの新機能とモダンな機能

PHPは当初簡単で小規模なWebサイトを作成するために誕生しましたが、複雑で大規模なWebサイトを複数人のチームで作成するという用途にも使用されるようになってきました。
この章ではPHP5→7→8とバージョンが進むことによって追加されていったいくつかの便利な機能について説明します。
また、1章ではPHP言語そのものの機能追加のプロセスを説明しましたが、PHPアプリケーションを作成するための標準的なルールがどのような形で策定されているかも合わせて説明します。

Contents

03-01 配列 …… 78
03-02 型宣言の追加の歴史 …… 81
03-03 PHPDocとアトリビュート …… 88
03-04 トレイト、列挙型(Enum) …… 95
03-05 PHP標準化の流れ …… 99

Part 01

01
02
03
04
05
06
07
08
09
10
11
12
13

Section 03-01

配列

2章で説明した基本的な文法の中から配列について深堀りを行います。PHPの配列が持つ他の言語では見られないような特徴を説明していきます。

このセクションのポイント

1 一般的には連想配列と呼ばれるような特徴を持つ
2 極めて自由度が高いデータ型になっている
3 自由度が高いがゆえの欠点がある

2章で説明した「**配列**」についてここでは少し深掘りを行います。まずは、プログラミング言語において「配列」と呼ばれるものの特徴を確認してみます。

格納する要素の個数

配列は複数の値を格納するために使用されます。使用する際いくつの要素を格納できるかについては以下のパターンがあります。

1. あらかじめ格納できる個数を決めておく。その個数はあとからは変更できない
2. 同じようにあらかじめ格納する個数を最初に決めるが、必要に応じてあとからそれを変更する

前者のパターンは、最初に10個の要素を格納できるように宣言すると、その後はその10個という格納できる個数を変更できないというものになります。

PHPの配列は後者のパターンで、最初に3個の値を格納する形で使い始めてもあとから格納する個数を変更できます。

```
<?php
$values = ['a', 'b', 'c']; // 3個の値を格納可能な配列
$values[] = 'd'; // 4個目の値を格納できるようにサイズが拡張された
```

格納する個数の変更は上記の例だと増えていますが、格納する個数を減らすことも可能です。

```
<?php
$values = ['a', 'b', 'c']; // 3個の値を格納している
unset($values[1]); // 要素が1個削除されて（削除されるのは 'b'）、2個の値を格納している
```

格納している要素に対するキー

複数の値を格納する際に、各要素に対してアクセスするためにキーを割り振りますが、これについても以下のようなパターンがあります。

1. 整数の0（もしくは1）から始まる連続した値をキーとする
2. 文字列のような整数値以外の値もキーとする

一般的なプログラミング言語では上記の1と2を厳密にわけて、別のデータ型として扱い、1の方を**配列**、2の方を**連想配列**と呼ぶ場合がありますが、PHPの配列はこの分類でいうとすべて連想配列になります。

以下の例のようにキーは文字列と数値を混在することが可能です。

```
<?php
$values = [
  'xyz' => 1,  // 文字列をキーにしている
  1     => 2,  // 整数をキーにしている
  -3    => 3,  // 負の整数をキーにしている
  6.5   => 4,  // 浮動小数点数をキーにしている
  "300" => 5,  // 300という数字（文字列）をキーにしている
];
```

格納する値

複数の値を格納する際に、どのような値を格納できるのかというのも以下のようなパターンがあります。

1. 同一のデータ型の値しか格納できない
2. 複数のデータ型の値を混在することができる

C言語のような静的型付け言語では前者のパターンとなっており、配列に対して型宣言を行い、整数の値を保持する配列という形で扱うため、配列には同一のデータ型の値しか格納できません。

これに対してPHPは後者のパターンになっており、格納する値も複数のデータ型を混在させることができます。

```
<?php
$values = [
  'xyz' => 'abc', // 文字列
  1     => 2,     // 整数
```

```
    -3    => false, // 論理型
    6.5   => null,  // NULL
    '300' => 1000,  // 整数
];
```

要素の格納される順番

前述したようにPHPの配列は一般的には連想配列と呼ばれるものになっています。この連想配列と呼ばれるものにも以下のようなパターンがあります。

1. 格納した値を格納した順番に取得できない
2. 格納した値を格納した順番に取得できる

PerlやRubyのような言語では、連想配列は**Hash（ハッシュ）**と呼ばれており、大量の要素を格納した連想配列から高速にデータを取得するためにハッシュテーブルという手法を使うというものから来ています。

この手法は高速に要素を取得するために、要素を格納した順番ではないルールで保持しているため、あとから格納した順番で取得ができません。

PHPの連想配列はこのHashにはなっておらず、単純に格納した順にデータを保持しているので、あとから格納した順番に取得することができます。

柔軟であるがゆえの弊害

ここまで見てきたようにPHPの配列はキー及び要素において複数のデータ型を混在して保持できるため、CSVの1行をデータ型を意識せずに格納するといった気軽な使い方ができる反面、型チェックができないという問題があります。

例えば以下の例だと、check関数の第2引数を `$options` という配列で受け取ってしまっているため、型チェックが行いづらく、また将来の仕様変更によって無秩序に拡張される可能性が出てきてしまいます。

```
<?php
function check($var, $options) {
    (何らかの処理)
}
```

PHPは誕生してから暫くの間、関数/メソッドの引数や戻り値に対する型チェックの支援が言語仕様に含まれていなかったため、想定外の値が受け渡されたことによるバグを防ぐ手段がありませんでした。

この型チェックという部分に関して、バージョンが進むにつれてきめ細かいチェックを言語仕様としてできるようになってきているので、次にその流れを見ていきましょう。

Section 03-02

型宣言の追加の歴史

PHPは動的型付け言語に分類されますが、バージョンが上がるにつれて型チェックのサポートが充実していっています。どのように型チェックが追加されていったかの歴史を見てみましょう。

このセクションのポイント

1 最初はタイプヒンティングと呼ばれていた
2 最初は引数だけの対応だったが指定できる箇所が増えていった
3 指定できるデータ型が増えていっている

ここではPHPに対する型宣言の追加の歴史を見ていきます。

PHP5 タイプヒンティング

PHPの言語仕様に初めて型チェックの機構が入ったのはPHP5からになります。今は型宣言と呼ばれていますが、機能追加された当初は**タイプヒンティング**という名前がつけられていました。

このタイプヒンティングですが一番最初は以下のようなものでした。

- 関数/メソッドの引数に対してクラスもしくはインターフェイスを指定できる

最初はクラスもしくはインターフェイスしか指定できなかったタイプヒンティングですが、PHP5の間は以下のような拡張が行われていきました。

バージョン	指定箇所	型
PHP 5.0	引数	クラス (selfも含む)
PHP 5.0	引数	インターフェイス
PHP 5.1	引数	array
PHP 5.4	引数	callable

例えば、以下のように指定すると、配列以外の値を引数で渡すとエラーになるようになりました。

```
<?php
function check(array $values) {
    (何らかの処理)
}
```

PHP7.0 型宣言、スカラ型宣言、戻り値

PHP7にバージョンが上がって以降、タイプヒンティングと呼ばれていたものが**型宣言**という呼称に変わり、ヒントというよりも厳密な型チェックに利用できるものへと拡張されていきます。

PHP7.0でPHP5の間では指定できなかった整数や文字列といったプリミティブなスカラ型を指定できるようになりました。

バージョン	指定箇所	型
PHP 7.0	引数	string
PHP 7.0	引数	int
PHP 7.0	引数	float
PHP 7.0	引数	bool

スカラ型の宣言ですが、integer ではなく int、boolean ではなく bool と指定する必要があるので注意しましょう。

PHP5までは、関数/メソッドの引数に対してのみ指定可能でしたが、PHP 7.0で関数/メソッドの戻り値に対しても型宣言ができるようになりました。

バージョン	指定箇所	型
PHP 7.0	戻り値	クラス (selfも含む)
PHP 7.0	戻り値	インターフェイス
PHP 7.0	戻り値	array
PHP 7.0	戻り値	callable
PHP 7.0	戻り値	string
PHP 7.0	戻り値	int
PHP 7.0	戻り値	float
PHP 7.0	戻り値	bool

これらのことにより、以下のように関数の引数および戻り値に対して型宣言ができるようになりました。

```
<?php
function sum(int $a, int $b): int {
  return $a + $b;
}
```

上記のようにすると、2つの引数に整数以外を渡すとエラーになりますし、整数以外を返却しようとしてもエラーとなります。

PHP7.1 nullable、void、iterable

PHP7.1では以下のものが指定できるようになりました。これらについてそれぞれどのようなものか見ていきましょう。

バージョン	指定箇所	型
PHP 7.1	引数/戻り値	nullable
PHP 7.1	戻り値	void
PHP 7.1	引数/戻り値	iterable

PHP7.0で関数/メソッドの引数および戻り値に対して型宣言ができるようになりましたが、それぞれ単独の型しか指定ができませんでした。
処理によっては引数に対して文字列だけではなくnullを指定したいという場合もあるため、?(型名)という形で nullを許可した指定をすることが可能となりました。

以下の例では、引数として文字列もしくはnullを受け付け、文字列もしくはnullを戻り値として返却するという宣言をしたことになります。

```
<?php
function action(?string $name): ?string {
  (何らかの処理)
}
```

また、戻り値はないことを宣言するために void が指定できるようになりました。

```
<?php
function swap(&$left, &$right): void {
    if ($left === $right) {
        return;
    }

    $tmp = $left;
    $left = $right;
    $right = $tmp;
}
```

またPHP7.1では新しい擬似型 iterable が追加されたので、それも型宣言で指定できるようになりました。

```
<?php
function iterator(iterable $iter) {
    foreach ($iter as $val) {
        //
    }
}
```

iterable 疑似型は以下のようなものになります。

- 配列
- Travaersable インターフェイスを実装したオブジェクト

PHP7.2 object

PHP7.2では任意のオブジェクトを型宣言するために object 型が追加されたので、それが指定できるようになりました。

バージョン	指定箇所	型
PHP 7.2	引数/戻り値	object

以下のように使用することができます。

```
<?php
function test(object $obj) : object {
    return new Checker($obj);
}
```

PHP7.4 クラスのプロパティに対する型宣言

PHP7.3までは型宣言は関数/メソッドの引数および戻り値に対して指定するものでしたが、PHP7.4からはクラスのプロパティに対して指定できるようになりました。

バージョン	指定箇所	型
PHP 7.4	プロパティ	引数/戻り値で指定可能だった型

今まではクラスのプロパティにはprivate等のアクセス権を表すキーワードやstatic等が指定できましたが、以下の例のように型宣言も可能となりました。

```
<?php
class User {
    public int $id;
    public string $name;
}
```

PHP8.0 union、mixed、static

PHP8.0では今まで指定するのが難しかったパターンへの対応が行われました。

バージョン	指定箇所	型
PHP 8.0	引数 / 戻り値 / プロパティ	union
PHP 8.0	引数 / 戻り値 / プロパティ	mixed
PHP 8.0	戻り値	static

PHP7.1で「特定の型もしくはnull」というパターンでnullableが指定できるようになりましたが、他に複数の型が返却されるパターンを宣言することができませんでした。

複数の型のいずれかを受け取るという型を union という形式で表せるようになりました。具体的には以下のように記述します。

・"|" 記号で結合させる
　(型A) |(型B) という形式
　例えば string|bool という指定

この指定は後述するPHPDocで記述した型宣言ではすでに使われていた記述方法ですが、これを言語としての型宣言に取り込んだ形となります。union 同様、すでにPHPDocでの型宣言では使われていた mixed も利用可能となりました。

unionやmixedは標準関数の引数や戻り値を表記するものとしてありましたが、表記上のものということだけではなく、実際の型として記述可能となったということになります。

また、戻り値に対して static が指定できるようになりました。

```
<?php
class Test {
    public function create(): static {
```

```
        return new static();
    }
}
```

PHP8.1 交差型、never、voidの非推奨ルールの追加

PHP8.0に引き続き、PHP7までの型宣言では指定するのが難しかったパターンへの対応が行われました。

バージョン	指定箇所	型
PHP 8.1	引数/戻り値/プロパティ	交差型
PHP 8.1	戻り値	never

unionでは複数の型のいずれかに受け取るという型でしたが、交差型は指定したすべての型を満たすものを受け取るという指定ができるようになりました。

交差型は以下のように記述します。

・"&" 記号で結合させる
　(型A) &(型B) という形式

すでに追加されている void は戻り値がないという宣言でしたが、以下のようなパターンで戻り値を返却するところまで到達しないことを never として宣言できるようになりました。

・exitが呼ばれる
・例外が投げられる
・無限ループに入る

また、このバージョンから戻り値に void を指定した際に、リファレンスを返すことが非推奨となりました。

PHP8.2 null/Value型、交差型とunionの組み合わせ

PHP8.2ではより細かい制御ができるようになりました。

PHP8.2で、Value型という型が定義され、true と false がこのValue型として定義されました。

PHP8.1までは false は union の指定の一部でのみ指定可能でしたが、true および false を単独で指定できるようになりました。これにより false が独立した

型として再定義されたので、null と false が別の型として扱われるようになりました。

PHP8.0で追加されたunionとPHP8.1で追加された交差型を組み合わせて指定できるようになりました。unionと交差型の組み合わせは選言標準形(Disjunctive normal form: DNF)として表す必要があります。例えばDNFのルールの一つとして & は括弧が必須のため、「A|B&C」はエラーとなり、「A|(B&C)」と書く必要があります。

PHP8.3 クラス定数に対する型宣言

PHP8.2までで以下のものに型宣言ができるようになっていました。

- 関数/メソッドの引数
- 関数/メソッドの戻り値
- クラスのプロパティ

PHP8.3ではクラス定数に対して型宣言ができるようになりました。クラス定数というのは以下のものを含みます。

- クラスの定数
- インターフェイスの定数
- トレイトの定数
- 列挙型(Enum)の定数

※トレイトと列挙型(Enum)については後ほど説明をします。

ここまでPHP5からPHP8.3までの型宣言の歴史を振り返ってみました。見てきたようにPHPはバージョンが上がる毎に型チェックを細かく指定できるように進化しており、より規模の大きいアプリケーションを複数人で開発するための支援の機構が追加されていっています。

これらの機構とうまく付き合ってより品質の良いアプリケーションを作成していきましょう。

Section
03-03 PHPDocとアトリビュート

型宣言の強化によって型に対するチェックが強化されていっていますが、型宣言がまったくないときから静的解析を行うツールがありました。それらのツールがどのように型を取得していたのかを見ていきましょう。

このセクションのポイント

1. コメントから型を取得していたがかなり面倒だった
2. コメントよりも解析しやすい文法が追加されました
3. アトリビュートを積極的に活用しているツールがあります

ここまでPHPの言語機構としての型チェックの強化の歴史を見てきましたが、これらの言語機構が整備される前からPHPには静的解析を行うツールがいくつかありました。

以下のようなツールが代表例です。

- PHPStan
- Phan
- Psalm

また、JetBrainsが開発をしているIDEのPhpStormも静的解析を行って開発支援を行ってくれます。

これらのツールは言語機構に十分な型チェックの記法が追加されていないときから静的解析が可能でしたが、どのように型チェック等を行っていたかというと、PHPDocを手がかりにチェックをしていました。

このPHPDocについて深堀りをしていきましょう。

PHPDoc

PHPDocは「クラスやメソッド、プロパティ、関数等の直前に特定のフォーマットで書かれたコメント文」のことを指します。

特定のフォーマットとは以下のようなものです。

- "/**" で始まり "*/" でおわるコメント文

通常のコメントと違ってコメントの始まり部分の "*" が1つ多く、2つ連続で続くのが特徴です。この形式のものを「Docコメント」といいます。

PHPDocが記載されたスクリプトの例を示します。

```
<?php
class Member {
  /** @var string $name */
  private $name;

  /**
   * 挨拶文を返す
   *
   * @return string
   */
  public function greeting() {
    return sprintf("Hello, %s\n", $this->name);
  }
}
```

上記の例では以下のことをDocコメントで表しています。

- クラスのプロパティ $name は文字列型
- greetingメソッドは文字列を戻り値として返す

このようにクラスのプロパティやメソッドの戻り値に対して型宣言ができなかった頃からどのような型として扱うのかということを表すことができていました。

このDocコメントは当初から文法チェックのために使われていたわけではなく、phpDocumentor というツールで利用するところから始まっています。

Docコメントが記載されたソースコードを phpDocumentor で処理をおこなうと、クラスや関数の仕様をHTML形式のドキュメントとして生成してくれます。

ライブラリやフレームワークのリファレンスマニュアルなどをこのツールを使って出力するということが行われていましたが、そこで使っていたDocコメントを静的解析でも利用する流れができたということになります。

PHPDoc では以下のようなタグがよく利用されます。

タグ	意味
@param	引数の仕様を記述
@return	戻り値の仕様を記述
@var	変数/プロパティの仕様を記述

このPHPDocですが明確なルールがありません。前述したようにもともとphpDocumentorというツールで利用されていたので、phpDocumentorがどのように扱うかというツールとしての仕様はありましたが、その他のPHPDocを扱う

ツールはそれぞれで解釈するタグが違っており、自分が使うツールではどのようなタグを扱うのかをあらかじめ確認しておく必要があります。

PHPDocに対する明確なルールをつくろうという動きが以前あったのですが、標準仕様として策定するところまでいたっておらず、途中で止まっている状態が続いています。（この標準仕様を策定する流れについては後述します）

PHPはこのPHPDocをどのように扱っているかというと、クラスや関数に対してリフレクションという解析をするための機能を利用します。

クラスのメソッドに記載されたDocコメントは以下のように取得します。

```
<?php
class Member {
  /** @var string $name */
  private $name;

  /**
   * 挨拶文を返す
   *
   * @return string
   */
  public function greeting() {
    return sprintf("Hello, %s\n", $this->name);
  }
}

$rc = new ReflectionClass(Member::class);
var_dump($rc->getMethod('greeting')->getDocComment());
```

上記の例を実行した結果は以下のようになります。

```
string(58) "/**
   * 挨拶文を返す
   *
   * @return string
   */"
```

上記の実行結果を見るとわかるようにリフレクションを使ってもDocコメント全体を取得することができるだけで、個別のタグをさらに分解して取得するといった機能はありません。

Docコメント全体を取得したあとは正規表現等を駆使して自力でタグとそれに対する値を抽出する必要があります。

@param タグや @return タグに指定する型指定は静的解析ツールによって指定できる形式に差異があり、PHPの言語そのものの型宣言よりは細かな設定ができるようになっています。

すでに説明した交差型やunion型といった型指定の形式はPHPDoc側で指定したものが言語仕様に取り込まれていっているので、例えば今はPHPStanしか解釈できない型指定が将来のPHPのバージョンでサポートされるということがありえるかもしれません。

PHPの言語仕様としての型宣言とPHPDocですが、言語仕様として指定できる場合は型宣言を指定しつつPHPDocは省略し、指定できない型の場合はPHPDocとして記述するといったやり方が現時点では望ましいかもしれません。

PHPの型宣言、PHPDocを使った型指定をうまく組み合わせて、静的解析が効率よく処理できるように心がけると、動的型付け言語であるPHPでも実行する前に文法チェックがスムーズにできるようになります。

アトリビュート

PHPDocは記述したDocコメントに対する解析のサポートがあまりなく、正規表現等を使った後処理をしないと内容が抽出できない弱点がありました。この弱点を補うためにPHP8.0で**アトリビュート**という機能が追加されました。

PHPDocが文法的にはコメント文として扱われていたのに対して、アトリビュートは文法を拡張し、それ専用の記述ができるようになりました。

アトリビュートが記述された例を示します。

```
<?php
#[MyClass]
class Member {
  private $name;

  #[MyMethod(key:123)]
  #[MyMethod(100 * 20), MyMethod(array("key" => "value"))]
  public function greeting() {
    return sprintf("Hello, %s\n", $this->name);
  }
}
```

アトリビュートの文法は以下のようなものです。

- "#[" で始まる
- アトリビュート名を記述

・複数指定する場合はカンマで区切る
・引数を複数指定可能
・"]" で終わる
・クラスやメソッドに対して複数のアトリビュートを付与可能
　アトリビュート名は重複可

では、アトリビュートを取得してみましょう。アトリビュートの取得もリフレクションを利用します。

```
<?php
#[MyClass]
class Member {
  private $name;

  #[MyMethod(key:123)]
  #[MyMethod(100 * 20), MyMethod(array("key" => "value"))]
  public function greeting() {
    return sprintf("Hello, %s\n", $this->name);
  }
}

$rc = new ReflectionClass(Member::class);

// クラスのアトリビュートを解析
$attrs = $rc->getAttributes();
foreach ($attrs as $attr) {
  var_dump($attr->getName());
  var_dump($attr->getArguments());
}

// メソッドのアトリビュートを解析
$attrs = $rc->getMethod('greeting')->getAttributes();
foreach ($attrs as $attr) {
  var_dump($attr->getName());
  var_dump($attr->getArguments());
}
```

上記の例を実行した結果は以下のようになります。

```
string(7) "MyClass"
array(0) {
}
string(8) "MyMethod"
```

```
array(1) {
  ["key"]=>
  int(123)
}
string(8) "MyMethod"
array(1) {
  [0]=>
  int(2000)
}
string(8) "MyMethod"
array(1) {
  [0]=>
  array(1) {
    ["key"]=>
    string(5) "value"
  }
}
```

上記の実行結果を見るとわかるようにPHPDocの解析結果と違って、アトリビュートの名前と引数を文字列や配列の形で取得可能で、とても扱いやすくなっています。

このアトリビュートの扱いやすさを利用して、PHPの代表的なテストツールPHPUnitはPHP8対応のバージョンからPHPDocを使ったものからアトリビュートを使ったものに切り替えが行われました。

PHP7までの指定方法

以下の例のように、テスト対象のメソッドやデータプロバイダの指定をDocコメントを使って指定していました。

```
<?php
use PHPUnit\Framework\TestCase;

final class SampleTest extends TestCase {
  /**
   * @test
   * @dataProvider addProvider
   */
  public function 加算が期待通り実行される(int $a, int $b, int $expected): void {
    (テストコード)
  }

  public function addProvider(): array
  {
```

```
    return [
      [0, 0, 0],
      [0, 1, 1],
      [1, 0, 1],
      [1, 1, 3]
    ];
  }
}
```

PHP8 以降の指定方法

以下の例のように、テスト対象のメソッドやデータプロバイダの指定をアトリビュートを使って指定するようになりました。

```
<?php
use PHPUnit\Framework\Attributes\DataProvider;
use PHPUnit\Framework\TestCase;

final class SampleTest extends TestCase {
  #[Test]
  #[DataProvider('addProvider')]
  public function 加算が期待通り実行される(int $a, int $b, int $expected): void {
    (テストコード)
  }

  public static function addProvider(): array
  {
    return [
      [0, 0, 0],
      [0, 1, 1],
      [1, 0, 1],
      [1, 1, 3]
    ];
  }
}
```

Section 03-04

トレイト、列挙型(Enum)

PHPの最近のバージョンはオブジェクト指向のための文法が積極的に追加されています。その中でも便利なものを2つ紹介します。

このセクションのポイント

1 PHPは単一継承だが、外から違う特性を付与する文法が追加された
2 トレイトは一見便利だが気をつけて使う必要がある
3 特定の値のみに限定できるデータ型が追加された

PHPは登場した当初は標準関数とユーザー定義関数を使って処理を行う形でしたが、PHP4で簡易的なオブジェクト指向のための文法を追加し、PHP5以降はJavaを始めとするクラスベースのオブジェクト指向言語の文法をうまく取り入れていっています。

PHP4の段階ではクラス定義ができる程度で、プロパティやメソッドのアクセス制御ができない(すべてpublic扱い)というものでした。

それに対して、PHP5以降になると以下のようなものが追加されました。

・プロパティやメソッドに対するアクセス制御
public/private/protectedを指定することにより制御

・インターフェイスの追加
実装するメソッドを強制することができる

・抽象クラスの追加
継承した子クラスで特定のメソッドの実装を強制することができる
インターフェイスと違って実装を持つメソッドも定義できる

・無名クラスの追加
使い捨てのオブジェクトの生成が可能

・マジックメソッドの追加
特定の挙動に対する挙動を制御できる

・finalキーワード
継承ができないクラスを宣言できる

これらのものと並んで追加されたトレイトと列挙型(Enum)について説明します。

トレイト

PHPのクラスの継承は単一継承であり、親クラスは1つしか持つことができません。

複数のクラスが持つ特徴を全て継承したものが作れる多重継承は一見便利に見えますが、管理がとても複雑になるため、採用されている言語はそれほど多くありません。

多重継承よりは複雑さを軽減した仕組みとして**トレイト**（**Traits**）というものがPHP5で追加されました。

トレイトは一見クラスと同じようにみえますが、クラスの特性を全ては兼ね備えておらず、以下のようなものとなります。

- トレイト単体では利用できない

- メソッドは定義可能
  抽象メソッドも定義可能
  アクセス権もサポート

- staticも利用可能
  static変数、staticメソッド、staticプロパティ
  ただし、8.1.0以降ではstaticプロパティに対する直接アクセスは非推奨になった

- プロパティも定義可能

- 定数も定義可能
  8.2.0で定義できるようになった

トレイトの実装例を以下に示します。

```
<?php
trait Greeting {
  public function say(string $message): void {
    printf("Hello, %s\n", $message);
  }
}

class Member {
  use Greeting;
}
```

上記のようにクラスで直接宣言していないプロパティやメソッドを利用できるようになります。トレイトを利用すると複数のクラスで利用する機能を一箇所で管理するということができるようになります。

今回の例のような単純な例であれば問題ないのですが、トレイトをやみくもに利用すると以下のような問題が発生することがあるため気をつける必要があります。

- 直接関係ない複数のクラスに対して機能提供ができるのは一見便利に見えるが、複雑な依存関係が生まれ、機能追加や改修を行う際に影響が出る場合がある

もともと多重継承は複雑さを助長するという理由から単一継承を採用しているところに、わざわざ多重継承に似通った複雑さを混ぜる必要があるのかは利用する前に検討を行いましょう。

トレイトはフレームワークやライブラリの機能を簡単に実装コード側に追加するといった利用に留めておいたほうがいいかもしれません。

列挙型（Enum）

プルダウンやラジオボタン、チェックボックスで選択する値を準備する場合、限定した値をあらかじめ準備しておいてそれを利用したいという場面はよくあります。

このような限定した値を定義するためのデータ型として**列挙型（Enum）**というのがPHP8.1になってようやく追加されました。

列挙型についてはかなり前から切望されていた機能で、言語仕様として含まれていないためにクラスを利用して無理やり定義するということがPHP8.0までは行われていました。

では、列挙型（Enum）の実装例を見てみましょう。

```php
<?php
enum Suit {
    case Hearts;
    case Diamonds;
    case Clubs;
    case Spades;
}
```

上記の例は以下のような挙動になります。

- Suitは定義された4つの値のみが有効な値
- 使えるのは以下の4つ

Suit::Hearts
Suit::Diamonds
Suit::Clubs
Suit::Spades

このように特定の値のみに限定することができるため、引数の型宣言で利用すると受け付ける値を制限することが簡単にできます。

```
<?php
function pick_a_card(Suit $suit)
{
    (何らかの処理)
}

$val = Suit::Diamonds;
pick_a_card($val);        // OK

pick_a_card(Suit::Clubs); // OK

pick_a_card('ABC');       // TypeError
```

列挙型（Enum）は以下のような挙動をします。クラスと似ていますが、クラスと同じことがすべてできるわけではありません。

・継承はできない

・メソッドを定義可能
　staticメソッドを定義可能
　コンストラクタ/デストラクタは禁止
　利用可能なマジックメソッドは限られている

・インターフェイスを実装可能

・定数を宣言可能

・トレイトを利用可能
　ただしプロパティを含むトレイトは利用できない

・アトリビュートを付加可能

引数が取りうる値を限定することができれば、引数を受け取ったあとのチェックを省くことができ、より安全なプログラムを作成するのに役立つため、使える局面では積極的に利用していきましょう。

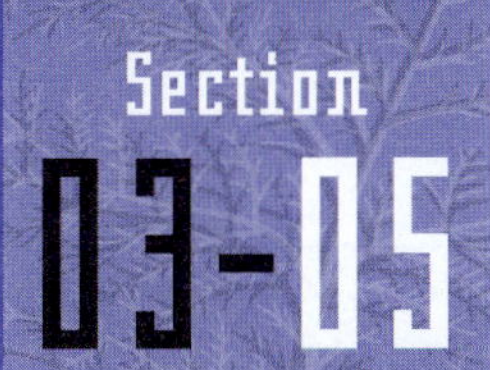

Section 03-05 PHP標準化の流れ

1章ではPHPの言語自体の文法をどのように決定しているかを説明しました。ここではアプリケーションに対するルールについての標準化の流れを見ていきます。

このセクションのポイント

1. 言語とは違ったプロセスで決められている
2. 必ず守らないといけない絶対的なルールではない
3. 標準的なルールによりチーム開発がやりやすくなります

PHPの言語機能に関しては、RFCという追加や拡張したい機能の提案を行い、それに対して複数のコミッターの多数決で決定するというプロセスがあることを1章では説明しました。

PHPの言語そのものではなく、PHPを使ったアプリケーションのルールについても違った枠組みで**標準化**が行われています。

それらがどのような形で進められているかを見ていきましょう。

PHP-FIG

PHPにオブジェクト指向支援機能が追加されて以降、ライブラリやフレームワークが多く作成されるようになりました。

それらが多く作成されるようになると、似たような機能なのに全く互換性がないものが乱立し、学習コストが増大し、利用者側としてはあまりうれしくない状況になっていきました。

そのような状況に際して、ライブラリやフレームワーク、CMSやツールを作成していた開発者が集まって、標準的なルールを作成し、それをベースにライブラリやフレームワークを作っていこうという動きが生まれました。

その流れで設立されたのがPHP Framework Interrop Group、略して**PHP-FIG**になります。

この集まりでは後述する**PSR**（PHP Standards Recommendations）や**PER**（PHP Evolving Recommendations）といった形で、特定のテーマごとに標準的なルールを作成していっています。

では、作成されているPSRやPERというのはどういうものになるのか、それを説明します。

PSR

PHP-FIGで作成されているものとしてまずはPSRを説明します。

PSRはPHP Standards Recommendationsの略で、特定のテーマごとに標準的なルールを議論して作っていっているものになります。

作成しているルールには番号が振られており、代表的なものには以下のようなものがある。

・PSR-1
Basic Coding Standard
最初に作られたルール
コーディング標準を定めたもの

・PSR-3
Logger Interface
ログ出力を行う際のインターフェイスを定めたもの

・PSR-4
Autoloading Standard
オートロードを利用する際の命名規則とディレクトリ構成等を定めたもの
先に作成されていたPSR-0の後継ルール

・PSR-12
Extended Coding Style Guide
PSR-1に準拠したコーディングスタイルのルール
先に作成されていたPSR-2の後継ルール

PSRに関しては、必ず守らないといけない絶対的なルールというわけではなく、このルールに従っておけば、同じルールに従っているライブラリ同士であれば差し替え可能であったり、学習コストを減らすことができるといったものになります。

プロジェクトやチームごとに毎回ルールをゼロから作るのは面倒なので、標準的なルールがあるならばそれをベースにルールを作ることにより省力化ができるといった付き合い方がいいかもしれません。

PER

PERはPHP Evolving Recommendationsの略で、時間の経過によって変化することを織り込んだ標準規格です。
現在PERには1つしかルールがなく、PER Coding Styleのみとなっています。

Coding Styleに関してはPSRの方でもPSR-2/PSR-12と拡張されつつ定義されており、PSR-12の対して最近のPHPバージョンで追加された文法のフォローがはいったというものになっています。

PSR/PERができる前まではフレームワークやツールによってコードの書き方に違いがありすぎて、コードの自動整形がやりづらい状態でした。
PSRでコーディングスタイルが定義されたことにより、それに従っておけば人によって書き方が違うということが起きることが少なくなり、フォーマットしたらバージョン管理システム的に大きく差分がでるということが以前に比べると減ってきたので、余計な手間をかけなくても良くなりました。
独自ルールをゼロから作るよりも、標準ルールに従う/利用することにより開発のコストを下げていくということも検討していきましょう。

パッケージマネージャー

PHPは言語そのものでかなりの機能を持っていますが、特定の用途に多数のパッケージがオープンソースによって配布されており、テストされた準備済みのコードを利用できます。
これらのパッケージは Composerを利用することで簡単に導入できます。
この章ではこのComposerの使い方を解説し、パッケージをうまく活用するための方法を学んでいきます。

Contents

04-01 Composer ………… 104
04-02 Composer の使い方 ………… 107
04-03 オートローディング ………… 114

Part 01

01
02
03
04
05
06
07
08
09
10
11
12
13

Section 04-01

Composer

Composerの役割とComposerのインストール方法について解説していきます。

このセクションのポイント

1 パッケージの依存関係を管理してくれる
2 現在のPHP開発では必須のツール
3 マルチプラットフォームで動作する

Composerとは

Composer[＊1]はPHPのパッケージ依存管理ツールです。

PHPのプロジェクトではさまざまな機能を実現するためにたくさんのパッケージを利用します。これらのパッケージの中には別のパッケージを必要とするものもあります。

次図を例にすると、パッケージAはパッケージBを必要とし、さらにパッケージBはパッケージCとパッケージDを必要とする場合、パッケージAを利用するためには複数のパッケージを調べないといけなくなります。

Composerはこのパッケージ間の**依存関係**を調べて、必要なパッケージを全てインストールしてくれます。現在、多くのパッケージはComposerの利用を前提になっているため、ComposerはPHP開発においてデファクトスタンダードなツールです。

▼Composerのパッケージ依存関係

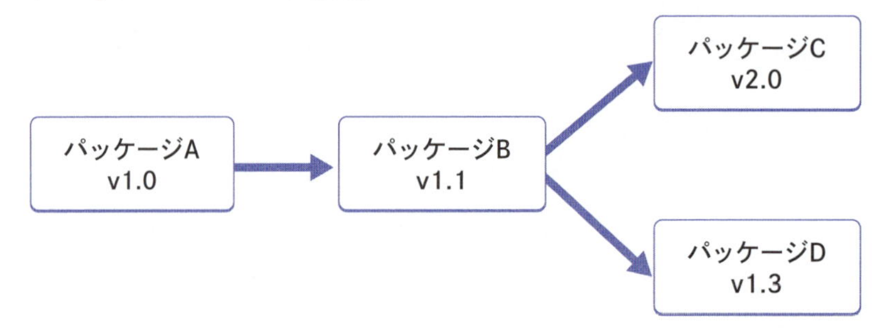

また、公式サイトにComposer is not a package manager[＊2]とも書かれており厳密にはパッケージマネージャーではありません。

＊1 https://getcomposer.org
＊2 https://getcomposer.org/doc/00-intro.md#dependency-management

ただし、Composerの機能にはパッケージの追加や削除などのパッケージ管理ツールとしての機能も備わっているので本書ではパッケージマネージャーとして扱います。

Composerのインストール

ComposerはPHPを使って動くツールになりますので事前にPHPをインストールしておく必要があります。最新バージョンを利用するにはPHP7.2.5以上が必要です。長期サポートバージョン（2.2.x）を利用する場合はPHP5.3.2以上が必要になります。

Composerのインストールする方法は環境ごとに異なるのでそれぞれの方法を書いていきます。

Linux / Unix / macOSの場合

公式サイトのダウンロードページ[*3]に書かれている以下のPHPスクリプトをターミナルで実行します。

なお、執筆時点の最新バージョン（v2.7.9）の内容になりますので実際に実行する際はダウンロードページから最新の内容をコピーして実行してください。

```
$ php -r "copy('https://getcomposer.org/installer', 'composer-setup.php');"
$ php -r "if (hash_file('sha384', 'composer-setup.php') === 'dac665fdc30fdd8ec78b38
b9800061b4150413ff2e3b6f88543c636f7cd84f6db9189d43a81e5503cda447da73c7e5b6') { echo
'Installer verified'; } else { echo 'Installer corrupt'; unlink('composer-setup.php');
} echo PHP_EOL;"
$ php composer-setup.php
$ php -r "unlink('composer-setup.php');"
```

実行後、composer.phar ファイルが作成されますので、以下を実行してComposerコマンドを使えるよう変更しておきます。

```
$ mv composer.phar /usr/local/bin/composer
```

また、macOSの場合は、Homebrew[*4]を使ってインストールすることも可能です。

```
$ brew install composer
```

Windowsの場合

Windowsは専用のインストーラーが用意されているので、公式サイトから

*3 https://getcomposer.org/download/

*4 https://brew.sh/

Composer-Setup.exe[*1]をダウンロードして実行するのが簡単な方法です。

Dockerの場合

公式からDockerのImage[*2]が用意されているので、Dockerfileに以下の設定の文を書くことで利用できます。

```
COPY --from=composer/composer /composer /usr/bin/composer
```

インストール確認

インストールが終わると、以下のComposerコマンドを実行することでインストールされたComposerのバージョンを確認ができます。

```
$ composer -V
```

＊1 https://getcomposer.org/Composer-Setup.exe
＊2 https://hub.docker.com/r/composer/composer

Section 04-02

Composerの使い方

Composerのパッケージのインストール、更新などComposerコマンドの使い方について解説していきます。

このセクションのポイント

1. インストールできるパッケージはPackagistで管理している
2. requireコマンドを使うことでパッケージのインストール、更新ができる
3. Composer本体も更新が必要です

プロジェクトの作成

Composerを使ってのパッケージの管理を行うためには **composer.json** ファイルの用意する必要があります。ファイル自体は手作業で作成することも可能ですが、**composer init**コマンドを実行するとプロジェクトに関する情報を対話形式で入力しながら作成ができます。

任意のディレクトリでtechnical-master-phpディレクトリを作成し、technical-master-phpディレクトリ配下でcomposer initコマンドを実行します。

```
$ composer init
```

いくつのか内容を入力すると、コマンドを実行したディレクトリにcomposer.jsonファイルが作成されます。これでパッケージを使う準備はできました。

パッケージの検索

Composerを使ってインストール可能なパッケージは **Packagist**[*3] で管理されています。

PackagistはComposerのメインリポジトリになります。開発者は作成したパッケージをPackagistに登録することで誰でも利用できるパッケージを公開できます。また、利用者はこのPackagistのサイト内で検索してパッケージを探したり、新規登録されたパッケージや人気のパッケージを調べることもできます。

もしくは、Composerコマンドの **composer search** コマンドを使って探すこともできます。

```
$ composer search キーワード
```

＊3 https://packagist.org/

パッケージのインストール

Composerのパッケージをインストールする方法として、**composer require** コマンドを使います。

```
$ composer require パッケージ名
```

例として日付を扱うパッケージであるnesbot/carbon[*1]をインストールしてみます。

さきほど作成したcomposer.jsonと同じディレクトリで以下を実行します。

```
$ composer require nesbot/carbon

./composer.json has been updated
Running composer update nesbot/carbon
Loading composer repositories with package information
Updating dependencies
Lock file operations: 8 installs, 0 updates, 0 removals
  - Locking carbonphp/carbon-doctrine-types (3.2.0)
  - Locking nesbot/carbon (3.8.0)
  - Locking psr/clock (1.0.0)
  - Locking symfony/clock (v7.1.1)
  - Locking symfony/polyfill-mbstring (v1.30.0)
  - Locking symfony/polyfill-php83 (v1.30.0)
  - Locking symfony/translation (v7.1.3)
  - Locking symfony/translation-contracts (v3.5.0)
Writing lock file
Installing dependencies from lock file (including require-dev)
Package operations: 8 installs, 0 updates, 0 removals
  - Downloading symfony/translation-contracts (v3.5.0)
  - Downloading symfony/polyfill-mbstring (v1.30.0)
  - Downloading symfony/translation (v7.1.3)
  - Downloading symfony/polyfill-php83 (v1.30.0)
  - Downloading psr/clock (1.0.0)
  - Downloading symfony/clock (v7.1.1)
  - Downloading carbonphp/carbon-doctrine-types (3.2.0)
  - Downloading nesbot/carbon (3.8.0)
  - Installing symfony/translation-contracts (v3.5.0): Extracting archive
  - Installing symfony/polyfill-mbstring (v1.30.0): Extracting archive
  - Installing symfony/translation (v7.1.3): Extracting archive
  - Installing symfony/polyfill-php83 (v1.30.0): Extracting archive
```

*1 https://packagist.org/packages/nesbot/carbon

```
  - Installing psr/clock (1.0.0): Extracting archive
  - Installing symfony/clock (v7.1.1): Extracting archive
  - Installing carbonphp/carbon-doctrine-types (3.2.0): Extracting archive
  - Installing nesbot/carbon (3.8.0): Extracting archive
Generating autoload files
8 packages you are using are looking for funding.
Use the `composer fund` command to find out more!
No security vulnerability advisories found.
Using version ^3.8 for nesbot/carbon
```

コマンドを実行するとcomposer.jsonファイルの **require** にインストールしたパッケージが追記されます。これはこのプロジェクトが依存しているパッケージを表しています。

```
{
    "require": {
        "nesbot/carbon": "^3.8"
    }
}
```

インストールしたパッケージ、及び、依存しているパッケージは**vendor**ディレクトリが作成され、このvendorディレクトリ配下にダウンロードされます。

実際にインストールしたnesbot/carbonパッケージを使う例として、technical-master-phpディレクトリ直下にindex.phpファイルを作成し、以下の内容を書き、index.phpを実行することで利用できます。

```
<?php

require_once __DIR__ . '/vendor/autoload.php';

use Carbon\Carbon;

echo 'Now: ' . Carbon::now() . PHP_EOL;
```

```
$ php index.php

Now: 2024-08-28 15:21:58
```

index.phpファイルの先頭で**vendor/autoload.php**ファイルを読み込むことでインストールしたパッケージが提供しているクラスなどを利用できます。

これはComposerのオートローディングの機能になります。この機能については本章の「04-03 オートローディング」で解説します。

パッケージのバージョン指定

先ほどのcomposer requireコマンドを使ってパッケージをインストールする際にはバージョンを指定しないで行いました。この場合は最新バージョンのパッケージがインストールされます。

ただし、パッケージをインストールする環境のPHPのバージョンが低いなどの理由で最新バージョンを使えない場合は例外が発生し、パッケージのインストールは途中で止まります。

この場合はパッケージのバージョンを指定してインストールすることもできます。

```
$ composer require パッケージ名:バージョン
```

また、バージョン指定の主な方法は以下になります。

方法	例	説明
バージョン固定指定	1.0.2	パッケージのバージョンを指定する
バージョン範囲指定	>=1.0 >=1.0 <2.0 >=1.0,<1.1 \\>=1.2	バージョンの範囲を指定する。複数の範囲が指定できます、スペースまたはカンマで区切られた範囲はANDとして扱われ、二重パイプはORとして扱われる。ANDはORよりも優先されます
ハイフン付きバージョン範囲指定(-)	1.0 - 2.0	包括的なバージョンの指定する。>=1.0.0 <2.1と同等です
ワイルドカードバージョン範囲指定(.*)	1.0.*	ワイルドカードを使って指定する。1.0.*は>=1.0 <1.1と同等です
チルダバージョン範囲指定(~)	~1.2	マイナーバージョンまでを固定する。~1.2を指定すると>=1.2 <1.3.0と同等です
キャレットバージョン範囲指定(^)	^1.2.3	メジャーバージョンを固定する。^1.2.3を指定すると>=1.2.3 <2.0.0と同等です

composer.lockファイル

パッケージのインストールを行うと**composer.lock**ファイルが作成されます。このファイルは実際にインストールしたパッケージのバージョンとその依存しているパッケージのバージョンが書かれているファイルです。

さきほどのnesbot/carbonのインストール時にログに書かれている**psr/clock**や**symfony/clock**などはnesbot/carbonが依存しているパッケージになります。

また、composer.lockファイルの内容と同じパッケージをインストールすることもできます。その方法として**composer install**コマンドを使います。

```
$ composer install
```

composer installコマンドは複数人で開発する際に全員で同じバージョンのパッケージをインストールするために使われます。

composer.lockファイルが未作成の状態で、composer installコマンドを実行したときは、composer.jsonファイルに書かれているバージョン指定を元にパッケージのインストールが行われますので、複数人が同じバージョンで開発を行う際には必ずcomposer.lockファイルを作成しておく必要があります。

パッケージの更新

利用しているパッケージが、不具合修正や機能追加などで新しいバージョンがリリースされた場合はパッケージのインストールと同じcomposer requireコマンドを使って更新できます。

```
$ composer require パッケージ名
```

composer requireコマンドはすでにインストール済みパッケージであれば、該当パッケージのバージョンを更新する動きになります。

パッケージのインストール同様にバージョンを指定していない場合はその時点での最新バージョンに更新されます。任意のバージョンに更新したい場合はパッケージのバージョンを指定してください。

また、インストール済みパッケージを全て最新バージョンに更新する場合はcomposer updateコマンドを使います。

```
$ composer update
```

ただし、こちらはcomposer.lockに書かれている全てのパッケージに対して更新が発生するためあまりオススメは出来ないのでパッケージの更新はcomposer requireコマンドを使って1つずつアップデートしていく方がいいでしょう。

パッケージの削除

開発を進めていくとインストールしたけど途中で使わなくなったパッケージが出てくると思います。使わなくなったパッケージはcomposer removeコマンドを使うことで削除できます。

```
$ composer remove パッケージ名
```

コマンドを実行すると、composer.jsonファイル、composer.lockファイルから指定したパッケージと依存しているパッケージの記述が削除されます。

また、vendorディレクトリ配下からも指定したパッケージと依存しているパッケージのディレクトリが削除されます。

開発用パッケージのインストール

利用するパッケージの中にはテストツールや静的解析ツールなど開発環境のみ利用するパッケージも出てくるかと思います。この場合、パッケージを開発環境のみで利用するためには、**--dev**オプションを付けて、composer requireコマンドを実行します。

```
$ composer require パッケージ名 --dev
```

コマンドを実行すると、composer.jsonファイルに追加したパッケージは追記されますが、--devオプションをつけたことでrequireではなく、**require-dev**に追記されます。

逆に本番環境でパッケージのインストールの場合は、**--no-dev**オプションを付けてcomposer installコマンドを実行します。

```
$ composer install --no-dev
```

`--no-dev`オプションをつけることで`require-dev`に記載しているパッケージはインストールされません。

本番環境など開発環境のみで利用するパッケージが不要な場合はこのオプションを付けて実行することをオススメします。

Composer本体の更新

Composerのパッケージを更新するだけでなく、Composer本体も不具合修正や機能追加で新しいバージョンがリリースされるので更新する必要があります。この場合は**self-update**コマンドを使うことでComposer本体を最新バージョンに更新できます。

```
$ composer self-update
```

さらにバージョンを指定して更新したい場合はself-updateコマンドのオプションにバージョンを指定します。

```
$ composer self-update バージョン
```

また、Composer本体を更新した後で何か理由があってる前のバージョンに戻す場合は。**--rollback**オプションを付けてコマンドを実行すると戻すこともできます。

```
$ composer self-update --rollback
```

Section 04-03

オートローディング

Composerにはパッケージの管理やパッケージの依存関係の管理以外にもオートローディング（ファイルの自動読み込み）の機能も提供しています。
ここではComposerのオートローディングの機能について解説していきます。

このセクションのポイント

1 autoload.phpファイルを読み込むだけで使える
2 オートローディングのルールは3種類
3 設定を反映するにはdump-autoloadコマンドの実行が必要

Composerのオートローディング

2章で「クラスの自動読み込み」の説明をしましたが、Composerにもクラスの自動読み込みの機能があります。この機能を使うために必要なのが、パッケージのインストールした時に作成される**autoload.php**ファイルになります。

autoload.phpファイルは、インストールした各パッケージに含まれるcomposer.jsonの中に書かれているオートローディングの設定を解析し、どのPHPファイルを読み込めば良いかをまとめているファイルになります。

このautoload.phpファイルを読み込むことで、クラス名を指定するとそのクラスに対応するPHPファイルを自動的に読み込まれます。これにより複数のPHPファイルをincludeやrequireを使って読み込む必要がなくなります。

さらにComposerのオートローディングの機能を使うことで独自でクラスの自動読み込みを用意する必要もなくなります。

また、インストールしたパッケージだけではなく、自作のクラスや関数などのPHPファイルもオートローディングに追加できます。追加する方法はcomposer.jsonのautoloadに設定を書くだけです。

```
{
    "autoload": {
        "psr-4": {
            "TechnicalMasterPHP\\": "src/"
        },
    }
}
```

次に**composer dump-autoload**コマンドを使って、Composerのオートローディングで必要なファイルを生成します。

```
$ composer dump-autoload
```

コマンドを実行するとsrcディレクトリ配下に作成した自作のクラスや関数などのPHPファイルも自動的に読み込みができます。autoloadの内容を変更した場合はオートローディングに必要なファイルに反映するためにはコマンドを再度実行が必要です。

composer dump-autoloadコマンドを実行する際に、**--optimize**オプションをつけて実行するとオートローディングを最適化が行われパフォーマンスを上げることもできます。こちらは主に本番環境で実行する時に付けるオプションと思っておくと良いでしょう。

なお、autoloadに設定したオートローディングのルールはPSR-4規約、Classmap、Filesの3つあります。

もう1つPSR-0規約がありますが、こちらはPSR-4規約の登場により、2014年10月に非推奨となったので本書での説明は省略します。

PSR-4規約

オートローディングの中で一番使われるのが**PSR-4**規約[*1]によるオートローディングです。

クラスファイルを自動で読み込むためにクラスの完全修飾名とファイルパスの対応付けを定義するためのものです。

先ほどのcomposer.jsonのautoloadに書いた内容の場合、名前空間「\TechnicalMasterPHP」とディレクトリ「src/」の紐付けを行うことで、名前空間「\TechnicalMasterPHP」を付けたクラスを利用すると対応するsrcディレクトリ配下のクラスファイルを自動で読み込まれます。

▼クラスの完全修飾名とファイルパスの対応付け

完全修飾名	対応するファイルパス
\TechnicalMasterPHP\Foo.php	src/Foo.php
\TechnicalMasterPHP\Bar\Baz	src/Bar/Baz.php

Classmap

PSR-4規約に従っていないクラス、もしくは名前空間を設定していないクラスの読み込みを行う時に利用します。指定したディレクトリ、ファイルを元にクラスマップファイル（vendor/composer/autoload_classmap.php）を作成し、それを元にオートローディングを行います。

＊1　https://www.php-fig.org/psr/psr-4/

```
{
    "autoload": {
        "classmap": [
            "lib",
            "Something.php"
        ]
    }
}
```

ただし、各クラスごとに設定が書かれるため、PSR-4規約とは異なりクラスの追加やクラス名の変更などを行った場合はcomposer dump-autoloadコマンドを実行し、クラスマップファイルを再作成が必要になります。

Files

vendor/autoload.phpファイルが読み込まれた時点で読み込むPHPファイルを指定します。

```
{
    "autoload": {
        "files": [
            "src/functions.php"
        ]
    }
}
```

主に関数などはこの方法を利用します。この時に関数名の多重定義でエラーになる可能性もあるので、名前空間を付けて作成する、もしくはfunction_exists関数を使って定義済みか確認して作成するのが安全です。

▼例:名前空間を付ける

```
<?php

namespace TechnicalMasterPHP;

function getTitle() {
    echo 'TECHNICAL MASTER はじめてのPHPエンジニア入門編';
}
```

▼例:function_exists関数を使って確認する

```
<?php
```

```
if (!function_exists('getTitle')) {
    function getTitle() {
        echo 'TECHNICAL MASTER はじめてのPHPエンジニア入門編';
    }
}
```

開発用のオートローディング

テストコードなど開発用のPHPファイルは本番環境では利用しないのでオートローディングには含める必要がありません。そこでcomposer.jsonの**autoload-dev**にオートローディングの設定を追加します。

```
{
    "autoload-dev": {
        "psr-4": {
            "TechnicalMasterPHP\\Tests\\": "tests/"
        }
    },
}
```

追加することでcomposer installコマンドに`--no-dev`オプションを付けた場合は開発用のPHPファイルはオートローディングに含まれなくなります。

Part 01 PHP言語の知識と新機能

モダンなPHPフレームワーク

この章では、Webアプリケーション開発においてなくてはならない存在になってきたWebアプリケーションフレームワークについて見ていきます。
最初にフレームワークがなかった頃の開発方法をふりかえり、その頃の開発の問題点を見ることにより、なぜフレームワークが誕生し、どのように利用されるようになったかを確認していきます。
その後、現在広く利用されている主要なフレームワークについて紹介します。具体的には、Laravel、Symfony、CakePHP、Slimの4つのフレームワークに焦点を当て、それぞれの特徴、利点について解説します。

Contents

05-01 フレームワーク誕生の流れ …… 120
05-02 Webアプリケーションフレームワークの特徴 …… 123
05-03 Laravel …… 127
05-04 Symfony …… 133
05-05 CakePHP …… 140
05-06 Slim …… 146

Section 05-01

フレームワーク誕生の流れ

今ではWebアプリケーションを開発するためには欠かせない存在になっているWebアプリケーションフレームワークはなぜ誕生したのでしょうか。誕生前後の流れを確認してみましょう。

このセクションのポイント

1. フレームワーク誕生前の悩みは効率と品質
2. 複数人で開発することが増えてきた
3. ある程度のルールを決めることにより効率と品質を確保した

Webアプリケーションを開発するにあたって、今ではWebアプリケーションフレームワークを利用するのは普通になってきました。しかし、歴史を振り返ると、PHP4がリリースされた後もしばらくはフレームワークを利用せずに開発が行われていました。

まずはフレームワークが使われるようになった流れを見ていきましょう。

ライブラリの利用

Webアプリケーションの開発において、最初はすべてのコードをゼロから開発するところから始まっています。

この方法は以下のような欠点があることはすぐに想像ができるはずです。

- 毎回似たようなコードを書くことになり、開発の効率が悪い
- 作成した人によってコードの書き方がバラバラになりやすい
- 動作確認済みの資産が増えないため、品質を上げにくい

このような欠点を補うためにライブラリと呼ばれるものを作って、それを複数のアプリケーションで再利用するという開発方法に移行していきます。

ライブラリとは以下のようなものです。

- 毎回書いていた似たようなコードから共通の処理を関数やクラスの形でまとめたもの
- 利用方法としては自分の書いたコードから利用する

プロジェクトやチームでライブラリを充実させていくことにより、毎回似たようなコードをゼロから書くというものからすでに実績のある共通コードを利用するという形になり、工数の削減と品質の向上が見込めました。

また、これらライブラリをオープンソースとして公開することにより、多くの人に

利用してもらうことができるようになり、少人数で開発していたときにはでなかったアイディアがでてきたり、バグが報告されたりといったフィードバックを受けることもできるようになりました。

ライブラリとして公開されていたものの代表例としては以下のものがあります。

・PEAR（PHP Extension and Application Repository）
　PHP4の時代に広く利用されたPHP公式のライブラリ配布の仕組み

・Zend Framework
　Framework という名前がついているがどちらかというとPEARの後継としての公式ライブラリとしての意味合いが強かった

フレームワーク登場前夜

PHPでライブラリを使ったアプリケーション開発の次に来たのはテンプレートエンジンの利用でした。

PHPはもともとHTMLにコードを埋め込む形で記述する言語であったために次のような問題がしばしば発生していました。

・HTMLファイル内にPHPのコードが大量に記述され、デザインとロジックが複雑に混在した状態になりやすい
・デザインが変更になったらコードもすべて書き直しになる

デザインとロジックを分離させるためにHTMLファイルにPHPでロジックを書くのではなく、テンプレートエンジンで決められた文法で記述し、テンプレートエンジンに対してデータをセットして使うというやり方が使われるようになりました。

テンプレートエンジンの初期の代表例は Smarty で、その後多数のテンプレートエンジンが乱立した時代がありました。この時期においてPHPを利用してWebアプリケーションを作成するなら、Smarty と PEAR のライブラリを組み合わせるというのが通常でした。

フレームワーク登場

Webアプリケーションの開発において、いち早くフレームワークが採用されたのは Java 言語を使った開発でした。Java は大規模なアプリケーションに採用され、人数の多く関わるようなプロジェクトで使われていたため、ライブラリよりも厳密なルールをもった仕組みが求められていました。

その流れで Java では Struts というフレームワークが広く使われるようになり、大規模な開発の大幅な効率アップに繋がりました。

フレームワークを使った開発の利点は以下のようなものでした。

- 今までは自分のコードから共通部品であるライブラリを利用する形だったが、フレームワークは利用の方向が逆になっている
  Webアプリケーションとして動作する基本的な土台が提供されており、自分が書いたコードはフレームワークから呼び出される側になっている
- 土台部分が共通になることにより、動作確認済みのコードの割合が大幅に増え、開発の効率化と品質の向上が見込める
- フレームワークのルールに従った形でコードを追加することになるので、個人による記述の仕方のブレが「比較的」抑えられる

PHPはまだテンプレートエンジンを使った開発が主流になっていた時期でしたが、PHPでもStrutsを模したフレームワークがいくつか開発されオープンソースとして公開されました。
その中の代表格がMojaviという名前で公開されたフレームワークで、このフレームワークをもとに派生したフレームワークが複数作られ、その派生したフレームワークとして登場したのがSymfonyです。

その後、Ruby on Railsが登場することにより、Struts型フレームワーク全盛の時代を一変させました。
RailsはWebアプリケーション開発の数々の常識をひっくり返し、大幅に記述するコード量を減らし、開発の効率をあげることを目指したものでした。
Railsの登場後、その思想を真似たフレームワークが各言語で大量に作成されました。
PHPでもその影響は大きく、従来のStruts型のフレームワークからRailsを模したフレームワークが主流になり、その代表格がCakePHPになります。
しばらく、SymfonyとCakePHPの2強時代が続きましたが、それぞれメジャーバージョンアップで後方互換性が大きく損なわれた時期があり、その時期に登場して移行先に選ばれたものがLaravelです。

ここまで紹介したフレームワークはいろいろな便利な機能を提供していましたが、その反面フレームワーク自体の規模が大きくなってきました。
比較的シンプルなアプリケーションをつくるために、そこまで手厚い機能提供を行わないシンプルなフレームワークが出てきて、マイクロフレームワークと呼ばれるようになりました。その代表例がSlimです。
ここで説明したSymfony、CakePHP、Laravel、Slimについては後ほど詳しく説明します。

Section 05-02

Webアプリケーションフレームワークの特徴

効率と品質の改善を行うためにWebアプリケーションフレームワークは誕生したことを見てきました。それではどのようにして効率と品質を改善しているのか、その特徴を見ていきましょう。

このセクションのポイント

1 Webアプリケーションの土台となる機能を準備している
2 どのフレームワークでもだいたい同じような機能を提供している
3 フレームワークが提供している機能を使うことにより効率と品質を改善する

前述したようにWebアプリケーションフレームワークはWebアプリケーションを開発する土台になるもので、以下を目的にしています。

- Webアプリケーションの基本的な処理の流れを共通部分として記述している
- 共通部分の割合が多ければ多いほど追加で記述するコード量を減らすことができるため開発の効率化が望める
- 共通部分が多くの人によって繰り返し動作確認されているものになるため、品質の高いものが利用できる

この共通部分には以下のようなものがあります。

- ルーティング
- リクエスト/レスポンス
- ORM(Object Relational Mapping)
- テンプレートエンジン
- キャッシュ
- 認証/認可
- セッション管理
- バリデーション
- エラー/例外処理
- メール送信
- ログ出力
- 単体テスト/機能テストの支援

このうち、フレームワークの代表的な4つの機能について詳しく見ていきます。

- ルーティング
- リクエスト/レスポンス

- バリデーション
- 単体テスト/機能テストの支援

ORMや、認証/認可、エラー/例外処理やログ出力は別の章で詳しく説明します。

ルーティング

ルーティングとはURLに対してどのような処理を行うかを決めたルールです。よくあるパターンとしてはパスの一番最初の部分でファイル名を特定し、2つ目の部分でそのファイル内のクラスのメソッドを特定するといったものになります。

例えば、/members/add という URL があった場合、以下のような順番で実行するものを決定します。

1. URL のパスを取得する
2. 取得したパスを解析する
3. 1つ目のパスが members になっているので MembersController.php に記述した MembersController クラスを特定する
4. 2つめのパスが add になっているので、MemberController クラスの add メソッドを実行する

このように比較的簡単なルールで実現されており、WebサイトのURL 設計を行うことでファイルの配置ルールや実行するクラス/メソッドの設計を決められるため、多人数での開発をスムーズに行うことができます。

ルーティングが登場するまでは URL に ***.php という拡張子が登場して、すべてのリクエストを個別のPHPスクリプトで受けるという形が主流でしたが、ルーティングが利用されるようになってからは入口となる index.php ですべてのリクエストをうけて、ルーティングで処理の分岐を行うという形が主流になっていきました。

リクエスト/レスポンス

PHPにはリクエストを受け付けるためのいくつかのスーパーグローバル変数があります。

- $_GET
- $_POST
- $_FILES

Part 01
01
02
03
04
05
06
07
08
09
10
11
12
13

フレームワーク登場以前のアプリケーション開発ではこれらをそのまま利用してプログラミングを行っていましたが、これらを直接利用せずにリクエストを抽象化したクラスを利用するようになってきました。

抽象化したクラスを使う利点は次のものです。

- リクエストメソッドの判定をリクエストクラスのメソッドを呼ぶだけでできる
- リクエストヘッダも同様に扱える
- リクエストで渡ってきた値は攻撃を狙ったものを含む場合があるため、脆弱性に対処するようなバリデーション機能（後述）と連携しやすいようになっている

またリクエストと対になるレスポンスに関しても抽象化することにより、以下のような動作をさせるようになりました。

- メソッド呼び出しでリダイレクトを行う
- レスポンスヘッダをメソッド経由で扱う
- 単純にHTML出力するだけではなく、JSON形式で出力する

リクエストとレスポンスは正しく扱わないと脆弱性が発生してしまうため、抽象化したクラスを適切に利用することにより安全性を高めることができます。

バリデーション

リクエストの抽象化の部分でも説明しましたが、リクエストで受け取った値は正しいものが来るとは限らないため、適切に対処を行わないと、アプリケーションに脆弱性が発生してしまいます。

このリクエストで受け取った値をチェックするための機構としてバリデーションという機能が提供されています。

バリデーションでは主に以下のようなことをチェックします。

- 文字列の長さ
- 数値の場合は数値の範囲
- 選択肢等の場合は想定した値かどうか
- 日付のように決まったルールに従っているか

これらのチェックを行うための機構がフレームワークであらかじめ準備されており、それを使うことにより脆弱性に対処できます。

セキュリティ・脆弱性に関しては８章で詳しく説明します。

単体テスト/機能テストの支援

PHP4の時代からPHPUnitという代表的なテスティングフレームワークが提供されていました。

PHPUnit 自体はとても高機能でこれを直接使うだけでもある程度の単体テストはできますが、フレームワークを利用したアプリケーションを作成する場合、フレームワークの機能に応じて PHPUnit の機能を拡張して利用するのがほとんどです。

例えば、次のような機能は PHPUnit だけでは行うことが難しい/面倒なので、フレームワークが提供するテスティングフレームワークの拡張を利用するのが便利です。

- フレームワークの部品（コントローラー等）に依存したテスト
- データベースに対して値をあらかじめセットした状態でテストを行い、テスト後後始末を行う
- 外部への通信を行わずにあらかじめセットした返却値を使った動作確認を行う（テストダブルの利用）

フレームワークを使った開発は複数人数でおこなうことが多く、そのようなときに品質を担保するために、フレームワークが提供するテスト支援機能は積極的に使って効率的にテストを実施しましょう。

ここまでフレームワークの提供するいくつかの機能について説明してきましたが、開発者はこのような代表的な機能を利用することでより効率よく開発を進められます。

また、開発者コミュニティが存在するため、困った時には質問でき、解決策を見つけやすいという利点もあります。

適切なWebアプリケーションフレームワークを選ぶためには以下のような内容などから検討し、判断する必要があります。

- プロジェクトの要件や規模、開発期間
- チームのスキル
- 必要な機能
- コミュニティの活発さやドキュメントの充実度

このような観点で代表的なフレームワークである、Laravel、Symfony、CakePHP、Slim について見ていきましょう。

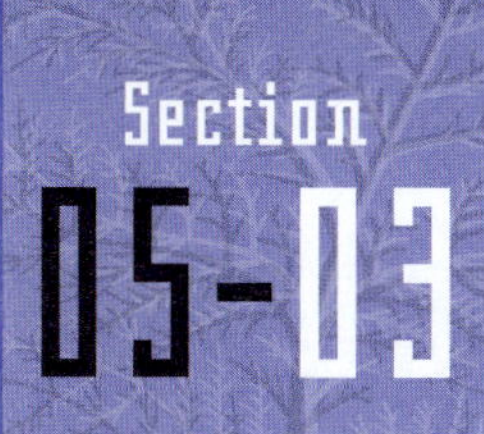

Laravel

LaravelはWebアプリケーション開発を効率的に行うためにさまざまな機能を提供しています。ここではその特徴と主な機能について見ていきます。

このセクションのポイント

1 公式ドキュメントが充実しているので学習しやすい
2 多機能で自由度の高いフレームワーク
3 メンテナンスが活発

LaravelはTaylor Otwellが開発したPHPのWebアプリケーションフレームワークです。

主要なPHPのWebアプリケーションフレームワークの中では後発のフレームワークで日本では2013年のLaravel4のリリース以降、注目され始め、今では多くの支持を得ています。

Laravel公式サイト
https://laravel.com/

Laravelの特徴

Laravelの特徴をいくつか説明します。

Symfonyコンポーネントを採用

Laravelが提供するさまざまな機能でSymfonyコンポーネントを使用しています。

Symfonyはこれまで多くのプロジェクトで利用され、すでに実績のあるフレームワークです。Laravelはこれらの実績のあるSymfonyコンポーネントを採用することで安定性と開発効率の向上を得ています。

機能の豊富さ

Laravelは多くの機能を持つフレームワークです。ルーティング、リクエスト処理、ビュー、クエリビルダー、ORM(**Eloquent**)、認証、ユニットテストなど基本的な機能が実装されています。

また、コンソールからコマンド(**Artisanコマンド**)を利用することで、コントローラーやビューの雛形を作成したり、データベースマイグレーションファイルを作成したりなど、コマンド1つで作成が可能です。

これらの機能を活用することでWebアプリケーション開発を効率よく進めていけます。

豊富なエコシステム

Laravelには豊富な公式パッケージやツールが揃っており、利用することでWebアプリケーション開発を容易にしてくれます。
その中のいくつかを紹介します。

- Laravel Breeze
  ログイン、ユーザー登録、パスワードリセットなど認証機能を提供するパッケージです。利用することで最小限かつシンプルに認証機能の開発が可能になります。
- Laravel Pint
  PHP-CS-Fixerをベースに作成されたコードの自動整形するためのパッケージです。利用することでコードスタイルの統一が可能になります。
- Laravel Sail
  公式が提供しているDockerを用いたLaravelのローカル開発環境です。利用することでLaravelのアプリケーション開発で必要な環境（PHP、MySQL、Redisなど）の構築が簡単に行えます。

これらのパッケージは全てComposerを利用してインストールが可能です。

拡張性の高さ

Laravelは初期のディレクトリ構成ではapp/Http配下にControllersディレクトリ、app/Models配下にはモデルクラス（Eloquentモデルクラス）を配置していますが、各クラスがComposerによるオートローディングができるなら、ディレクトリ構成は開発者が自由に決めることができます。
さらにMVC（Model View Controller）アーキテクチャを使って開発を行うことができますが、プロジェクトの規模次第では、その他のアーキテクチャを採用して開発も行えます。

また、Laravelにはサービスコンテナと呼ばれる機能があります。これはクラスの依存関係を管理し、依存性の注入（DI）を実行するための仕組みです。例えば、データベースの操作クラスをデータベースの種類（MySQLやPostgreSQLなど）に依存させないでインターフェイスを通じて依存関係を解決できます。
これにより利用する側からはデータベースの種類を意識せずにコードを書くことができます。データベースの種類を変更する場合でも、コードの変更範囲を抑えて柔軟なコードを書くことができます。

主要機能

Laravelの主要機能をいくつか見ていきます。

Part 01
01
02
03
04
05
06
07
08
09
10
11
12
13

Artisan

Artisanはlaravelが提供するコンソールコマンドです。各クラスファイルの作成、データベースのマイグレーションの実行、テストの実行などアプリケーションの構築に役立つコマンドがいくつも用意されています。

例えば、以下のmakeコマンドを実行することでコントローラークラスが作成できます。

```
$ php artisan make:controller UserController

   INFO  Controller [app/Http/Controllers/UserController.php] created successfully.
```

また、serveコマンドを実行するとPHPのビルトインウェブサーバーの機能を使ったサーバーが立ち上がり、ブラウザからLaravelアプリケーションにアクセスできます。

```
$ php artisan serve
```

なお、このserveコマンドはローカル開発用の簡易的なサーバーを立ち上げるためのコマンドです。本番環境では利用しないでください。

Eloquent

EloquentはLaravelが提供するORM(Object Relational Mapping)です。データベースのテーブルに対応するクラスがあり、そのクラスを使ってデータ操作(取得、作成、更新、削除)を行います。またリレーションの定義を行うことで複数のテーブルの操作も可能です。

以下、Eloquentクラスの定義と使い方の例になります。

▼Eloquentクラスの定義

```
<?php

namespace App\Models;

use Illuminate\Database\Eloquent\Model
use Illuminate\Database\Eloquent\Relations\HasMany;

class User extends Model
{
    // テーブル名、省略は可能、省略した場合はクラス名の複数形になる
    protected $table = 'users';

    // クラス生成時に代入可能なカラムを指定する
```

```
    protected $fillable = ['name', 'email', 'password'];

    // リレーションの定義 例：Userは複数のPostを持つ
    public function posts(): HasMany
    {
        return $this->hasMany(Post::class);
    }
}
```

▼Eloquentクラスの使い方

```
// プライマリキーを指定してUserを取得
$user = User::find(1);

// 条件を指定してUserを取得
$users = User::where('name', '太郎')->get();

// Userを作成
$user = new User();
$user->name = '二郎';
$user->save();

// Userを更新
$user = User::find(1);
$user->name = '三郎';
$user->save();

// Userを削除
$user = User::find(1);
$user->delete();

// リレーションを使って関連するPostを取得
$user = User::find(1);
$posts = $user->posts;
```

Bladeテンプレート

Bladeテンプレートは Laravel が提供するテンプレートエンジンです。HTMLの中にPHPのコードを直接書くことなく、Bladeテンプレート言語を使って書くことで、変数や条件分岐、ループなどの機能が使えます。

また、Bladeテンプレートはviewヘルパ関数を使うことで利用できます。

以下、Bladeテンプレートの書き方と利用した例になります。

▼Bladeテンプレートの作成

```
<html>
```

```
<body>
    <h1>Hello, {{ $name }}!</h1>
</body>
</html>
```

▼Bladeテンプレートに値を渡す

```
view('hello', ['name' => '太郎']);
```

上記の場合、name変数を中括弧で囲むことでviewヘルパ関数からBladeテンプレートに渡した値はHTMLエンコーディングされた状態で表示できます。

向いているアプリケーション

Laravelは主に以下のアプリケーション作成に向いています。

・フルスタックなWebアプリケーション
　Laravelの豊富な機能を活用することで、効率的に開発が可能
・RESTful API
　RESTfulなAPIの開発
・シングルページアプリケーション（SPA）のバックエンド
　フロントエンドとバックエンドを分離し、効率的に開発が可能

リリースサイクル

Laravelはセマンティックバージョニングを採用しており、年に1度メジャーバージョンのリリースが毎年およそ第1四半期に行われ、マイナーバージョン、パッチバージョンのリリースも頻繁に行われます。

なお、メジャーバージョンのリリース時には互換性のない変更が含まれる可能性があるので注意が必要です。マイナーバージョン、パッチバージョンのリリースでは下位互換性が保たれつつ機能追加や改善。バグ修正が提供されます。

また、各バージョンのサポート期間はバグ修正が18ヶ月間、セキュリティ修正が2年間と決められています。

Laravelサポートポリシー
https://laravel.com/docs/11.x/releases#support-policy

学習曲線

Laravelは公式ドキュメントが充実しており、インストールの方法、各機能の解説やサンプルコードが書かれているので初心者から上級者まで学びやすく、豊富な機能やエコシステムもあるのでアプリケーション開発においても効率的に行えます。

Laravel公式ドキュメント
https://laravel.com/docs/11.x

Section 05-04

Symfony

Symfonyはエンタープライズ向けの堅牢なフレームワークであり、多くのPHPプロジェクトで採用される安定性の高いフレームワークです。ここではその特徴と主な機能について見ていきます。

このセクションのポイント

1 高い柔軟性とカスタマイズ性を持つ
2 高いパフォーマンスを発揮する
3 大規模なコミュニティと豊富なドキュメント

SymfonyはFabien Potencierによって開発され、現在はSensioLabsが中心となって管理しているPHPのフレームワークです。エンタープライズ向けの堅牢で柔軟なフレームワークとして、世界中で広く利用されています。Symfonyは単なるフレームワークだけでなく、PHPコンポーネントの集合体としても利用でき、他の多くのPHPフレームワーク(Laravelを含む)やプロジェクトでもそのコンポーネントが活用されています。

Symfony公式サイト
https://symfony.com/

Symfonyはエンタープライズ向けの高い拡張性を持ったフレームワークで、複雑なビジネスロジックを実装する大規模なアプリケーションやAPIの開発に向いています。また、再利用可能なコンポーネント群は、柔軟に組み合わせて独自のフレームワークを作成することも可能です。

Symfonyの特徴

Symfonyの特徴をいくつか説明します。

柔軟でカスタマイズ性が高い

SymfonyはMVC(Model-View-Controller)アーキテクチャを採用しており、各コンポーネントが疎結合になっているため、必要な機能だけを選んで使うことができます。たとえば、フルスタックのフレームワークとして利用するだけではなく、ルーティング、テンプレート、フォームハンドリング、セッション管理などの個別コンポーネントのみを利用することが可能です。

また、バンドルシステムにより、再利用可能なパッケージを簡単に追加できるため、プロジェクトごとに必要な機能を簡単に拡張することが可能です。Symfonyのエコシステムには、Doctrine ORM、Twigテンプレートエンジン、Monolog

ログライブラリなど、数多くの公式パッケージや外部ライブラリが豊富にあり、特定の要件に応じたカスタマイズが容易です。

高いパフォーマンスと効率的なキャッシュシステム

Symfonyはパフォーマンスの最適化に注力しており、キャッシュ機能を活用することで高い応答速度を実現しています。ルーティング、テンプレート、コンフィグレーションなど、あらゆる要素に対してキャッシュを効率的に利用することで、リクエストに対する処理を高速化します。

Symfonyは、HTTPキャッシュ、OPcache、Redisなど多彩なキャッシュ戦略をサポートし、プロダクション環境でのパフォーマンスチューニングが簡単に行えます。これにより、大規模なアプリケーションでも安定したパフォーマンスを維持できます。

大規模なコミュニティと豊富な学習リソース

Symfonyは世界中に大規模なコミュニティを持ち、その活発な活動によって常にフレームワークが進化し続けています。公式ドキュメントは非常に詳細で、新しい機能の解説や実践的なコード例が豊富に揃っています。また、公式フォーラムや多くのブログ、書籍が存在しており、開発者が学びやすい環境が整っています。

Symfonyは、PHP-FIG(PHP Framework Interop Group)設立時から積極的に参加しており、PHPの標準規約であるPSR(PHP Standards Recommendations)に準拠しているため、他のフレームワークやライブラリとの互換性も高いです。

SymfonyとLaravelの関係

Laravelの説明で、Symfonyコンポーネントを採用していると書きました。その理由は、SymfonyのコンポーネントがPSRに準拠しており、品質が高く、信頼性のある機能を提供しているからです。これにより、Laravelは堅実で標準に沿った機能を簡単に組み込むことができ、フレームワーク全体の安定性と互換性を向上させています。

SymfonyとLaravelの関係は、互いの強みを活かし合う形で成り立っています。Symfonyは標準化と安定したコンポーネント群を提供し、Laravelはそれらをうまく組み合わせて使いやすさと開発効率を追求したフレームワークを作り上げています。

主要機能

Symfonyの主要な機能を以下に説明します。

コアコンポーネント

Symfonyの強みは、優れたコアコンポーネントの豊富さにあります。以下は代表的なコンポーネントです。

- Doctrine ORM
  データベース操作のためのORM(Object Relational Mapping)。
  DBとエンティティを切り離すことができる。
- Routing
  URLとコントローラをマッピングし、リクエストを正しく処理する。
- Twig
  強力で高速なテンプレートエンジンで、コードの再利用やデザインの保守性を向上させる。
- Form
  フォームの作成、バリデーション、データのハンドリングを簡素化する。
- HttpFoundation
  HTTPリクエストとレスポンスの処理を抽象化し、HTTPの基本的な操作を簡単に行える。
- Security
  認証や認可の機能を提供し、セキュアなアプリケーションを構築するためのコンポーネント。

バンドルシステム

Symfonyのバンドルシステムは、再利用可能なパッケージとして機能を追加するための仕組みです。バンドルは、アプリケーションに必要な機能を追加・カスタマイズするためのプラグインのようなもので、公式バンドルからサードパーティ製のものまで、多くの選択肢があります。

例えば、API Platformはバンドルとして提供され、Symfony上で迅速にRESTful APIやGraphQL APIを構築するのに役立ちます。他にもEコマース向けやCMS向けなどに特化したバンドルが豊富に揃っています。

簡単なCRUDのサンプルコード

以下は、Symfonyで簡単なCRUD(Create, Read, Update, Delete)操作を行うサンプルコードです。

エンティティの定義

まず、データベースのエンティティクラスを定義します。以下は「Task」エンティティの例です。

```
<?php
// src/Entity/Task.php
namespace App\Entity;

use Doctrine\ORM\Mapping as ORM;

#[ORM\Entity]
class Task
{
    #[ORM\Id, ORM\GeneratedValue, ORM\Column(type: 'integer')]
    private int $id;

    #[ORM\Column(type: 'string', length: 255)]
    private string $title;

    #[ORM\Column(type: 'text', nullable: true)]
    private ?string $description = null;

    // getterやsetterなど...
}
```

通常、Doctrine ORM(DataMapper)を利用して定義します。

コントローラの作成

次に、CRUD操作を行うためのコントローラを作成します。

```
<?php
// src/Controller/TaskController.php
namespace App\Controller;

use App\Entity\Task;
use App\Form\TaskType;
use Doctrine\ORM\EntityManagerInterface;
use Symfony\Bundle\FrameworkBundle\Controller\AbstractController;
use Symfony\Component\HttpFoundation\Request;
use Symfony\Component\HttpFoundation\Response;
use Symfony\Component\Routing\Annotation\Route;

class TaskController extends AbstractController
{
    #[Route('/task', name: 'task_index', methods: ['GET'])]
    public function index(EntityManagerInterface $em): Response
    {
```

```
        $tasks = $em->getRepository(Task::class)->findAll();
        return $this->render('task/index.html.twig', ['tasks' => $tasks]);
    }

    #[Route('/task/new', name: 'task_new', methods: ['GET', 'POST'])]
    public function new(Request $request, EntityManagerInterface $em): Response
    {
        $task = new Task();
        $form = $this->createForm(TaskType::class, $task);

        $form->handleRequest($request);
        if ($form->isSubmitted() && $form->isValid()) {
            $em->persist($task);
            $em->flush();

            return $this->redirectToRoute('task_index');
        }

        return $this->render('task/new.html.twig', ['form' => $form->createView()]);
    }

    #[Route('/task/{id}/edit', name: 'task_edit', methods: ['GET', 'PUT'])]
    public function edit(Task $task, Request $request, EntityManagerInterface $em):
Response
    {
        // 紙面の都合上、省略
    }

    #[Route('/task/{id}/delete', name: 'task_delete', methods: ['DELETE'])]
    public function delete(Task $task, Request $request, EntityManagerInterface
$em): Response
    {
        // 紙面の都合上、省略
    }
}
```

Symfony 5.3以降では、コントローラ内のアノテーション（属性）を使ってルーティングを定義することが一般的となりました。

上記例は、PHP8.0で導入された属性（Attribute）を使った書き方です。

また、EntityManager(Interface) によって、Entityの取得や永続化が行われます。

フォームの作成

フォームクラスを定義して、フォームのバリデーションを行います。

```
<?php
// src/Form/TaskType.php
namespace App\Form;

use App\Entity\Task;
use Symfony\Component\Form\AbstractType;
use Symfony\Component\Form\Extension\Core\Type\TextareaType;
use Symfony\Component\Form\Extension\Core\Type\TextType;
use Symfony\Component\Form\FormBuilderInterface;
use Symfony\Component\OptionsResolver\OptionsResolver;

class TaskType extends AbstractType
{
    public function buildForm(FormBuilderInterface $builder, array $options)
    {
        $builder
            ->add('title', TextType::class, ['label' => 'Title'])
            ->add('description', TextareaType::class, ['label' => 'Description',
'required' => false]);
    }

    public function configureOptions(OptionsResolver $resolver)
    {
        $resolver->setDefaults([
            'data_class' => Task::class,
        ]);
    }
}
```

このように、Symfonyを使うとエンタープライズ向けの複雑なアプリケーションから、シンプルなCRUDアプリケーションまで、幅広い開発が可能です。

向いているアプリケーション

Symfonyは以下のようなアプリケーションに向いています。

・大規模エンタープライズアプリケーション
　複雑なビジネスロジックを持つアプリケーション

・API開発
高速でセキュアなRESTful APIやGraphQL APIの開発に最適

・カスタマイズ性の求められるWebアプリケーション
例えば、独自の要件に対応したCMSやEコマースサイトの構築など

リリースサイクル

Symfonyは LTSバージョンと通常バージョンがあり、LTSは約3年間のバグ修正と4年間のセキュリティ修正が提供されます。通常バージョンは約1年半のサポート期間があります。毎年5月と11月に新しいメジャーバージョンがリリースされるため、定期的なアップデートが可能です。

Symfonyリリースページ
https://symfony.com/releases

学習曲線

Symfonyは多機能で柔軟なフレームワークですが、その分、学習には時間がかかります。ただし、公式ドキュメントが非常に充実しており、ステップバイステップのチュートリアルやベストプラクティスが提供されているため、基礎から応用まで一貫して学ぶことができます。

Symfony公式ドキュメント
https://symfony.com/doc/current/index.html

インストール自体もComposerを利用して簡単にインストールできます。

```
composer create-project symfony/skeleton symfony-sample
cd symfony-sample
composer require webapp
```

Section 05-05

CakePHP

CakePHPは迅速な開発をサポートするさまざまな特徴を持っています。ここではその特徴と主な機能について見ていきます。

このセクションのポイント

1 「設定より規約」という特徴的なポリシーで作られている
2 日本語のマニュアルが整備されている
3 シンプルなルールに従う形なので学習曲線は緩めである

2005年にMichal TatarynowiczがPHPで書いた小さなフレームワークが始まりで、当初は「Cake」という名前で公開されましたが、その年の末にはCake Software Foundationが設立され、その団体により開発が引き続き行われました。2006年に**CakePHP**として最初のバージョン1.0がリリースされ、その後も活発にバージョンアップが行われています。

CakePHP公式サイト
https://cakephp.org/

Ruby on Railsに影響を受けて作られており、MVC(Model-View-Controller)のパターンを使った規約重視のフレームワークになっています。

PHP4の時代に作られたものだったため、PHPでも早い時期にフレームワークが流行する原動力になっていました。

日本でもPHP4のころから使われており、早い段階から公式サイトで日本語のドキュメントを見ることができる状態になっていたので、多くの日本人開発者に利用されていました。

Symfonyとともに2大フレームワークと呼ばれていた時期がありましたが、バージョン2から3へのアップデートで大幅に仕様変更されたため、その時に大きく利用者が減った印象があります。

CakePHPの特徴

CakePHPがどのような特徴があるのか説明します。

設定より規約(CoC)

CakePHPが流行る以前のフレームワークは設定ファイルを作ることによってアプリケーションの動作等を決めるというのが主流でしたが、Ruby on Railsがとったやりかたは「**設定より規約**」(CoC: Convention over Configuration)という考え方でした。

ある一定のルールに従っていれば設定ファイルを書くことなくアプリケーションが動作するというものになります。

たとえば、ルーティングに関してあらかじめ決められた形で URL を設計しておけば、自動的に実行されるコントローラーとメソッドが決まるといったものです。

CakePHP は MVCパターンを採用しており、ControllerやModelに対するファイルを配置するディレクトリ構成もきまっているため、その規約に従っておけば開発ができるというものになっています。

近年はアプリケーションが複雑になっており、CakePHPが登場した当初よりは設定ファイルを書くようになっていますが、基本的な思想はこの「設定より規約」にもとづいています。

迅速な開発

CakePHP を始めとする Ruby on Rails を参考にしたフレームワークは Rapid Development という開発の迅速さを支援するツールを多く備えています。

そのひとつに bake というコンソールアプリケーションがあります。CakePHP が登場するまではフレームワークを使った開発で必要となる Controller や Model といったファイルは手作業で作っていましたが、CakePHP はそれらのパーツに厳密なルールがあるため、名前を指定すればそれらの雛形のファイルを作ってくれるという機能を提供しました。

また、Debug の支援をする Debug Kit や、データベースのテーブル作成やカラム追加等を支援する Migration の機能も提供されているため、効率よく高速な開発ができるようになっています。

一貫性

すでに説明した通り、CakePHPは「設定より規約」という思想にもとづいており、作成したものは一定のルールに従っているため、そのルールを知っている人であればすぐに開発に参加できるようになっています。

ただし、決められたルールはシンプルなレベルになっているため、複雑なアプリケーションになった際にはチームでフレームワークのルールにプラスして更に厳密なルールを作っておいたほうが混乱は少なくなるでしょう。

なお、CakePHPはPHPのアプリケーションの作成に対しての標準的な規約を決める PHP-FIGに最初から参加しており、今でも参加を続けている数少ないフレームワークで、PHP-FIG で決められている標準である PSRに基本的に従って機能が作られています。

主要機能

それでは CakePHP の主要な機能を見ていきましょう。

コントローラ、リクエスト、レスポンス

リクエストは、以下のようなクラスとして抽象化されています。

```
Cake\Http\ServerRequest
```

リクエストクラスはあらかじめコントローラーのプロパティにセットされているため、以下のように利用できます。

```
<?php
namespace App\Controller;

class MemberController extends AppController
{
    public function sample()
    {
        // URL は ?page=1
        $page = $this->request->getQuery('page');

        // POST で受け取ったパラメータ title を取得
        $title = $this->request->getData('title');

        // POST メソッドかどうかをチェック
        $isPost = $this->request->is('post');
    }
}
```

レスポンスも、以下のようなクラスとして抽象化されています。

```
Cake\Http\Response
```

レスポンスクラスもあらかじめコントローラーのプロパティにセットされているため、以下のように利用できます。

```
<?php
namespace App\Controller;

class MemberController extends AppController
{
```

```
    public function sample()
    {
      // 一つのヘッダを追加/置換
      $response = $response->withHeader('X-Extra', 'My header');

      // json レスポンスにしたい場合
      $response = $response->withType('application/json')
        ->withStringBody(json_encode(['Foo' => 'bar']));

      // Referer のページにリダイレクト
      return $this->redirect($this->referer());
    }
}
```

上記の例にあるように、リダイレクトはコントローラーのメソッドになっており、CakePHPはリクエスト・レスポンス等があらかじめプロパティになっているのでそのルールさえ覚えておけば使いやすいとも言えますが、コントローラーのクラスがフレームワークへの依存が高いためにテストがしにくいというデメリットもあります。

■ バリデーション

CakePHPのバリデーションは当初はモデルに依存したものでしたが、現在はモデルとは切り離され単独で使えるものになっています。

バリデーションを使った例は次のようになります。

```
<?php
use Cake\Validation\Validator;

$validator = new Validator();
$validator
    ->requirePresence('title')
    ->notEmptyString('title', 'このフィールドに入力してください')
    ->add('title', [
        'length' => [
            'rule' => ['minLength', 10],
            'message' => 'タイトルは 10 文字以上必要です',
        ]
    ]);
```

上記のようにバリデーションはリクエストのパラメータに対してルールを付与していくという形になります。

標準的なチェックメソッドは用意されていますが、アプリケーション独自のチェック内容をカスタムバリデーターとして追加して利用することも可能です。

豊富なコアライブラリ

CakePHPにはよく使う機能について、対応するパッケージを準備しており、それらが単独で利用可能です。

準備されているものは以下のようなものがあります。

・メール送信
・日付操作
・認証/認可
・配列に対する操作
・HTTPクライアント

向いているアプリケーション

CakePHPは以下のようなアプリケーション作成に向いています。

・小規模～中規模の業務アプリケーション
　簡単な操作と迅速な開発が求められるアプリケーション

・プロトタイピング
　迅速なプロトタイプ作成とテスト

・教育用途
　新規開発者の学習用フレームワーク

リリースサイクル

CakePHPは決まったリリースタイミングは設けられておらず、サポート期間もバージョンごとに決められています。
CakePHP はセマンティックバージョニングに従っており、バージョン番号は以下のようなルールに従います。

```
（メジャー）.（マイナー）.（パッチ）
```

メジャー、マイナー、パッチのリリースは以下のようなポリシーで行われています。

メジャーリリース

メジャーリリースでは下位互換性は保証されません。メジャーリリースでは機能が廃止されたり、インターフェイスが変更されます。

通常、メジャーリリースに対してアップグレードガイドと、rector を使用したアップグレード支援が行われます。

マイナーリリース

マイナーリリースは通常、以前のマイナーリリースおよびパッチリリースと下位互換性が維持されます。

新しい機能の追加やドキュメント化を必要とする動作の変更はマイナーリリースで追加されます。これらの変更については移行ガイドに従うことによって追従できます。

パッチリリース

パッチリリースは常に下位互換性が保証されます。長期にわたる動作を変更するような問題は通常パッチリリースには含まれません。

学習曲線

CakePHPで決められたルールは直感的でシンプルなルールが多く、学習曲線は比較的緩やかです。公式サイトに準備されているチュートリアルを一通り学べば簡単なアプリケーションの作成は開始できるようになります。

CakePHPチュートリアル
https://book.cakephp.org/5/ja/index.html

公式サイトのドキュメントは日本語で読むことができるため、必要に応じて新しい機能についてドキュメントを読みながら学んでいくことができます。

Section 05-06 Slim

Slimはシンプルで軽量なマイクロフレームワークとして、迅速なWebアプリケーションやAPIの開発を支援します。ここではその特徴と主な機能について見ていきます。

このセクションのポイント

1. 軽量でシンプルな設計
2. 柔軟な拡張性
3. 高速なルーティングシステム

SlimはPHPで開発されたマイクロフレームワークで、2010年にJosh Lockhartによって初めてリリースされました。フルスタックフレームワークとは異なり、必要最小限の機能のみを提供し、必要な部分は開発者が自由に追加できます。これにより、開発者は初期設定に縛られることなく、基本的な機能を迅速に実装できます。

フルスタックフレームワークでは多くの機能が初期設定で備わっており、ある程度の学習が必要ですが、Slimでは「シンプルさ」と「柔軟性」を重視しています。そのため、スケールの小さなプロジェクトや軽量なAPI開発に適しており、その柔軟性から多くの開発者に支持されています。

Slim公式サイト
https://www.slimframework.com/

Slimの特徴

Slimの特徴をいくつか説明します。

軽量でシンプルな設計

Slimの最大の特徴はその軽量性とシンプルさにあります。フルスタックフレームワークのように多機能を詰め込むことなく、最小限の機能を提供し、必要に応じて追加パッケージを導入できるよう設計されています。そのため、学習コストが低く、開発者がコードの管理に集中できる環境を提供します。

柔軟な拡張性

Slimは必要最小限の機能しか提供していないため、開発者が自由にライブラリやツールを選び、自分のプロジェクトに必要なものだけを組み合わせることができます。例えば、データベース操作に関しては、Slim自身にはORMが含まれていないため、EloquentやDoctrineなどの好みのライブラリを導入して使うことができます。

高速なルーティングシステム

Slimは、高速で効率的なルーティングシステムを提供しており、複雑なURLパターンや多様なHTTPメソッドに対応しています。このルーティングシステムにより、RESTfulなAPIの開発や複数のエンドポイントを持つWebアプリケーションの構築が容易になります。ルート定義がシンプルかつ直感的であるため、コードの可読性も高く保たれます。

この高速なルーティングの基盤としてFastRouteライブラリ(`https://github.com/nikic/FastRoute`)を採用しています。FastRouteは、PHPの中でも特に高速なルーティングライブラリとして知られており、Slimのパフォーマンス向上に大きく寄与しています。

主要機能

Slimの主要な機能を以下に説明します。

ミドルウェア

Slimはミドルウェアの概念を採用しており、リクエストとレスポンスの処理を柔軟に拡張できます。ミドルウェアはアプリケーションの前後に特定の処理を挟むことができるため、認証、ログ記録、CORS設定などの共通機能を簡単に追加できます。これにより、アプリケーションの機能拡張が容易になります。

以下の例では、リクエストの前に簡単な認証チェックを行うミドルウェアを追加しています。

```
$authenticationMiddleware = function (Request $request, $handler) {
    $token = $request->getHeader('Authorization')[0] ?? '';
    if ($token !== 'valid-token') {
        $response = new \Slim\Psr7\Response();
        return $response->withStatus(401, 'Unauthorized');
    }
    return $handler->handle($request);
};

$app->add($authenticationMiddleware);
```

ルーティング

Slimのルーティングは非常にシンプルで強力です。以下のコードは、URLにもとづいたルーティングを行うシンプルな例です。

(ルーティング処理の裏ではFastRouteライブラリが使用されています)

```
<?php

use Psr\Http\Message\ResponseInterface as Response;
use Psr\Http\Message\ServerRequestInterface as Request;
use Slim\Factory\AppFactory;

require __DIR__ . '/../vendor/autoload.php';

$app = AppFactory::create();

$app->get('/hello/{name}', function (Request $request, Response $response, array
$args) {
    $name = $args['name'];
    $response->getBody()->write("Hello, $name");
    return $response;
});

$app->run();
```

上記のコードでは、`/hello/{name}`というパスに対して、nameというパラメータを受け取り、レスポンスとして`Hello, {name}`を返すシンプルなルートを定義しています。

PSR-11に準拠したDIコンテナのサポート

Slimは、PSR-11（DIコンテナのインターフェイス）に準拠したDIコンテナをサポートしており、外部ツールやサービスを柔軟に管理、利用できます。DIコンテナを利用することで、クラスの依存関係を簡単に注入し、メンテナンスしやすいコードを実現できます。

最新の`Slim4`ではデフォルトのDIコンテナは含まれていないので、プロジェクトの要件に応じて最適なコンテナを選択する必要があります。以下は、PHP-DIをDIコンテナとしてデータベース接続サービスを取得する例になります。

▼PHP-DIのインストール

```
$ composer require php-di/php-di
```

▼コンテナからデータベース接続サービスを取得する

```
<?php

use DI\Container;
use Slim\Factory\AppFactory;
```

```
require __DIR__ . '/../vendor/autoload.php';

// PHP-DIコンテナのインスタンス作成
$container = new Container();

// アプリケーションにコンテナを設定
AppFactory::setContainer($container);
$app = AppFactory::create();

// サービスの定義
$container->set('db', function () {
    $pdo = new PDO('mysql:host=localhost;dbname=test', 'user', 'password');
    $pdo->setAttribute(PDO::ATTR_ERRMODE, PDO::ERRMODE_EXCEPTION);
    return $pdo;
});

// ルート定義
$app->get('/users', function ($request, $response) {
    // コンテナから'db'サービスを取得
    $pdo = $this->get('db');
    $stmt = $pdo->query('SELECT * FROM users');
    $users = $stmt->fetchAll(PDO::FETCH_ASSOC);

    $response->getBody()->write(json_encode($users));
    return $response->withHeader('Content-Type', 'application/json');
});

$app->run();
```

PSR準拠

SlimはPSR-7、PSR-11、PSR-15などのPHP標準規約に準拠しており、標準化されたインターフェイスを活用することで他のPSR準拠ライブラリとの連携や交換が容易です。これにより、Slimの拡張性と柔軟性が向上します。

例えば、以下のPSR-11準拠のDIコンテナから選択して利用できます。

- PHP-DI
- Pimple
- Symfony DependencyInjection
- Aura.Di

また、SlimはPSR-3（ロガーインターフェイス）やPSR-6（キャッシュインターフェイス）などとも連携可能です。これにより、アプリケーションのログ管理やキャッシュ機能を標準化された方法で実装できます。

向いているアプリケーション

Slimは以下のようなアプリケーションの開発に向いています。

- 小規模〜中規模のWebアプリケーション
  シンプルな機能を持つWebアプリケーションの迅速な開発

- RESTful API
  軽量な設計と高速なルーティングにより、効率的なAPIの構築が可能

- プロトタイピング
  ミニマルな構造で迅速なプロトタイプ作成ができるため、アイデアの検証に最適

リリースサイクル

Slimは公式に定められた固定のリリーススケジュールはありません。代わりに、必要に応じて新機能の追加やバグ修正が行われ、セマンティックバージョニングに基づいてバージョンが管理されています。

現在の主要バージョンは`Slim4`であり、安定した機能とパフォーマンスの向上が図られています。

Slimリリースページ
https://github.com/slimphp/Slim/releases

学習曲線

Slimはそのシンプルさゆえ、学習曲線が非常に緩やかで、基本的な構造を理解すればすぐにアプリケーション開発に取り掛かることができます。フルスタックフレームワークのように多機能ではありませんが、その分、必要な機能は自分で作成したり他のライブラリと組み合わせたりして拡張する余地があり、こうした柔軟さを好む開発者には魅力的です。
公式ドキュメントもシンプルに構成されており、初学者が順を追って学習を進めやすい内容ですが、特定の項目については補足的なリソースを活用することでさらに理解が深まるでしょう。

Slim公式ドキュメント
https://www.slimframework.com/docs/v4/

　インストール自体もComposerを利用しているのでコマンド1つで簡単にインストールできます。

```
$ composer create-project slim/slim-skeleton slim-sample
```

コラム

PHPフレームワークの動向

過去5年間のGoogle Trendsデータをもとに、Laravel、Symfony、CakePHP、Slimの人気動向を分析してみました。

▼各フレームワークの動向（(2024年11月 調べ)

- **Laravel**
  他のフレームワークと比べて安定した人気を保っており、2021年頃からさらに大きく伸びています。幅広い開発者に支持され、今や王道フレームワークの1つと言えそうです。
- **Symfony**
  安定した人気を維持し、Laravelに次ぐポジションを確立しています。拡張性と柔軟性に優れ、大規模システムにも適しているため、エンタープライズ向けに強い支持を受けています。
- **CakePHP**
  2010年頃は圧倒的な人気を誇っていました。しかし、近年は他のフレームワークの台頭により人気が徐々に低下しています。それでも、今なお根強いユーザー層が存在し、中小規模プロジェクトでの需要が期待されます。
- **Slim**
  他に比べてニッチな立場にありますが、シンプルな構造を活かした軽量なアプリ開発に向いているため、特定の用途で支持されていそうです。

グラフから見ると、LaravelとSymfonyが「2強」として安定した存在感を持っていることがわかります。検索キーワードの動向がすべてを語るわけではありませんが、それにしてもLaravelとSymfonyの人気は圧倒的ですね。

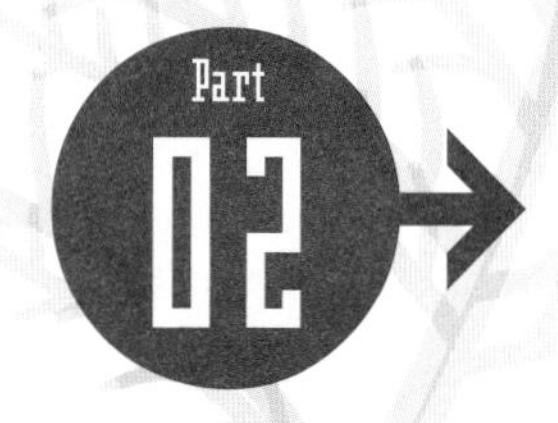

より良いアプリケーションを作るための知識

Web アプリケーションを最低限動作させるだけではなく、安全に動作させるためにはより深い知識が必要となります。このパートでは、問題が発生したことを記録したり、外部からの不正なアクセスを防ぐためにはどのように対処する必要があるのかを学んでいきます。

Part 02 より良いアプリケーションを作るための知識

例外処理とロギング

本章では、PHPでの例外処理とロギングについて解説します。アプリケーションの開発、運用を行っていると予期しないシステム不具合やバグが発生し、それを修正する必要があります。本章では例外の扱い方を学び、例外が発生したことをログに残して調査することでシステムを修復して安定した運用ができるようになることを目指します。

Contents

06-01 例外とは …… 156
06-02 例外処理の書き方 …… 159
06-03 ログを記録する …… 163
06-04 ロギングの注意点 …… 168

Section 06-01 例外とは

PHPにおける例外とはどのようなものか見ていきます。

このセクションのポイント

1. 例外とはプログラムの正常な実行を妨げるもの
2. PHPに定義されている例外が存在する
3. 自分たちの運用するシステムに必要な例外を独自に定義する

プログラミングを行う上で、予期しない問題が発生することがあります。これらの問題は、正常なプログラムの流れを妨げるものであり、「**例外**」と呼ばれます。例外はエラーの一種ですが、通常のエラーチェックでは対処しきれないような特別な状況を示します。例えば、ファイルの読み込みに失敗した場合や、無効な引数が渡された場合などがこれに該当します。

PHPに定義されている例外

PHPではPHP本体に定義されている例外とSPL[*1]（The Standard PHP Library）に定義されている例外の2種類の例外が存在します。この2つは特に区別することなく使用することができます。

PHPで定義されている例外は継承関係になっており、基底にあるExceptionクラスを継承して、詳細な例外が定義されています。図に表すと次図のようになります。

```
Exception
├── LogicException
│   ├── BadFunctionCallException
│   │   └── BadMethodCallException
│   ├── DomainException
│   ├── InvalidArgumentException
│   ├── LengthException
│   └── OutOfRangeException
└── RuntimeException
    ├── OutOfBoundsException
    ├── OverflowException
    ├── RangeException
    ├── UnderflowException
    └── UnexpectedValueException
```

LogicExceptionはプログラムのロジック内でのエラーを表す例外です。この

＊1　https://www.php.net/manual/ja/intro.spl.php

類の例外が出た場合は、自分が書いたコードを修正する必要があります。例えば、BadFunctionCallException は未定義の関数を呼び出したときに発生します。その場合は関数を定義するか、その関数の呼び出しをやめるなどのソースコードの修正が必要になります。

一方RuntimeExceptionは実行時にだけ発生するようなエラーの際に例外が投げられます。例えばプログラムは正しいが、ファイルを読み込もうとしたときにファイルが存在しない、読み取り権限がなくファイルを開くことができなかったなどの場合にRuntimeExceptionが使われます。こちらの場合はプログラムを直すのではなく読み取りできる正しいファイルを配置することによってプログラムが正しく動くようになります。

独自例外

標準的な例外クラスだけでは、特定のビジネスロジックやアプリケーション固有のエラーを扱うのに不十分な場合があります。このような場合、独自の例外クラスを作成することで対応します。

- 特定のエラー条件に対する詳細なメッセージや情報を提供するため
- エラーハンドリングの一貫性を保つため
- 特定の例外に対してカスタムの処理を実装するため

独自の例外クラスを作成するには、Exceptionクラスを継承し、必要なプロパティやメソッドを追加します。

```
// 自前のExceptionクラス
class MyCustomException extends \Exception {
    private array $errorData;

    public function __construct(
        string $message,
        int $code,
        Exception $previous = null,
        array $errorData = []
    ) {
        parent::__construct($message, $code, $previous);
        $this->errorData = $errorData;
    }
    public function getErrorData() {
        return $this->errorData;
    }
```

```
}
// 使用例
try {
    throw new MyCustomException('カスタム例外が発生しました', 1, null, ['data' =>
'example']);
} catch (MyCustomException $e) {
    echo '例外メッセージ: ' . $e->getMessage() . "\n";
    echo 'エラーコード: ' . $e->getCode() . "\n";
    echo 'エラー情報: ' . json_encode($e->getErrorData()) . "\n";
}
```

このようにして独自の例外を定義することができます。ここで示したサンプルで使用した throw や try/catch といった文法は次のセクション以降で説明していきます。

Section 06-02 例外処理の書き方

ここではPHPの例外が発生したときにどのように例外を扱うのか、PHPの文法やエラーメッセージについて見ていきます。

このセクションのポイント

1 PHPでの例外処理の基本的な書き方
2 複数の例外に対応した書き方
3 独自に例外を定義する方法

例外を正しく扱うためには、**例外を投げる**（throw）、**捕捉する**（catch）、そして必要に応じて**後処理を行う**（finally）という一連の流れを理解することが重要です。ここでは、その具体的な書き方と使い方について説明します。

基本的な構文と使用例

PHPで例外を扱う基本的な構文は以下の通りです。

```
try {
    // 例外が発生する可能性のあるコード
} catch (Exception $e) {
    // 例外が捕捉された場合の処理
} finally {
    // 例外の有無にかかわらず実行される後処理
}
```

tryブロックの中で例外を投げる

try ブロックの中に、例外が発生する可能性のあるコードを配置します。例外を投げるには、throw キーワードを使用します。

```
try {
    if ($condition) {
        throw new Exception('エラーメッセージ');
    }
} catch (Exception $e) {
    echo '例外が発生しました: ' . $e->getMessage();
} finally {
    echo '後処理を行います。';
```

01
02
03
04
05
06
07
08
09
10
11
12
13
Part 02

```
}
```

上記の例では、$condition が真である場合に例外が投げられ、その例外が catch ブロックで捕捉されます。finally ブロックは、例外の有無にかかわらず必ず実行されます。

catchブロックで例外を捕捉し処理する方法

catch ブロックでは、発生した例外を捕捉し、適切な処理を行います。catch ブロックは、特定の例外タイプを捕捉するために使用されます。

```
try {
    // 例外を投げる
    throw new InvalidArgumentException('無効な引数が渡されました。');
} catch (InvalidArgumentException $e) {
    echo '無効な引数エラー: ' . $e->getMessage();
} catch (Exception $e) {
    echo '一般的な例外: ' . $e->getMessage();
}
```

上記の例では、InvalidArgumentException が投げられた場合、その例外は最初の catch ブロックで捕捉されます。もし他の種類の例外が投げられた場合は、次の catch ブロックで捕捉されます。

複数のcatchブロック（異なる例外型を捕捉）

異なる種類の例外を別々に捕捉して処理するために、複数の catch ブロックを使用できます。

```
try {
    // 例外を投げる
    throw new OutOfBoundsException('範囲外のアクセスがありました。');
} catch (OutOfBoundsException $e) {
    echo '範囲外エラー: ' . $e->getMessage();
} catch (InvalidArgumentException $e) {
    echo '無効な引数エラー: ' . $e->getMessage();
} catch (Exception $e) {
    echo '一般的な例外: ' . $e->getMessage();
}
```

finallyブロックの役割と使用例

finally ブロックは、try - catch 構造の最後に配置され、例外の有無にかかわらず必ず実行されます。これは、リソースのクリーンアップなどの後処理に役立ちます。

```
try {
    // ファイルを開く
    $file = fopen("example.txt", "r");
    if (!$file) {
        throw new Exception("ファイルを開くことができません。");
    }
    // ファイルの処理
} catch (Exception $e) {
    echo "例外が発生しました: " . $e->getMessage();
} finally {
    if (is_resource($file)) {
        fclose($file);
        echo "ファイルを閉じました。";
    }
}
```

この例では、finally ブロックを使用してファイルリソースを確実に解放しています。例外が発生しても、ファイルは必ず閉じられます。

例外のスタックトレース

例外が発生した場合、スタックトレースを利用してエラーの発生箇所を特定できます。

```
<?php

class A {
    public function hoge() {
        throw new Exception('例外テスト');
    }
}

try {
    $a = new A();
    $a->hoge();
} catch (Exception $e) {
    echo '例外メッセージ: ' . $e->getMessage() . "\n";
```

```
    echo "スタックトレース:\n" . $e->getTraceAsString() . "\n";
}
```

このようなソースコードを実行すると以下のようなメッセージが表示されます。

```
例外メッセージ: 例外テスト
スタックトレース:
#0 /var/www/html/test.php(11): A->hoge()
#1 {main}
```

これは /var/www/html に存在する test.php というファイルの 11行目で A クラスのhogeというメソッドを呼び出したことがわかります。この例では1ファイルなので単純ですが、ソフトウェア開発の現場ではライブラリやフレームワークなどを利用して自分で実装したコードではないところで例外が発生することがあります。そのときにどこでエラーが起きているか把握するためにはとても参考になる情報です。

また、自分で実装したコードで例外設計が正しくされていると、例外を見ただけで次にどのようなアクションを起こせばいいのかがわかるようになります。どこを修正すべきなのか、リカバリのために何をすればいいのかなど例外を見た人がスムーズに対応できるようにエラーメッセージを書きましょう。

Section 06-03

ログを記録する

エラーログを記録する方法について見ていきます。

このセクションのポイント

1. PHP標準のerror_log関数の使い方
2. 代表的なライブラリのMonologの基本的な使い方
3. ログを記録するだけでなく通知によって例外発生を知る方法

システムが正常に動作することは、開発者にとって最も重要な目標の一つです。しかし、どんなに注意を払って開発を進めても、予期せぬエラーや不具合が発生することは避けられません。これらの問題を迅速に特定し、対応するために非常に役立つのが「**ログ**」です。ログは、システムがどのように動作しているか、どこでエラーが発生したかを記録するものであり、トラブルシューティングやシステムの安定性の確保に不可欠です。

error_logの基本的な使い方

PHPでは、error_log() 関数を使って簡単にログを記録することができます。この関数は、エラーメッセージを指定したログファイルやPHPのデフォルトのエラーログに記録するために使われます。これは、特に小規模なプロジェクトや単純なエラーハンドリングの場合に非常に便利です。

以下は、例外が発生したときに、そのメッセージをログに記録する基本的なコード例です。

```
try {
    // 例:データベースへの接続
    $db = new PDO('mysql:host=localhost;dbname=test', $user, $pass);
} catch (Exception $e) {
    //
    error_log($e->getMessage(), 3, '/path/to/error.log');
}
```

この例では、データベース接続が失敗した場合、その例外メッセージが指定されたファイルに記録されます。error_log() 関数[*1]の引数は以下のように設定します。

- 第1引数:ログに記録するメッセージ(例外メッセージなど)。

*1 詳しい使い方は https://www.php.net/manual/ja/function.error-log.php を参照してください。

- 第2引数：ログのタイプを指定します。3は、指定したファイルへの書き込みを意味します。
- 第3引数：ログを記録するファイルのパスです。

この方法を用いることで、エラー発生時に簡単にログを記録し、その後の分析やトラブルシューティングに役立てることができます。ただし、規模が大きくなり複雑なログの管理が必要になった場合、この方法では不十分です。

PSR-3 ロギングインターフェイス

PHPのコミュニティでは、ロギングを統一的に扱うための推奨規格として「**PSR-3**」が策定されています。PSR-3[*1]は、ロギングインターフェイスを定義することで、さまざまなロギングライブラリやフレームワークで一貫性のあるログ管理を可能にします。PSR-3に準拠したロギングインターフェイスに従った実装をすることによって、異なるプロジェクト間でも同じインターフェイスでログを扱えるため、メンテナンス性や再利用性が向上します。

ログレベル

PSR-3では、RFC5424[*2]で定義されている**ログレベル**と同様のものが定義されています。

▼ログレベル

Level	重大度
emergency	システムが利用不可能な状態
alert	直ちに対応が必要なアクションが求められる状態
critical	クリティカルなエラー。アプリケーションが停止するような重大なエラー
error	エラーが発生したが、アプリケーションは動作を続けられる状態
warning	潜在的な問題を示す警告
notice	通常動作の範囲内だが、特別な注意が必要な状態
info	通常の情報
debug	デバッグ情報

これらのログレベルに応じて、適切なメッセージを記録することで、ログの可読性や意味が明確になります。例えば開発環境では詳細な情報まで知りたいのでログレベルを**DEBUG**に設定しておく。本番では情報が多すぎるとどこでシステムエラーが発生しているのか知ることが難しくなるので、**WARNING**以上のレベルのロ

＊1 https://www.php-fig.org/psr/psr-3/
＊2 https://datatracker.ietf.org/doc/html/rfc5424

グだけを記録することで、出力内容を絞った運用が可能になります。

PSR-3インターフェイスの実装

PSR-3では、LoggerInterface が定義されており、これを実装することで、独自のロガーを作成できます。たとえば、以下のようなシンプルなロガーを実装することが可能です。

```
use Psr\Log\LoggerInterface;

class SimpleLogger implements LoggerInterface {
    public function emergency($message, array $context = []) {
        $this->log('emergency', $message, $context);
    }

    // 他のメソッドも同様に実装

    private function log($level, $message, array $context = []) {
        $date = date('Y-m-d H:i:s');
        file_put_contents('/path/to/your.log', "[$date] $level: $message\n", FILE_
APPEND);
    }
}
```

このロガーは、各ログレベルに応じてメッセージをファイルに記録する簡単な例です。PSR－3のログインターフェイスに準拠した実装をすることで、ライブラリを切り替えたり、独自に拡張した実装に差し替えることができます。

次に、PSR-3に準拠した代表的なロギングライブラリ「Monolog」を使った実際のログ管理について説明します。

Monologの使い方

Monologは、PHPのロギングライブラリの中で最も広く使用されているものの一つです。Monologの特徴として非常に柔軟で多機能なロギングの機能を提供しているライブラリです。Monologはファイルへのログ記録だけでなく、メール通知、データベースへの保存、外部サービスへの送信など、さまざまな出力先にログを記録することができます。またPSR-3にも準拠しています。

Monologのインストール

Monologを使うには、Composerでインストールします。

```
composer require monolog/monolog
```

基本的な使用例

以下は、Monologを使ってログを記録する基本的なコード例です。

```
use Monolog\Logger;
use Monolog\Handler\StreamHandler;
use Monolog\Handler\NativeMailerHandler;

$logger = new Logger('my_logger');
$streamHandler = new StreamHandler('/tmp/phpbook/test.log', Logger::WARNING);
$logger->pushHandler($streamHandler);

try {
    throw new Exception('例外が発生しました。');
} catch (Exception $e) {
    // エラーレベルでログを記録
    $logger->error($e->getMessage());
}
```

このコードが実行されると以下のようなログが /tmp/phpbook/test.log に記録されます。

```
[2024-09-14T13:11:30.503253+00:00] my_logger.ERROR: 例外が発生しました。 [] []
```

MonologではLoggerインスタンスを作成して pushHandlerメソッドでログを記録する際にどのようなアクションをするのかを登録します。

```
$logger = new Logger('my_logger');
$logger->pushHandler(new StreamHandler('/tmp/phpbook/test.log', Logger::WARNING));
```

このコードは WARNING 以上のログを記録するときに /tmp/phpbook/test.log にログを書き込みます。NOTICE や INFO などはログファイルには記録されません。

カスタムハンドラーの使用

Monologの強力な機能の一つに**ハンドラー**のカスタマイズがあります。例えば、特定の条件が発生したときにメールで通知を送るハンドラーや、ログをデータベースに保存するハンドラーなどを追加することができます。

```
use Monolog\Logger;
use Monolog\Handler\StreamHandler;
use Monolog\Handler\NativeMailerHandler;

// ロガーの作成
$logger = new Logger('my_logger');
$streamHandler = new StreamHandler('/tmp/phpbook/test.log', Logger::WARNING);
$logger->pushHandler($streamHandler);
$mailHandler = new NativeMailerHandler('admin@example.com', '障害が発生しました',
'system@example.com', Logger::CRITICAL);
$logger->pushHandler($mailHandler);

try {
    throw new Exception('例外が発生しました。');
} catch (Exception $e) {
    // エラーレベルでログを記録
    $logger->error($e->getMessage());
    $logger->critical('クリティカルなエラーが発生しました。');
}
```

このコードはCRITICALのレベルのログを記録したときに、admin@example.com 宛に、件名「障害が発生しました」で メールが送られます。このNativeMailerHandler は PHPの mail関数を使用してメールが送信されます。また同時にStreamHandlerによってログファイルへの記録もされます。

```
[2024-09-14T13:19:37.147064+00:00] my_logger.ERROR: 例外が発生しました。 [] []
[2024-09-14T13:19:37.148680+00:00] my_logger.CRITICAL: クリティカルなエラーが発生しました
。 [] []
```

このように Monolog はカスタムハンドラーを使用することによってファイルにログを記録するだけではなく、メールで送信することもできます。そのほかにもカスタムハンドラーでSlackへ通知を行うなどできることはたくさんあります。詳しくはMonologのドキュメント[*1]を読んでみてください。

＊1 https://github.com/Seldaek/monolog/blob/main/doc/02-handlers-formatters-processors.md

Section 06-04

ロギングの注意点

ログを記録することができるようになった後、運用していく中でのコツを解説します。

このセクションのポイント

1 ログレベルの設定
2 ディスク容量
3 機密情報の取り扱いについて

システムを運用していく中でログを記録していくうえで注意する点がいくつかあります。代表的な注意点は次のようなものがあります。

適切なログレベルの設定

すべての出来事をログに記録することは避けるべきです。ログレベルを適切に設定し、重要なメッセージのみを記録することで、ログの量を抑え、重要な情報を見落とさないようにします。例えば、DEBUGレベルのログは、開発中にのみ記録し、本番環境ではINFO以上のログレベルに設定して、運用時に必要な情報のみに絞り込むといいでしょう。

コンテキスト情報の付与

ログには、エラーメッセージだけでなく、発生時の**コンテキスト情報**を付与することが重要です。例えば、ユーザーID、リクエストパラメータ、セッション情報などをログに含めることで、問題が発生した際に、その原因を特定しやすくなります。コンテキスト情報がないとエラーが発生したことが理解できても、どのような条件だとエラーが発生するのかわかりません。いつ、誰が、どのようなことをした結果、エラーになったのかわかることで素早くシステム障害から復旧することができるようになります。

ディスク容量

特に設定などをしていないとログを記録し続けた結果ファイルサイズがだんだん大きくなっていきます。その結果ディスクフルになってしまうことが度々あります。そのためログローテーションなどを設定して、1日単位や1週間単位でログファイルをローテーションし、参照しなくなったログファイルをバックアップするなり削除するなどの対応が必要になります。ログファイルの保管期間などはログの内容によるので相談して決めましょう。

機密情報を記録しない

ログファイルに機密情報を書き込まないようにしましょう。クレジットカード番号やユーザーのパスワード、などを記録してしまうとログファイルを閲覧する権限を持っている人が意図せず機密情報を知ってしまいます。ログを記録するうえでその情報は機密情報にならないかどうか一度考える必要があります。PHP8.2からは`#[\SensitiveParameter]`やSensitiveParameterクラスなどが用意されているのでこれらを活用して不用意に機密情報が書き込まれないようにすることができるようになりました。

Part 02 より良いアプリケーションを作るための知識

認証と認可

多くのWebアプリケーションは利用者を特定し、その利用者固有のサービスや、データの保存を行います。Webのショッピングサイトでは、ログインすることで利用者本人の住所やクレジットカード情報を保存し、買い物の履歴や配送処理などを行います。最近のWebアプリケーションフレームワークではログイン機能を簡単に作れるため、実装者はその詳細まで踏み入って理解する必要がなくなっています。ログインは、認証・認可の2つのプロセスが深く関わっています。そして、認証・認可は利用者の大切な情報を確実に本人のみに紐づけ、本人のみが情報を参照できるなど、セキュリティに深く関わるものでもあります。本章では、この認証・認可の2つのプロセスについて、その違いを知り、ログイン機能をただ作れる状態から、一歩踏み込んで理解することを目指します。ログイン機能の背景にある知識を理解し、利用者に安全にWebアプリケーションを使ってもらうことを目指しましょう。

Contents

07-01 認証と認可の違い …… 172
07-02 Session 認証 …… 175
07-03 トークン認証 …… 180
07-04 Laravel での認証の例 …… 183
07-05 認証強度を上げるための方法 …… 188

Section 07-01

認証と認可の違い

まずは言葉の確認からです。認証・認可、どっちも「認」が入っています。区別できるようにしましょう。

このセクションのポイント

1 認証はWebアプリケーション設計の重要ポイント
2 言葉の定義を大切に
3 認証と認可はまったく異なるプロセス

認証と**認可**は明確に異なるプロセスですが、字面が似通っているせいでこれら2つをあまり区別せずに使っている例を開発現場でみかけます。英語においても認証「Authentication」認可「Authorization」となるため、Authと略されると認証なのか、認可なのか、またその両方を表現しているのか区別することが難しいです。まずは、字面の似通った2つのプロセスについて、それぞれ理解しましょう。

認証とは

認証とはそもそも何なのかでしょうか。デジタル大辞泉[*1]における定義は以下の通りです。

> コンピューターやネットワークシステムを利用する際に必要な本人確認のこと。通常、ユーザー名やパスワードによってなされる。オーセンティケーション。本人認証。

特にWebアプリケーションにおける認証の意味は「Webアプリケーション利用者を一意に特定すること」です。例えば、Webのショッピングサイトでアカウント IDとパスワードを使ってログインすると、ログインユーザーの名前が画面上部に表示されて「あなたが一意に特定された」状態になります。もはや、当たり前に提供される機能性ですが、ログインは極めて重要な行為です。もしあなたが自分のアカウントIDとパスワードを使ってログインしたのに、違うユーザーとしてログインされたら、違うユーザーの購買履歴を盗み見ることができます。また、アカウントIDやパスワードが漏洩した場合、悪意のある人物がなりすましてログインを行い、あなたのクレジットカードを使って商品を購入される可能性もあります。最近では、アカウントIDとパスワードが盗用されるケースに備えて、普段と異なる場所や端末からログインされた場合に、登録メールアドレス宛に警告メールを送信するなどのセキュリティ対策を行うショッピングサイトもあります。

＊1 https://daijisen.jp/digital/

まずは認証が「利用者を一意に特定する」プロセスであることを確実に理解しておきましょう。そんなの分かっているよと聞こえてきそうですが、言葉のひとつひとつを大切にしましょう。さて、アカウントIDとパスワード、またはソーシャル連携によるログインなどで、Webアプリケーションに利用者がログインしました。しかし、それだけではWebアプリケーションにとっては十分な状態とは言えません。そこで必要になるのが「認可」です。

認可とは

認可とは、認証を行ったあとのユーザーが一体何ができるのか?を特定するものです。一般的なシステムでは権限やロールなどと呼ばれます。認証が正しく行われてユーザーを一意に特定できたら、システム上でそのユーザーが何を行うことができるのか?を割り当てます。分かりやすい例でいうと、管理者ユーザー、一般ユーザーなど、特別な権限を持ったユーザーがWebアプリケーション内に存在します。また、支払った金額に応じてユーザーの種別が変更され、利用できる機能に違いが発生するパターンもあります。シンプルなWebアプリケーションであれば、すべてのユーザーが同じ権限しかもたないパターンも有り得ますが、一般的にはユーザーによって権限が変わることが多いです。

なんとなくログイン機能を作っていると気づきにくいですが、一般的にWebアプリケーションで利用するユーザーがログインするときは、まず認証によって、その利用者がWebアプリケーションにおいて一意に特定され、そのうえでユーザーが何ができるのか?を認可によって決定します。認証と認可は、ログイン時にセットで行います。

OAuthは有名な認可プロトコルです。OAuthを使うことで、例えばサービスAの特定の機能性をサービスBに提供できます。このOAuthを利用して、サービスAのログイン情報をもって、サービスBでもログイン可能にする「OAuth認証」が一時期Webアプリケーションエンジニアの間でよく使われました。勘の良い人は気づいたかもしれませんが、OAuthは認可のプロトコルです。認証プロトコルではありません。そのため、OAuth認証なる表現はそもそも正確ではありません。認可を認証に転用することは単純に間違っています。

OAuth認証の問題についてのページ
http://www.thread-safe.com/2012/01/problem-with-oauth-for-authentication.html

認証と認可の定義の違いが頭に入っていれば、自分が今実装しようとしているもの、自分が対処しているシステムの部分が、認証を行っているのか、認可を行っているのかなど区別がつきます。新しく登場したプロトコルが認証に使えるものなのか、認可に使えるものなのか?を言葉でも正確に判断できます。正しいプロトコルを正しい用途で使う。大切な姿勢です。

Section 07-02

Session認証

一番基本的な認証方法で、PCでもスマートフォンでも、Webブラウザを使って利用するアプリケーションの大半が使っている認証方法です。

このセクションのポイント

1 Cookieの仕組みを覚える
2 セッションを使った認証方法を覚える
3 ソーシャル連携によるログインでも、認証の状態管理はSession認証

ここからはWebアプリケーションにおいて、よく使われる認証方法を順番に見ていきましょう。まずは代表的な認証方法である「**Session認証**」です。PHPに限りませんが、Webアプリケーションではクッキーに保存されたセッションキーを使って、セッション情報を保存する仕組みをよく使います（次図参照）。

最近ではソーシャル連携によるログイン機能を持つWebアプリケーションも多いのですが、その場合も「認証」をGoogleやGitHubに代行してもらうだけで、認証の状態管理はSessionで行います。Webアプリケーションにおいて基本の認証、及び状態管理方法ですので、しっかり中身を覚えておきましょう。

▼Cookieによるセッション管理

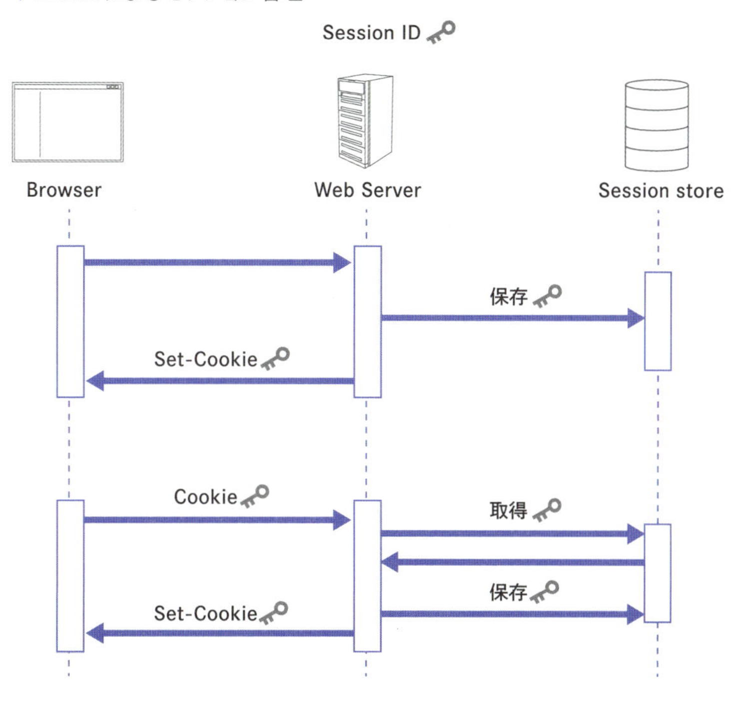

このセッション情報の中に、Webアプリケーションを利用したユーザーが認証されているかどうかを表す情報を保存し、認証済みか否かの判断を行います。クッキーはブラウザによって厳格に管理されています。そのため、ブラウザがクッキーを漏洩することは、考慮しません。もし、漏えい等の問題があれば、大問題ですので世界的に話題になると思います。話がそれました。

ログインが行われたあと、Webアプリケーションはユーザーの認証状態をどうのような形でセッション情報に記録するのでしょうか。一般的なWebアプリケーションのログイン画面を例にして順番に見ていきましょう。

次の画像は、一般的なWebアプリケーションのログイン画面です。アカウントIDとパスワードを入力するためのフォームがあります。さらに最近の特徴として、他のWebアプリケーションの認証情報を利用してログインするためのボタンが用意されています。よくあるのは、GoogleやFacebook、X/Twitterで「登録・ログイン」するボタンです。いわゆるソーシャルサイトを使った認証連携から普及したため、一般的にはソーシャルログインと呼ばれます。

▼connpassのログイン画面

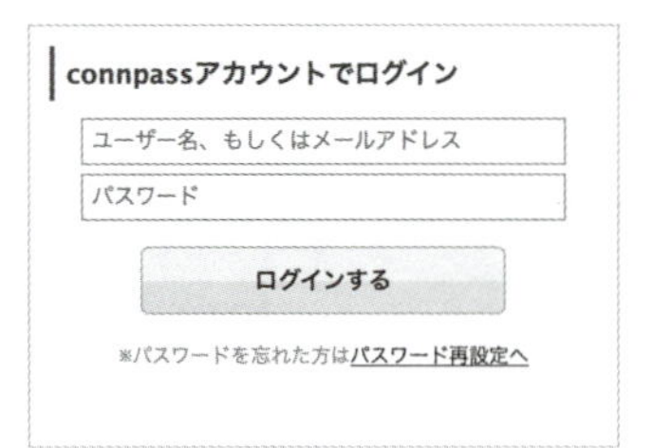

アカウントIDとパスワードを使った認証

入力されたアカウントIDとパスワードがサーバー側に送信されます。サーバー側では、送信されたアカウントID（画面例のユーザ名、メールアドレス）とパスワードを使ってデータベースを検索し、条件に合致するユーザーが存在するかどうかチェックします。存在した場合は、そのユーザーが認証されたものとして、セッションに認証済みである情報を格納します。どの情報を保存することで認証済みとするのかは、Webアプリケーションそれぞれの判断になります。例えば、Laravelでは以下の情報がセッションに保存されます。

▼Laravelのログインセッションの例

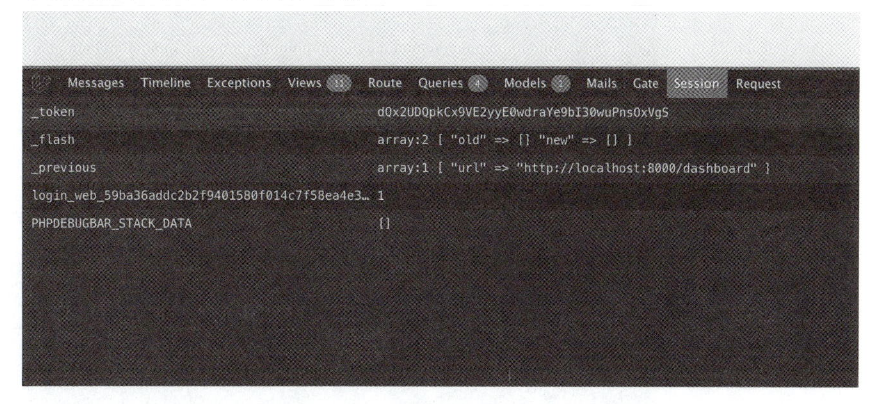

画像は、一般的なLaravelアプリケーションのSession情報をLaravel DebugBarを使って表示しものです。`login_web_` で始まる項目に数字の1が入っています。この1はLaravelがシステム内で使っているユーザーのIDです。これがLaravelが認証時に利用するセッション情報です。実際にこの項目を削除すると、Laravelは認証状態を保持できず、次のページ遷移でログアウトした状態になります。

セッション情報はサーバー側でセッションストレージに保存されます。PHPのWebアプリケーションの場合、デフォルト設定はファイル保存ですが、一般的にはKVS(Key Value Store)やリレーショナルデータベースに保存することが多いです。

ソーシャルログインを使った認証

ソーシャルログインで認証する場合ですが、まず連携相手のWebアプリケーションへと遷移します。ここでは例としてGitHub連携をあげます。GitHubでのログインを選択すると、GitHubの認証を行う画面に遷移します。すでにGitHubにログインした状態の場合はリダイレクトされます。

▼GitHub連携ログイン

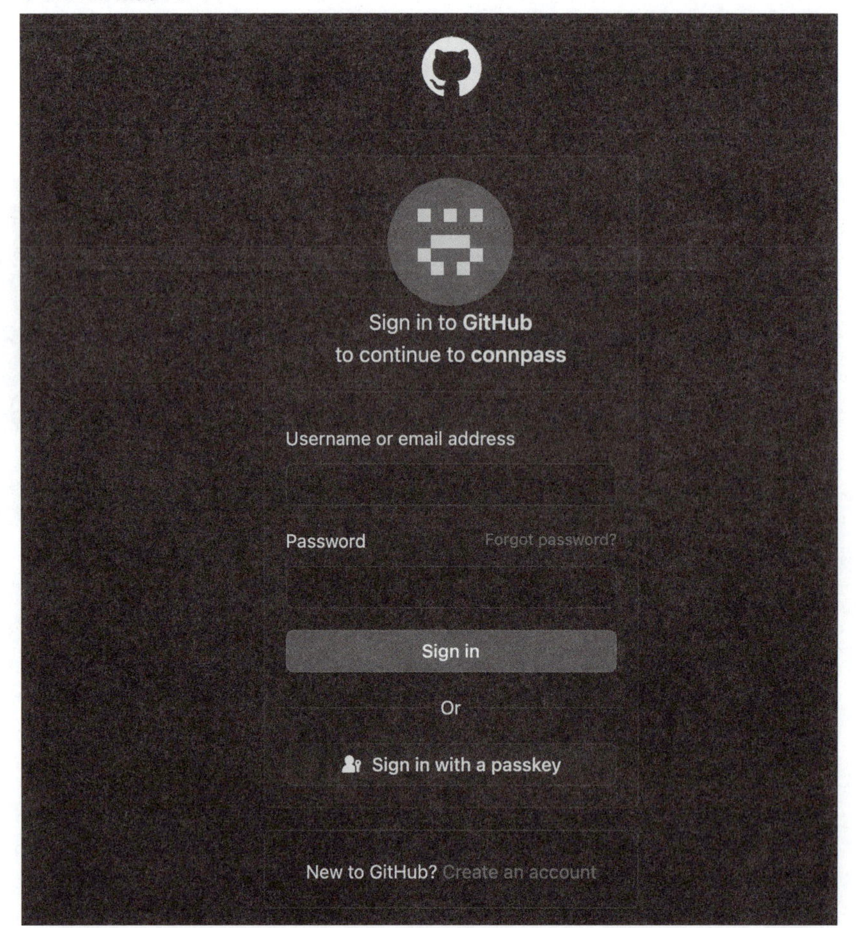

GitHubでのログイン認証が確認できたら、GitHubはログインできたことを表すトークンを発行して、認証を依頼してきたWebアプリケーションにリダイレクトを行います。Webアプリケーション側はこのトークンを使ってGitHubから利用ユーザの情報が取得できることを確認したうえで、ログイン認証が完了したとみなします。なお、何をもってログイン認証できたとするのかについては、それぞれのWebアプリケーションの実装によって微妙に異なる可能性はあります。

他サイトの認証情報を利用するときに、覚えておきたいのが**Authorization Code Flow**です。ログインをさせたい主体を**Service Provider**(**SP**)、認証を行う主体を**Identity Provider**(**IdP**)と呼びます。このSPとIDPの間でリダイレクトを使って安全に情報を持ち回って認証を行います。

Authorization Code Flow は一見すると理解するのが難しく感じますが、目的は「なりすましを防ぎつつ、利用ユーザー個人を確実に特定すること」です。ソーシャル連携に関しては、認証に利用するService Providerから、認証方法のドキュメントが提供されていますので、それぞれを確認した上で実装を行いましょう。

ソーシャルログインを使った場合においても、認証状態の保持は認証を依頼したWebアプリケーション側の責務です。一般的にはセッション情報に認証したことを表す情報を保持します。これについてはアカウントIDとパスワードを使ったときと同様です。

その他の認証方法

最近では、パスワードの漏洩リスクを考慮して、アカウントIDとパスワードを使った認証を用意しないWebアプリケーションもあります。今後、Webアプリケーションを開発する場合は、そもそもアカウントIDとパスワードを利用しない選択肢もあることを覚えておいてください。メールを使った一時ログイン用パスワードの発行が一つの例です。

利用するユーザーはまずWebアプリケーションにて、メールアドレスを送信します。Webアプリケーションは、入力されたメールアドレスが存在するユーザーであることが確認できたら、5分程度の短時間、一度だけログイン可能なパスワードを発行して送付します。利用するユーザーは、それぞれのメーラーにて認証用のパスワードを受信したあと、Webアプリケーション上でパスワードを入力して認証を行います。

この方法を使うと、そもそも利用者固有のパスワードを使わないため、パスワードが漏洩することがありえません。パスワードの漏洩は重大なセキュリティ事故に繋がりますので、そもそも保管しない選択はセキュリティ上で優れた方法です。

Section 07-03

トークン認証

ネイティブアプリの認証でよく使われる仕組みです。基本を覚えましょう。

このセクションのポイント

1 2つのトークンを利用
2 認証はHTTPヘッダを利用
3 短い有効期限で、何度も再発行

第三者向けのAPI提供や、ネイティブアプリケーションからのAPI利用ではCookieを使ったセッション情報による認証が使えません。そんなケースで活躍するのが**トークン認証**です。トークン認証にもさまざまなやり方が存在するのですが、今回は筆者が一般的と考えるトークン認証方法を2つ紹介します。

アクセストークン、リフレッシュトークンを使う方法

認証を行うまでのプロセスはSession認証と同じですが、そのあとが異なります。ログインが完了するとセッション情報は利用せずに**アクセストークン**と**リフレッシュトークン**のセットを返却します。

▼Access Token, Refresh Token

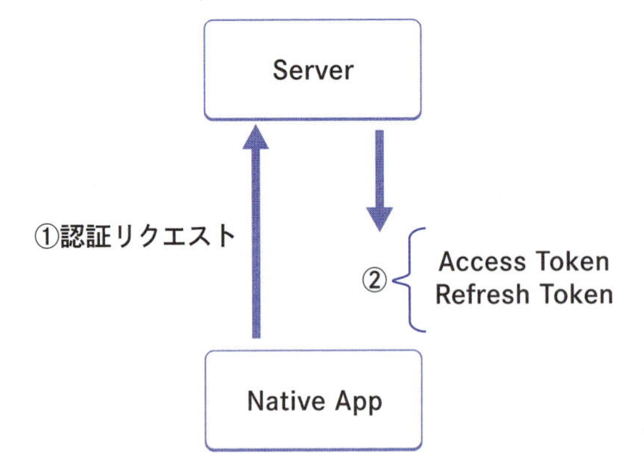

このアクセストークンをAPIをコールする際のHTTPヘッダに含めることで、APIをコールする利用者を特定して認証します。このアクセストークンは、万が一盗まれたとしても悪意のある攻撃をしにくくするために有効期限が10分などのごく短い時間になっています。

10分だけでは短いじゃないかと思うでしょうが、有効期限が切れた場合はリフレッシュトークンを使って、再度アクセストークンとリフレッシュトークンの組を要求

します。そうすることで、セキュリティを担保しつつ、認証状態を長時間保ちます。

▼Token Request

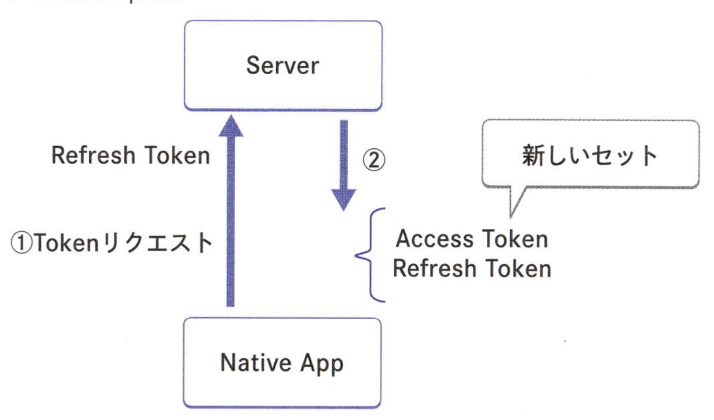

トークン認証では、アクセストークンとリフレッシュトークンをサーバー側が発行して管理する必要があります。しかし、都度データベースへの問い合わせをするのは効率が悪いです。また、アクセストークンを利用してAPIコールを行ったあとに、トークンの有効期限が切れていたレスポンスをもらいトークンの再発行を行うのは少し処理が煩雑で時間もかかります。そこでJSON Web Token(JWT)形式*1をアクセストークンに利用することがあります。

JWTはトークン自体に有効期限の情報や、ユーザーIDなどの付帯情報を内包させることができます。トークンが署名されており、情報の改ざんを検知することも可能なため安全に使える認証用のトークンとして利用されます。サーバー側はリフレッシュトークンのみを管理すればよくなるため、実装も少し単純になります。

トークン認証は、バックエンド側がセッションを利用する必要がないため、ステートレスな実装をすることが可能です。**ステートレス**は状態をもたないことです。セッション認証の場合は、クッキーから受け渡されるセッションキーを元にして、セッション情報に依存した形になりますが、トークン認証ではセッション情報をもたないため、バックエンドサーバーに対してセッションストアを用意する必要がなく、スケールアウトも簡単になります。

事前にアクセストークンを発行する方法

この他にも、事前にウェブサイトでアクセストークンを発行する方法もあります。例はGitHubのアクセストークン発行の画面です。発行されたアクセストークンは、トークン発行者、発行元の間で事前共有されます。リフレッシュトークンはないため、アクセストークンを都度再発行する手間もなくシンプルです。

*1 https://jwt.io/

▼GitHubのOAuthトークン

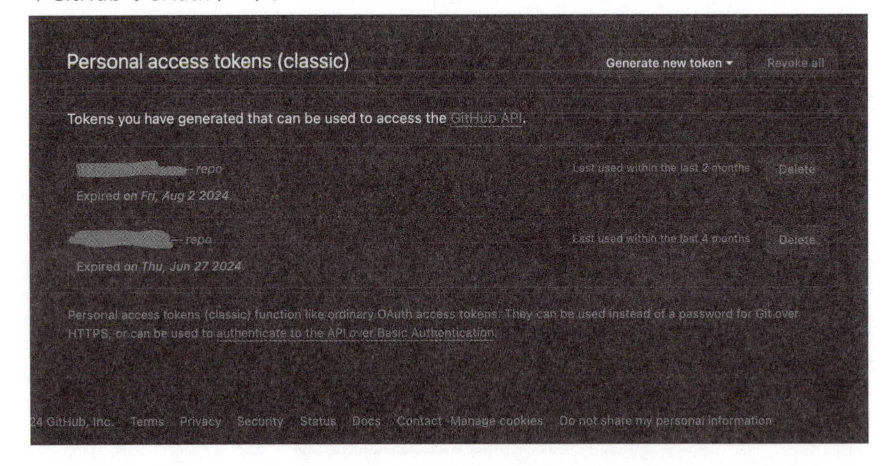

一般的には事前共有方式のアクセストークンは、有効期限を設定した上で作成します。情報漏えいが疑われる場合には、発行したWebサービスの画面にてRevokeして無効化することができます。トークン認証では漏洩時の無効化方法の用意が必須とも言えますので、設計時には漏洩のユースケースまで考えておくことが大切です。

Section 07-04

Laravel での認証の例

有名Webアプリケーションフレームワークの実装例をチェック！

このセクションのポイント

1. 一見複雑に見えるけど、基本のSession認証
2. 何がSessionに保存されているのかチェック
3. 画面遷移するたびにログインユーザーの情報をデータベースから取得

Laravelは2024年現在、PHPでは業界において人気のフレームワークです。この章では実際にLaravelにおける認証の仕組みについて見ていきましょう。Laravelを使うと、数回のコマンドを実行するだけでアカウントID, パスワードを使った認証を実装できます。実際のコマンドは下記の通りです、Laravelのインストールを行った後に `Laravel Breeze` をインストールします。`Laravel Breeze` はLaravelに一般的な認証機能を追加できるパッケージです。

```
$ composer create-project laravel/laravel sample
$ cd sample/
$ composer require laravel/breeze --dev
$ php artisan breeze:install
$ php artisan serve
```

こうして作成された認証機能の詳細を見ていきましょう。まず、ログインページでID(Email)と Password を入力したら、ユーザーはログイン(LOGIN)ボタンをクリックします。これにより POST メソッドで、IDとPasswordが Webサーバーへと送られます。

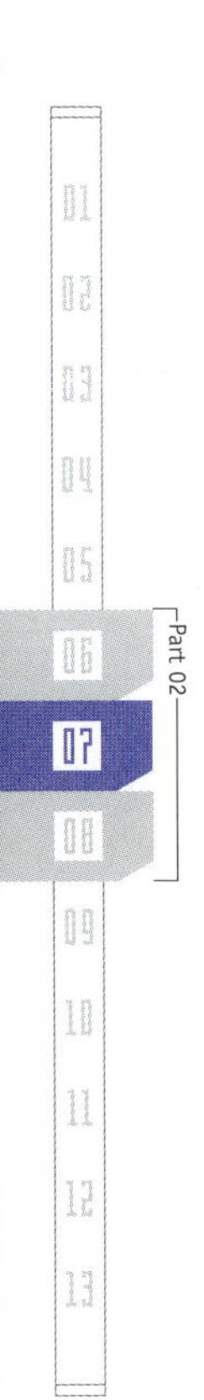

▼ログイン画面

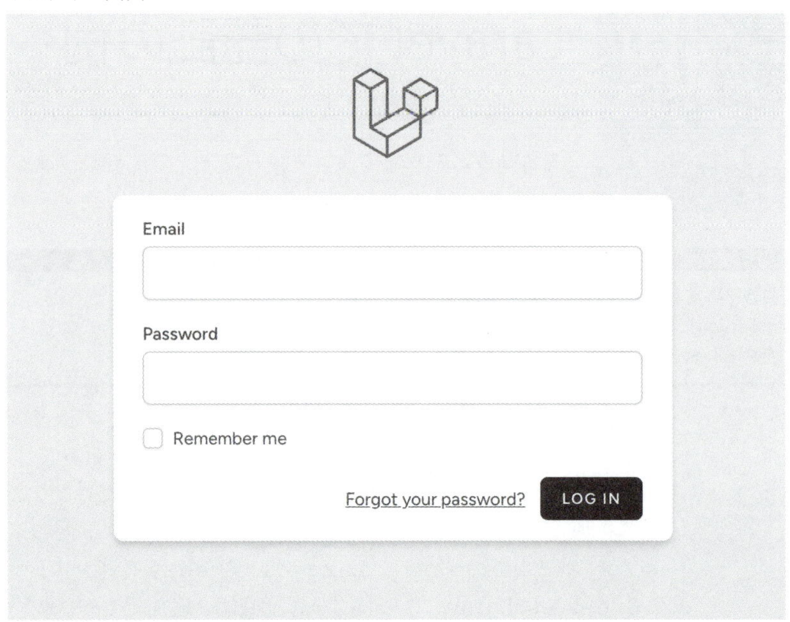

ログインコントローラーに送られたアカウントIDとPasswordを受け取ると、Laravelは指定したデータベーステーブルの指定されたカラムを検索して、ユーザーが存在するかどうかをチェックします。

▼ログインコントローラーのソースコード

```
public function authenticate(): void
{
    $this->ensureIsNotRateLimited();

    if (! Auth::attempt($this->only('email', 'password'), $this-
>boolean('remember'))) {
        RateLimiter::hit($this->throttleKey());

        throw ValidationException::withMessages([
            'email' => trans('auth.failed'),
        ]);
    }

    RateLimiter::clear($this->throttleKey());
}
```

ユーザーが存在する場合は、セッションに認証情報を保存します。これにより、ユーザーは認証済みとなり、ログイン後の画面に遷移します。セッションに保存された情報は以下の通りです。（Laravel 11の例です。）

▼セッション情報

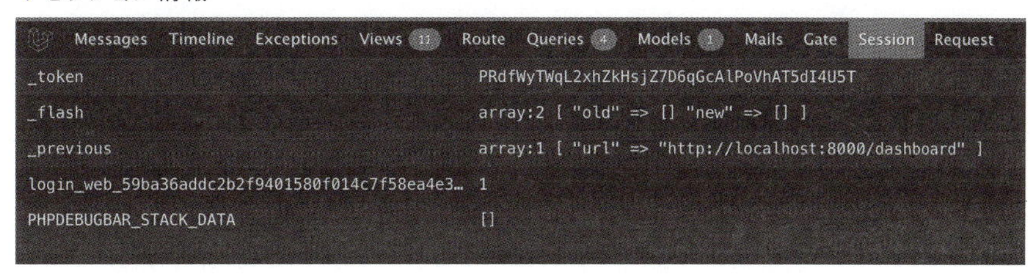

一度、認証されたユーザが、何がしかのページ遷移、処理などを行った場合、再度の認証がサーバーサイドで行われますが、それは以下の流れで行われます。まず、認証済みか否かをチェックするのはAuthenticateクラスのhandleメソッドです。

```
public function handle($request, Closure $next, ...$guards)
{
    $this->authenticate($request, $guards);

    return $next($request);
}

/**
 * handleメソッドの実態はGuardとよばれる認証クラスの特定
 * Guardのcheckメソッドによって具体的な認証処理が実行される
 *
 * @param  \Illuminate\Http\Request  $request
 * @param  array  $guards
 * @return void
 *
 * @throws \Illuminate\Auth\AuthenticationException
 */
protected function authenticate($request, array $guards)
{
    if (empty($guards)) {
        $guards = [null];
    }

    foreach ($guards as $guard) {
        if ($this->auth->guard($guard)->check()) {
            return $this->auth->shouldUse($guard);
        }
    }
```

```
    $this->unauthenticated($request, $guards);
}
```

このミドルウェアでは、Guardクラスの `check` メソッドを実行します。デフォルトではセッション認証を行うSessionGuardが使われます。SessionGuardの場合はセッション内に保存されたユーザーIDでテーブル検索をおこなって、取得したユーザーの情報を Authクラスのuserメンバ変数に格納します。つまり、認証済みページに遷移するたびに、テーブルへの検索SQLが実行されてユーザー情報の再取得が行われます。

```
/**
 * ユーザーが認証されているかどうかを確認する
 *
 * @return bool
 */
public function check()
{
    return ! is_null($this->user());
}
//内部では checkメソッドは user()メソッドを呼び出している

public function user()
{
    if ($this->loggedOut) {
        return;
    }

    // すでに認証済みの場合は、そのユーザー情報を返す
    if (! is_null($this->user)) {
        return $this->user;
    }

    $id = $this->session->get($this->getName());

   // セッション情報にユーザーIDが格納されている場合
   // その情報を元にデータベースからユーザー情報を取得する
    if (! is_null($id) && $this->user = $this->provider->retrieveById($id)) {
        $this->fireAuthenticatedEvent($this->user);
    }

   // ユーザー情報を取得できなかった場合、その他の情報から認証を試みる。
   // 取得できた場合は、セッション情報を更新する
```

```
        if (is_null($this->user) && ! is_null($recaller = $this->recaller())) {
            $this->user = $this->userFromRecaller($recaller);

            if ($this->user) {
                $this->updateSession($this->user->getAuthIdentifier());

                $this->fireLoginEvent($this->user, true);
            }
        }

        return $this->user;
    }
```

Section 07-05

認証強度を上げるための方法

認証のセキュリティを強化して、安全なWebアプリケーションを目指しましょう。

このセクションのポイント

1. パスワードを漏洩するのは自社とは限らない
2. アカウントID、パスワードの使いまわしの弱点をカバー
3. 企業によっては二要素認証がSaaSの選定要件に含まれる

認証において気をつけることの1つが、なりすましへの対策です。近年は、さまざまなWebアプリケーションがサービスを提供していますが、残念ながらユーザー情報を漏洩するサービスも少なく有りません。 他のサービスから漏洩したアカウントID、パスワードが、自分の管理するサービスでも使い回されていた場合は、なりすましてログインされる危険性があります。

この場合に有効なのが**二要素認証**です。二要素認証は、アカウントIDとパスワードに加えて、もう1つの要素を追加して認証を行う方法です。例えば、スマートフォンにインストールされた認証コード発行用のアプリケーションで生成された認証コードを入力する方法があります。これにより、仮にアカウントIDとパスワードが漏洩したとしても、悪意のある第三者がログインをすることはできなくなります。

二要素と呼ばれるのは、アカウントIDとパスワードは「あなたが知っていること」(What you know) を試しているのに対して、認証デバイスなどの「あなたが所有しているもの」(What you have) を試す。つまり異なる要素に対して認証を行います。指紋認証、静脈認証なども異なる要素になります。近年では二要素認証を強制するWebアプリケーションも登場しています。認証セキュリティそのものが、利用者に安心してサービスを使ってもらうアピールにもなっています。

まとめ

ここまで、Webアプリケーションにおける認証・認可の概念について解説したうえで、一般的に利用する認証方法を解説しました。認可については、それぞれのWebアプリケーションで実装方法や考え方が大きく変わるものでもあるため、概念の説明のみにとどめました。

セッション認証、トークン認証は方式の違いだけでなく、状態管理(ステートフル・ステートレス)の考え方も異なります。ステートレスの場合、セッションで状態を管理する必要がないため、バックエンドのサーバーをスケールアウトするのも簡単になります。自分たちの作成するWebアプリケーションの特性に合わせて選択する

と良いです。

認証においてもっとも大切なのは、バックエンドのプログラムが利用ユーザーの大切な情報を漏洩せず、セキュアにサービスを提供し続けることです。セッション認証はTLS(HTTPS)が当たり前になった現代では、情報漏洩のリスクが低い上に実装もしやすい方法です。

まずはとにかくセッション認証でサービスをセキュアに作ることが大切です。トークン認証は、ブラウザによるCookie保護などの恩恵が受けられないため、アプリケーションの設計が高度になります。認証はユーザーの個人情報を守る大切な処理です。ただ漫然と理解するのではなく、利用されている技術や定義を含めてしっかり理解しておきましょう。

コラム

PHPのWebアプリケーションにおけるパスワードの保存方法

アカウントIDとパスワードの認証は、現在でも多くのウェブサイトで使われています。PHPはWebアプリケーションを作成することに特化した言語であるため、アカウントIDとパスワードによる認証を安全に行うための組み込み関数が用意されています。

通常のWebアプリケーションでは、データベースに平文のパスワードを保存しません。これはデータベースの情報が漏洩した場合に、アカウントIDとパスワードがそのまま漏洩することを防ぐためです。

Webアプリケーションでは、パスワードをHash化し、元のパスワードに復号できない文字列に変換した上で保存します。しかし、これでも対策は十分ではありません。例えばよくあるパスワードの場合は、Hash化後の文字列を比較することで元のパスワードを推定されます。この推定方法をレインボーテーブルと呼びます。

よくある文字列がHash化されたとしても、パスワードを推定困難にするために使うのがsaltです。パスワードをHash化する際に元のパスワード文字列にランダムな文字列を追加することで、よくある文字列だとしてもHash化後の文字列が異なる文字列になります。

こんなことまで考えてHash化するのか・・・と思うかもしれませんが、PHPには上記のセキュリティ要件を満たした password_hash関数が存在します。この関数を使ってパスワード文字列をHash化すると、ランダムなsaltが自動で追加された状態になります。つまり、salt付きのパスワードhash化関数です。hash化されたパスワードは、password_verify関数を使うことでパスワードが一致するかどうかを確認できます。

PHPエンジニアの皆さんは、PHPに組み込みで用意されたpassword_hash関数を使いましょう。独自実装をするよりも、遥かに安全になります。アカウントIDとパスワードによる認証をサービスとして提供する場合、パスワードは必ずpassword_hash関数を使ってHash化したうえでデータベースに保存しましょう。

セキュリティ

Webアプリケーションは基本的にだれでもアクセス可能な状態で運用されるため、善意のユーザーからの利用だけではなく、残念ながら悪意のユーザーからの攻撃に日々さらされています。
この攻撃は日々巧妙になってきており、対策を怠るとサービスを停止させられたり、個人情報等が流出するといった被害をうけることになります。
この章ではWebアプリケーションを組むにあたって、知っておかないといけない最低限のセキュリティの知識と対策方法を説明します。

Contents

08-01 HTTP ついて ･････････････････ 192
08-02 脆弱性の原因 ･････････････････ 196
08-03 基本的な対策 ･････････････････ 198
08-04 代表的な脆弱性一覧 ･･････････ 200
08-05 XSS（クロスサイト　スクリプティング）･････････････････････････ 201
08-06 OS コマンド インジェクション ･･ 203
08-07 SQL インジェクション ･････････ 205
08-08 ディレクトリ トラバーサル ･････ 207
08-09 セッション ハイジャック ･･･････ 209
08-10 CSRF（クロスサイト リクエスト フォージェリ）････････････････ 211
08-11 HTTP ヘッダ インジェクション ･･････････････････････････ 213
08-12 バッファオーバーフロー ････････ 215
08-13 安全なウェブサイトの作り方 ････ 217

Section 08-01

HTTPについて

インターネット上で行われている通信には用途ごとのプロトコルが利用されています。Webアプリケーションで使われているHTTPというプロトコルについて見ていきましょう。

このセクションのポイント

1. HTTPはとてもシンプルなプロトコル
2. リクエストとレスポンスはそれぞれ特徴的な1行目を持つ
3. 2行目以降はヘッダとボディと呼ばれる

インターネット上でやり取りが行われているアプリケーションはそれぞれ利用用途に合わせた通信規約（プロトコル）に基づいて動作しています。例えば、メールの送信にはSMTP、メールの受信にはPOP3やIMAP4といった感じです。

WebアプリケーションはHTTPというプロトコルを使って通信を行います。このHTTPはとてもシンプルなルールで作られたプロトコルになっており、そのシンプルさのおかげで利用が広がっているというメリットがあるのですが、悪意のあるユーザーも簡単に攻撃に利用できてしまうという側面も持っています。

HTTPについては、10章で再度深堀りしますが、ここではセキュリティ対策を行う上で必要最低限の説明を行います。

リクエスト、レスポンス

HTTPはクライアントとサーバーの間で次図のようなやり取りを行います。クライアントの代表例はChromeやSafariのようなWebブラウザで、サーバーはApache HTTP Serverやnginx等があります。

▼リクエストとレスポンス

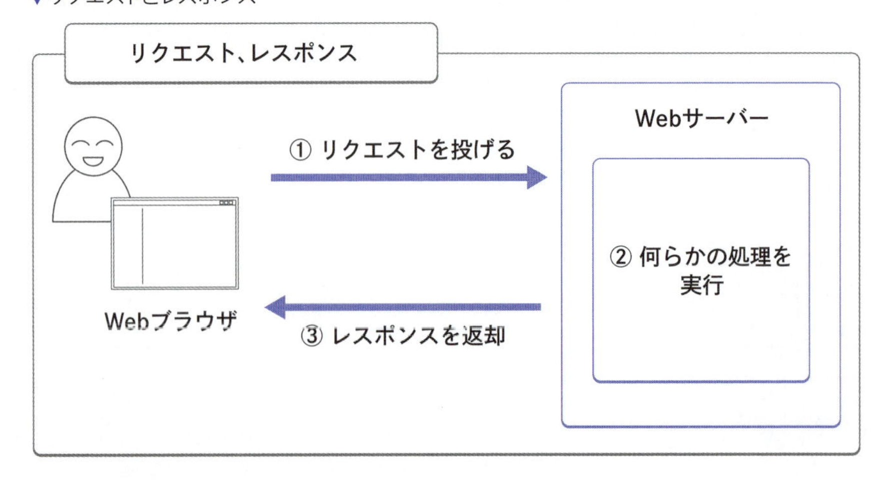

1. クライアントからサーバーに対してリクエストが投げられる
2. サーバーで何らかの処理が実行される
3. サーバーからクライアントに対してレスポンスが返却される

このリクエストとレスポンスはそれぞれ特別な意味を持つ1行目とヘッダおよびボディで構成されており*1、以下のような構造になっています。ボディは必要に応じて指定をおこなうため、指定がない場合があります。

- 特別な意味を持つ1行目
- 1行以上のヘッダ
- 空行
- ボディ

リクエスト行、リクエストヘッダ

リクエスト行とリクエストヘッダの詳細を説明する前にまずはその例を見てみましょう。

```
GET / HTTP/1.1
Host: example.co.jp
User-Agent: Mozilla/5.0 (Windows NT 10.0; Win64; x64) AppleWebKit/537.36 (KHTML,
like Gecko) Chrome/128.0.0.0 Safari/537.36
accept: text/html,application/xhtml+xml,application/xml;q=0.9,image/avif,image/
webp,image/apng,*/*;q=0.8,application/signed-exchange;v=b3;q=0.7
accept-encoding: gzip, deflate, br, zstd
accept-language: ja,en-US;q=0.9,en;q=0.8
```

上記の例は以下のような要素で構成されています。

- 1行目はどこに対してどのようにアクセスするのかというのを表す
  1行目は「リクエスト行」と呼ばれる

- 2行目以降は「key: value」の形でそのリクエストで利用する情報を列挙する
  2行目以降が「リクエストヘッダ」

リクエスト行は次の要素を持ちます。

- GET/POSTのようなメソッド
- URL
- プロトコルのバージョン

*1 このセクションでの説明はHTTP 1.1までのものであり、バイナリプロトコルとなったHTTP2ではあてはまりません

リクエストヘッダには User-Agent や Cookie の指定が行われます。この例では以下のようなリクエストを送ったということになります。

- example.co.jp というサーバーの
- / というパスに対して
- HTTP/1.1 で
- GET メソッドでリクエストを送る

今回の例ではありませんが、GETメソッド等ではリクエストを送る場合は、?xxx=1&yyy=2 のようなクエリ文字列を指定することもできます。

リクエストボディ

リクエストヘッダは最初にあらわれる空行の前までの部分で、その空行の次の行以降に指定されるものがリクエストボディになります。
リクエストボディに指定されるものには以下のようなものがあります。

- POSTメソッドと合わせて使われるクエリ文字列
- JSON形式等で指定された文字列

リクエストボディにはマルチパートという形式を利用して複数のファイルを指定するといったこともできます。

ステータス行、レスポンスヘッダ

ステータス行とレスポンスヘッダの詳細を説明する前にその例を示します。

```
HTTP/1.1 200 OK
Content-Type: text/html; charset=UTF-8
cache-control: private, no-cache, no-store, must-revalidate
content-encoding: gzip
Set-Cookie: xyz=12345678
```

上記の例は以下のような要素で構成されています。

- 1行目はリクエストが成功したのか失敗したのかを表す
  1行目は「ステータス行」と呼ばれる

- 2行目以降は「key: value」の形でそのレスポンスに対する付与情報を列挙する
  2行目以降が「レスポンスヘッダ」

ステータス行は次の要素を持ちます。

- プロトコルのバージョン
- ステータスコード
- ステータステキスト

レスポンスヘッダには、クライアントに対するキャッシュの指定やCookieの情報等が指定されます。
この例では以下のようなレスポンスが返却されたということになります。

- ステータスコード「200」で
- ステータスコードに対する文字列「OK」となっているので
- リクエストに成功したことをあらわし
- クライアントに対するキャッシュやクッキーの情報を付加して
- gzipで圧縮された
- UTF-8のHTMLが
- HTTP1.1 で返却された

このようにリクエストに対してサーバーが処理した結果を確認することができます。

レスポンスボディ

レスポンスヘッダは最初にあらわれる空行の前までの部分で、その空行の次の行以降に指定されるものがレスポンスボディになります。レスポンスボディにはHTMLやJSONのような文字列、画像のようなバイナリをテキストエンコードしたものが指定されます。
レスポンスボディもマルチパートという形式を利用して複数のファイルを指定するといったことができます。

Section 08-02

脆弱性の原因

Webアプリケーションで利用されるHTTPを使った通信において、どのように脆弱性が生まれるかを見ていきましょう。

このセクションのポイント

1. リクエストで渡された値を信用してはいけない
2. 不正な値が入ってくるパターンは複数ある
3. リクエストで渡された値は必ず対策を行う必要がある

Webアプリケーションはここまで説明してきたHTTPを使って通信を行いますが、どのような原因で脆弱性が生まれるのでしょうか。

以下のようなアンケートアプリケーションを例に説明します。

・3つの入力をもつアンケート
　名前を入力するテキストボックス
　都道府県を選択するセレクトボックス
　感想を入力するテキストエリア

・入力された値をチェックする確認画面を表示

・確認画面でOKボタンを押すと、入力された値をデータベースに保存

・管理ページでは収集したデータの一覧が見られる

入力値を信じない

脆弱性が生まれる最初のパターンとして「リクエスト時に渡された値をチェックせずに利用する」というものです。

リクエストでは以下のような形で値が渡されます。

・クエリ文字列から渡された値
・リクエストボディで渡された値
・リクエストヘッダで渡された値

今回の例であれば、名前と感想の部分は自由に入力ができ、都道府県はプルダウンを選択したものをPOSTメソッドを使って値をクエリ文字列で受け取ることになるでしょう。

こんなに簡単な例ですが、以下のような形で不正な値が入ってくる可能性があります。

- 想定とは違った文字列が指定される
- 想定より長い文字列が指定される
- 想定と違った文字コードや文字エンコードで指定される
- 特殊な制御文字が指定される

上記のものは自由入力の名前と感想の部分だけとは限りません。HTML上では都道府県をプルダウンで選択することになっていたとしても、POSTでのリクエスト時に都道府県とは全く関係ない文字列を指定される可能性も想定しておくべきです。

また、リクエストヘッダは通常Webブラウザが自動的に付与してくれるものですが、ここに全く関係ない値をリクエスト時に指定することも可能です。このような形で想定通りの値が渡されることを前提にしているとその後の処理で脆弱性が発生します。

入力値を対策なしに利用しない

リクエストで受け取った値をWebアプリケーションで対策なしに利用すると、どのような問題がでるのでしょうか。

脆弱性が発生するパターンを見てみましょう。

▼脆弱性が発生するパターン

発生するパターン	脆弱性の名称
渡された値をそのまま確認画面で表示したところ、JavaScriptが実行された	クロスサイト スクリプティング
渡された値をそのまま引数に指定してサーバーでコマンドを実行したら、サーバーが停止した	OSコマンド インジェクション
渡された値をそのまま使ってデータベースに保存したら、データベースが消去された	SQLインジェクション

上記のものはほんの一例でしかなく、リクエスト時に入力された値を信じてそのまま処理を実行すると脆弱性が発生する可能性があることを認識し、必ず対策を行うようにしましょう。

Section 08-03

基本的な対策

Webアプリケーションで発生する可能性がある脆弱性に対する基本的な対策方法を説明していきます。

このセクションのポイント

1 リクエストで受け取った値は必ずチェックする
2 不正な部分だけ取り除くというやりかたは非推奨
3 出力時には出力する対象に合わせて対策を行う

脆弱性に対しての基本的な対策方針は「入力値を信じない、そのまま利用しない」ということにつきます。入力値に対しては、ここから説明するような処理を必ず行うようにしましょう。

バリデーション

まず最初に行うのはリクエストで受け取った値が想定したルールに従っているかのチェックを行いましょう。これは「**バリデーション**」と呼ばれる対策になります。

バリデーションでは受け取った値に対して以下の観点でチェックを行います。

- 文字数
- 最大値・最小値
- セーフリスト
- ルールチェック

文字数と最大値・最小値は想像しやすいと思いますが、受け付ける範囲を限定して想定外の値を受け付けないようにします。

都道府県や部署名といったものに関しては、受け付ける値のリストを作っておいて、そのリストの値以外の場合は受け付けないという形を取ったほうが安全です。このような受付可能としてあらかじめ決めたものをセーフリストといいます。

例えば、日付は受け付けたものが数値であるかどうかだけではなく、ルールに則っているかのチェックは必ず行いましょう。例えば 2025-10-35 のような値は不正な日付として受け付けないと判断する形にします。

ルールに従っているかというバリデーションと組み合わせて、ルールに従っていない部分だけを除去して利用するとこれも脆弱性を生む可能性があります。

よくあるパターンとして、入力された文字列にHTMLのタグが入ってくることを想定して script タグだけを除去するといったことをするのは避けましょう。このルールに従っていないものを従った状態に加工することを「**サニタイズ**」と呼びます。

サニタイズを行って想定通りの値だけを受け取るというのは一見良さそうに見えますが、取り除けているつもりになっていても、攻撃者がそれを回避する方法を準備して除去しきれないといったことが発生するため、この方法はおすすめできません。

そのため、バリデーションで問題になるものを含む場合にはその入力された値は基本的にはすべて捨てるというポリシーが望ましいです。

つまり、バリデーションルールに従っているものは利用し、従っていない場合は処理を中断する(4xx系のエラーを返す)、ということになります。

エスケープ

バリデーションを使って入力された値に対しても、その値をそのまま画面に出力したりデータベースに保存するとこれも脆弱性となるパターンがあります。その値を利用する際に、その利用する対象に応じた対策を行うことを「**エスケープ処理**」といいます。

例えば、入力された値を確認画面で表示する場合は、入力値をHTMLエスケープするようにします。PHPの場合は `htmlspecialchars` 関数というエスケープを行う関数があらかじめ準備されていますが、これを利用する際に第3引数の文字エンコーディングを必ず指定するようにしましょう。

データベースに保存する場合や、OSに対してコマンドを実行する場合の注意点に関しては、このあとの「代表的な脆弱性一覧」で詳しく説明します。

Section

08-04 代表的な脆弱性一覧

ここまで脆弱性が発生する理由とその一般的な対策について説明してきました。ここからは代表的な脆弱性について見ていきましょう。

このセクションのポイント

1. 悪意のユーザーの攻撃方法を把握する
2. 脆弱性を使った攻撃を受けると大きな被害が発生する
3. 外部サイトに対する加害者になる可能性がある

ここからは発生しやすい代表的な脆弱性について見ていきます。
各脆弱性に対して以下のような分類で表していきます。

- 概要
- リスク
- 対策方法

この章では以下の脆弱性について説明します。

- XSS（クロスサイト スクリプティング）
- OSコマンド インジェクション
- SQLインジェクション
- ディレクトリ トラバーサル
- セッション ハイジャック
- CSRF（クロスサイト リクエスト フォージェリ）
- HTTPヘッダ インジェクション
- バッファオーバーフロー

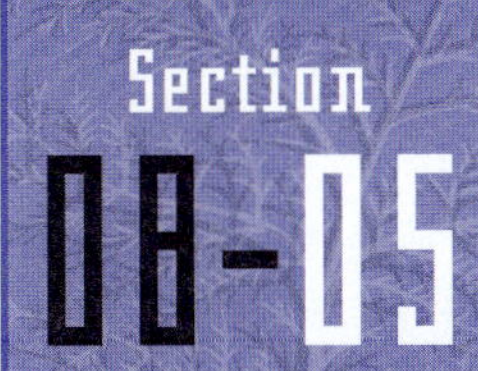

XSS（クロスサイト スクリプティング）

Webページを表示する際に発生する脆弱性「クロスサイト スクリプティング」について見ていきます。

このセクションのポイント

1. 外部から受け取った値をそのまま利用した場合に発生する
2. 情報漏洩や悪意のサイトに誘導される可能性がある
3. 外部から受け取った値は必ずエスケープ処理を行う

▼XSS（クロスサイト スクリプティング）

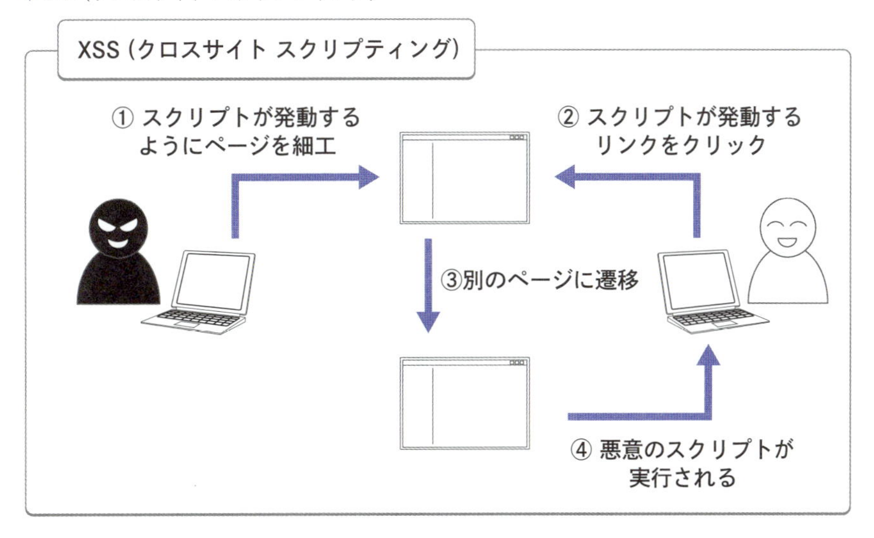

概要

Webアプリケーションはリクエストで受け取った値に対して何らかの処理を行った後、その結果をWebページに表示することがよくあります。

この結果表示を行う際に表示する値に対して適切な処理を行わないとスクリプトを埋め込まれてしまう可能性があります。

このような問題を「**クロスサイト スクリプティング**」と呼び、XSSと略されます。

この問題は値の出力時に発生するため、必ずしも入力した直後に発生するわけではなく、一旦データベースに値を保存したものを、管理ツールで表示しようとしたときに脆弱性が発生するといったパターンもあり得るので、注意が必要です。

リスク

この脆弱性で発生するリスクは以下のようなものがあります。

・想定外のページへの誘導
　フィッシング詐欺を行うページに飛ぶようにリンクを書き換え

・表示内容の改ざん
　間違った情報を広める

・Cookieの漏洩、書き換え
　機密情報の漏洩
　セッション情報を取得されたり上書きされることによるなりすまし

対策方法

この脆弱性に対する対策は以下のようなものがあります。

・HTMLページを出力する場合は必ずエスケープ処理を行う
　エスケープを行う際のエンコード指定を忘れずに

・script タグを出力するような処理を作らない
　攻撃者は script タグを出力する方法を探しているのでその手助けをしない

・処理する文字コードを意識して、レスポンスでのContent-Typeにcharsetを指定する
　基本的にutf-8を指定して、文字コード違いを使った脆弱性を発生させない

・Cookieを発行する際に HttpOnly属性や Secure属性を指定する
　Cookieを取得できる方法をなるべく限定する

・HTTPのContent-Security-Policyヘッダを適切に設定する

上記は出力時の対策ですが、入力時でのバリデーションは必ず行っておくことも重要です。

Section

08-06 OSコマンド インジェクション

サーバー上のコマンドを実行した際に発生する脆弱性「OSコマンド インジェクション」について見ていきます。

このセクションのポイント

1. 外部から受け取った値をそのまま利用した場合に発生する
2. 不正なプログラムの実行や情報漏洩が起こる可能性がある
3. コマンドの実行を避ける方法を検討する

▼OSコマンド インジェクション

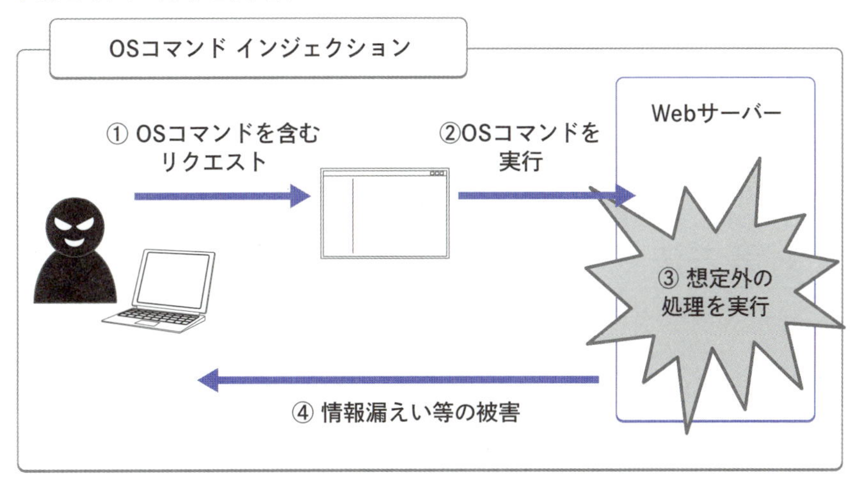

概要

Webアプリケーションの処理において、サーバー上のコマンドを実行した結果を利用する場合があります。例えば、サーバー上に設置したHTMLからPDFに変換するコマンドを実行するというようなものです。

このようにコマンドを実行する際にリクエストで受け取った値をコマンドの引数に指定するときに適切に処理をしないと想定外の処理を実行されてしまう可能性があります。

このような問題を「**OSコマンド インジェクション**」と呼びます。

リスク

この脆弱性で発生するリスクは以下のようなものがあります。

・サーバー上のファイルの漏洩、書き換え、削除
　個人情報の漏洩
　サーバーの設定の改ざん

・不正なプログラムの設置、実行
　ウィルスやボット等への感染
　バックドアの設置
　外部サービスへの攻撃
　迷惑メールの送信

・システム操作
　サーバーの停止
　不正アカウントの追加

対策方法

この脆弱性に対する対策は以下のようなものがあります。

・コマンドの実行そのものを避ける
　ImageMagickのコマンドを実行するのではなく、ImageMagick拡張を利用する

・コマンドの実行のパターンを限定する
　引数で指定できる文字列のセーフリストを作っておいて、それ以外はエラーとする

OSコマンド インジェクションについては、単純に引数をエスケープするだけでは不十分なことが多く、できる限りコマンドを実行せずに同等の処理を行う方法がないかを検討しましょう。

Section 08-07

SQLインジェクション

データベースに対する処理を行う際に発生する脆弱性「SQLインジェクション」について見ていきます。

このセクションのポイント

1 外部から受け取った値をそのまま利用した場合に発生する
2 情報漏洩や改ざんなどが発生する可能性がある
3 文字列連結でSQL文を生成するのは避ける

▼SQLインジェクション

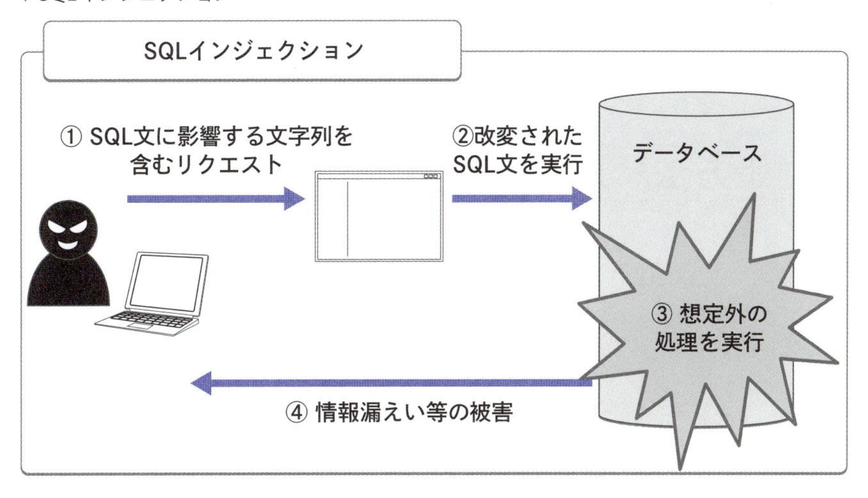

概要

データベースを利用するWebアプリケーションの多くはリクエストで受け付けた値を利用してデータベースにアクセスします。

このデータベースに対する処理を行う際に、SQL文の組立に対して適切な処理を行わないと、データベースに対する不正操作が可能になります。

このような問題を「**SQLインジェクション**」と呼びます。

リスク

この脆弱性で発生するリスクは以下のようなものがあります。

01 02 03 04 05 06 07 08 09 10 11 12 13 Part 02

・データベースに格納された情報の漏洩
個人情報や機密情報の漏洩

・データベースに格納された情報の改ざん、削除
パスワードの改ざん
アカウントの削除
本来認証が必要な処理を不正に実行

・ストアドプロシージャ等の不正実行
システム停止
外部サイトへの攻撃

データベースには重要なデータが多く保存されているため、データベースに対する想定外のアクセスが行われると、重大なインシデントにつながるため、十分な対策を行う必要があります。

対策方法

この脆弱性に対する対策は以下のようなものがあります。

・SQL文の組み立てにはプレースホルダを必ず使用する
Prepared Statementを利用して入力値を指定する
この機能は本来SQLを効率よく実行するための機構だが、この機構を使っておけば不正な値がセットされるということを基本防げる

・文字列連結でSQL文を生成しない
文字列連結でSQL文をする際にRDBMS特有のエスケープ処理を適切に使用する
エスケープ処理を単純な文字列置換とかでは行わない

・利用するデータベースアカウントの権限管理を適切に行う
不必要な権限を付与しない

・データベースが出力したエラーメッセージは表示しない
攻撃の手がかりを渡さない

SQLインジェクションに関しては、文字列連結でSQL文を生成しているところをコードレビューで見つけたら必ず指摘するようにしましょう。

Section 08-08

ディレクトリ トラバーサル

サーバー上のディレクトリやファイルに対して処理を行う際に発生する脆弱性「ディレクトリ トラバーサル」について見ていきます。

このセクションのポイント

1 外部から受け取った値をそのまま利用した場合に発生する
2 情報漏洩や改ざんが発生する可能性がある
3 アクセスできる場所を限定するといった対策を行う

▼ディレクトリ トラバーサル

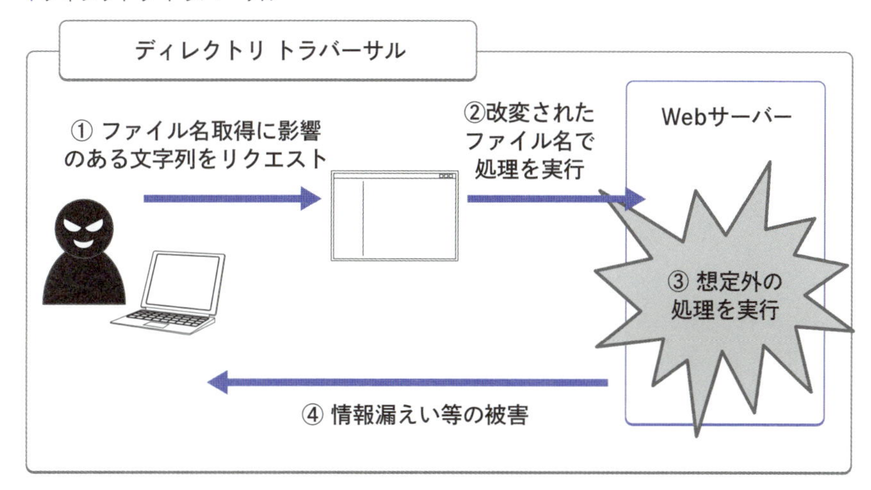

概要

Webアプリケーションにおいて、リクエストで受け取った値を使ってサーバー内のディレクトリ名やファイル名を組み立てて、そのディレクトリ/ファイルに対して処理を行うことがあります。

このディレクトリ名やファイル名を生成する箇所で適切な処理を行っていない場合、意図しない場所に対してアクセスが発生して、不正な処理が実行される可能性があります。

このような問題を「**ディレクトリ トラバーサル**」と呼びます。

リスク

この脆弱性で発生するリスクは以下のようなものがあります。

・サーバー内のディレクトリ・ファイルの閲覧、改ざん、削除
個人情報の漏洩
設定ファイル等の重要ファイルの改ざん、削除

対策方法

この脆弱性に対する対策は以下のようなものがあります。

・リクエストで受け取った値を使ったディレクトリおよびファイル名の生成をなるべく避ける
ファイル名の指定の方法に対して別案がないか検討

・アクセスできるディレクトリを限定する
指定された値を使って特定のディレクトリ以下のファイルを指定する
PHPであれば php.ini で指定できる open_basedir ディレクティブを利用して制限する
ディレクトリ名 + ファイル名といった入力を受け付けない
セーフリストで操作するファイルを限定する

・Webサーバーの実行ユーザーでアクセスできる場所を限定する
Webサーバーの機能で限定できるならばその機能を利用する
実行ユーザーに権限を与えすぎない

Section 08-09

セッション ハイジャック

ユーザー認証があるWebアプリケーションにおいて発生する脆弱性「セッション ハイジャック」について見ていきます。

このセクションのポイント

1. セッションIDを適切に扱っていない場合に発生する
2. 情報漏洩や改ざんが発生する可能性がある
3. セッションIDを類推しにくいものにするといった対策を行う

▼セッション ハイジャック

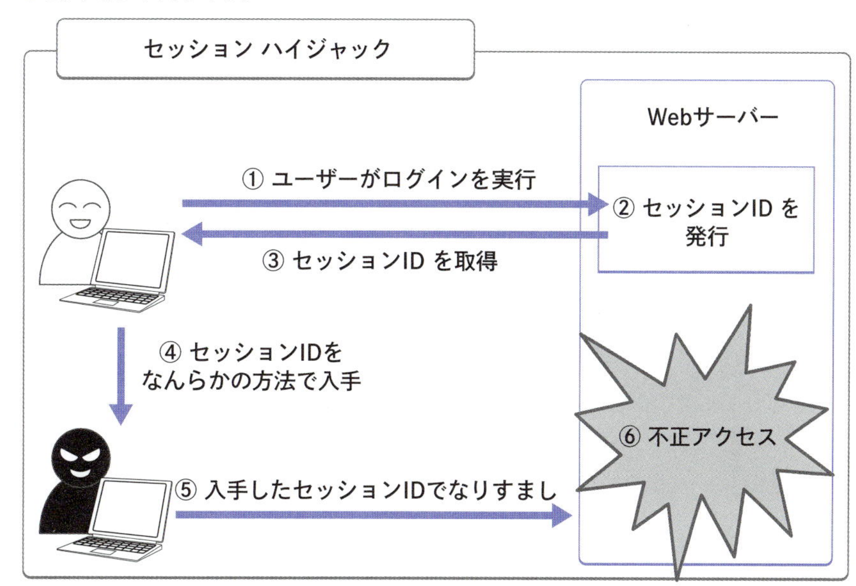

概要

Webアプリケーションにおいて、ユーザー認証を行い、認証した状態のセッションのIDを使って制御を行うことがよくあります。

このセッションIDの発行や管理に対して適切な処理を行っていない場合、他のユーザーになりすまし、そのユーザーの権限で不正なアクセスが発生する可能性があります。

このような問題を「**セッション ハイジャック**」といいます。

リスク

この脆弱性で発生するリスクは以下のようなものがあります。

- なりすましたユーザーの権限によるデータの不正閲覧
  個人情報の漏洩
  機密情報の不正閲覧

- なりすましたユーザーの権限によるデータの改ざん、削除
  設定の改ざん

- なりすましたユーザーの権限を使った不正利用
  不正な商品購入
  スパムメール送信

対策方法

この脆弱性に対する対策は以下のようなものがあります。

- セッションIDを類推しにくいものにする
  単純なルールを使ったセッションID生成をしない

- セッションIDはURLでの受け渡しはしない
  リファラー情報からの漏洩を防ぐ
  CookieもしくはPOSTメソッドのhiddenパラメータを利用

- Cookieに対する適切な属性付与
  HTTPSを利用し、secure属性を付与
  セッションの有効期限を（必要な範囲で）できる限り短くしておく

- ログイン時にセッションを継続利用しない
  認証成功時に新しいセッションを開始する
  PHPであればsession_regenerate_id関数を使ってセッションIDを再生成する

- セッションIDを固定値にしない
  ユーザーごとに固定の値になるようなロジックは利用しない

Section 08-10

CSRF(クロスサイト リクエスト フォージェリ)

ユーザー認証があるWebアプリケーションにおいて発生する脆弱性「クロスサイト リクエスト フォージェリ」について見ていきます。

このセクションのポイント

1 アクセス経路の確認を行っていない場合に発生する
2 なりすましによる不正利用が発生する可能性がある
3 想定した経路でアクセスされているかを確認する

▼CSRF(クロスサイト リクエスト フォージェリ)

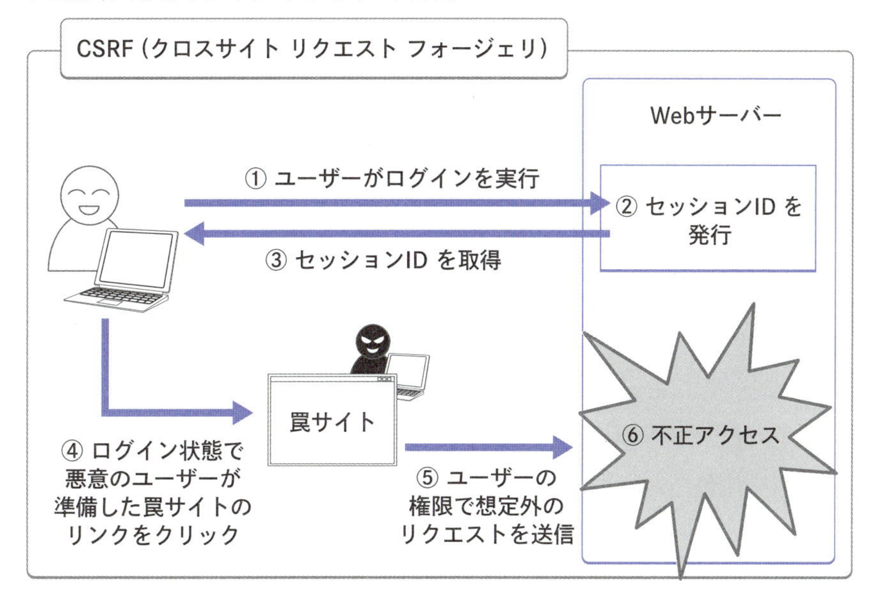

概要

Webアプリケーションにおいて、ユーザー認証を行い、認証に成功したセッションを維持するようにしている場合、想定したアクセス経路を経由しているかを確認していない場合、外部サイトからのリクエスト経由で想定外の処理を実行してしまう可能性があります。

このような問題を「**クロスサイト リクエスト フォージェリ**」と呼び、CSRFと略します。

リスク

この脆弱性で発生するリスクは以下のようなものがあります。

・本来認証が必要な機能の不正利用
　不正な商品購入
　スパムメール送信

・本来認証が必要な権限による不正なデータ追加、更新、削除
　設定の改ざん

対策方法

この脆弱性に対する対策は以下のようなものがあります。

・商品購入などの処理を実行する際はPOSTメソッドのみでアクセス可能とし、想定している経路を通っているかをチェックする
　前ページにhiddenで埋め込んだ値(サーバーが発行したランダムな値)がわたってきているかをチェック[*1]

・重要な処理を行う直前に再度認証を行う
　商品購入処理に入る前に再度認証する

・リファラーをチェックし、想定している経路を通っているかをチェックする
　前ページのリファラーが入っているかをチェックする

＊1　https://cheatsheetseries.owasp.org/cheatsheets/Cross-Site_Request_Forgery_Prevention_Cheat_Sheet.html#synchronizer-token-pattern

Section 08-11

HTTPヘッダ インジェクション

生成したレスポンスヘッダを利用した際に発生する脆弱性「HTTPヘッダ インジェクション」について見ていきます。

このセクションのポイント

1. 外部から受け取った値をそのまま利用した場合に発生する
2. 情報漏洩や悪意のあるサイトに誘導される可能性がある
3. 文字列連結でレスポンスヘッダを生成するのは避ける

▼HTTPヘッダ インジェクション

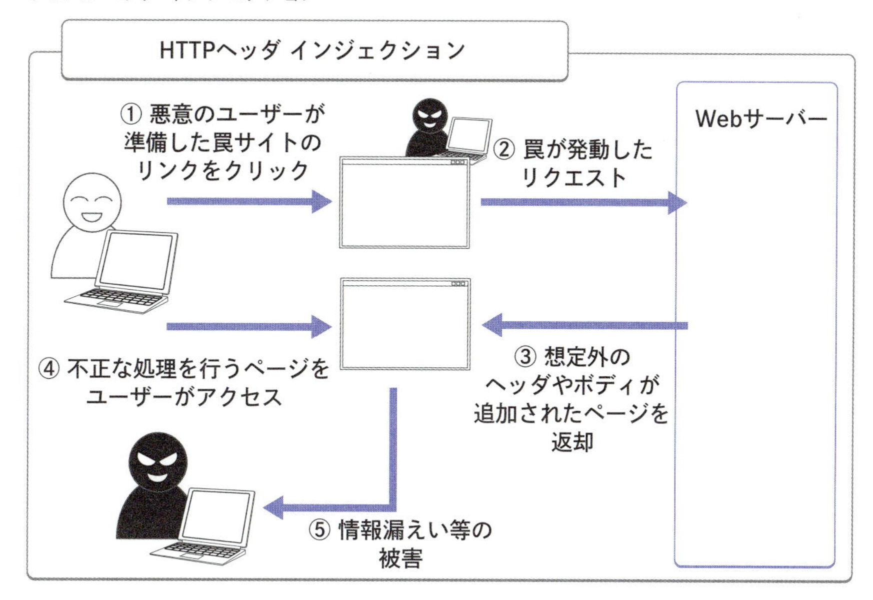

概要

Webアプリケーションにおいて、レスポンスヘッダの値をリクエストの値等の入力から生成するものがあります。

レスポンスヘッダの生成で適切な処理を行っていない場合、想定外のヘッダやボディの生成が行われる可能性があります。

このような問題を「**HTTPヘッダ インジェクション**」、複数のレスポンスを作り出すものを「**HTTPレスポンス分割**」と呼びます。

リスク

この脆弱性で発生するリスクは以下のようなものがあります。

・不正な情報の表示
　改ざんされた情報の表示

・不正なスクリプトの埋込み
　想定外のページへの誘導

・不正なCookieの発行
　ユーザーのブラウザに不正なCookieを保存する

・レスポンス分割によるキャッシュ汚染
　レスポンスを複数に分割することにより、不正なレスポンスボディをリバースプロキシ等にキャッシュさせることによる、想定外のページへの誘導

対策方法

この脆弱性に対する対策は以下のようなものがあります。

・ヘッダの生成を言語やフレームワークの機能を利用する
　文字列連結を使って自力で組み立てをなるべく行わない
　言語で用意されているなるべく安全な処理を利用する

・ヘッダを生成するときに改行を削除もしくは許可しない
　想定外の改行が混入しないようにする

Section 08-12

バッファオーバーフロー

メモリ領域に対するアクセスを行った際に発生する脆弱性「バッファオーバーフロー」について見ていきます。

このセクションのポイント

1. 外部から受け取った値をそのまま利用した場合に発生する
2. 情報漏洩や任意のコード実行等が行われる可能性がある
3. 脆弱性のあるバージョンを利用しない等の対策を行う

▼バッファオーバーフロー

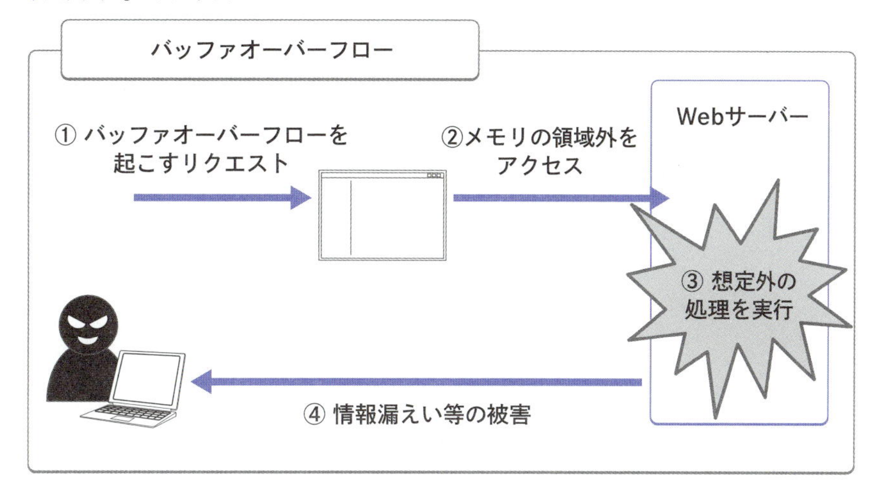

概要

Webアプリケーションにおいて、スクリプトはサーバー上のメモリを使って処理されます。

入力された値を適切に処理しないと確保したメモリ領域を超えた領域にアクセスし、意図しないコードが実行される可能性があります。

このような問題を「**バッファオーバーフロー**」といいます。

リスク

この脆弱性で発生するリスクは以下のようなものがあります。

・任意のコード実行
情報漏洩
バックドアの設置
外部への攻撃

・スクリプトの異常終了
サービスの停止

対策方法

この脆弱性に対する対策は以下のようなものがあります。

・低レベルなメモリアクセスをする言語を利用しない
PHPは基本的にメモリアクセスは安全に行われるようになっていますが、言語そのものに脆弱性が混入する場合があるため、対策済みのバージョンを利用する

・サーバー上のコマンド実行を極力避ける
C言語等で作成されたアプリケーションはバッファオーバーフローが発生する可能性がある

・脆弱性が発見されたツール・ライブラリを利用する場合は対策済みのバージョンに差し替える
古いバージョンのまま利用し続けない

Section
08-13

安全なウェブサイトの作り方

ここまで説明してきたもの以外の脆弱性も調べてみましょう。

このセクションのポイント

1 独立行政法人 情報処理推進機構が脆弱性対策情報を提供している
2 本書で説明したもの以外も説明がある
3 セキュリティに対する知識を常にアップデートしていく

ここまで代表的な脆弱性の説明とその対策を行ってきました。

この章で説明したものは、独立行政法人 情報処理推進機構（IPA）が公開している「安全なウェブサイトの作り方」というページで説明されたもので、このページではこの章で説明したもの以外も紹介されているため、必ず一度は目を通しておきましょう。

安全なウェブサイトの作り方（IPA）
https://www.ipa.go.jp/security/vuln/websecurity/about.html

また、安全なWebアプリケーションの作成方法を学ぶために以下の本も必ず一度は目を通しておくことをおすすめします。

『体系的に学ぶ 安全なWebアプリケーションの作り方 第2版 脆弱性が生まれる原理と対策の実践』（徳丸 浩 著、SBクリエイティブ、2018年）

Webアプリケーションのセキュリティ対策は日々変化しています。最新の情報を随時収集して知識を常にアップデートしていきましょう。

アーキテクチャと設計

このパートでは、設計・実装の原則・パターンを学んでいきます。先人たちがどのようにアプローチしたかを見ていくことにより、アプリケーションを作るための力を伸ばしていきましょう。

設計原則とパターン

この章では、ソフトウェア開発における設計原則の重要性とアーキテクチャパターンの具体的な適用方法について詳しく解説します。
まず、アーキテクチャの定義とその必要性を説明し、SOLID原則を通じて設計の基本概念を理解します。その後、さまざまなアーキテクチャパターン（MVC、レイヤードアーキテクチャ、クリーンアーキテクチャ、ヘキサゴナルアーキテクチャ）を紹介します。
また、設計パターンとアンチパターンをとりあげ、実際の開発における適用例や回避すべき設計の落とし穴についても解説します。

Contents

09-01 アーキテクチャ …… 222
09-02 依存関係 …… 224
09-03 SOLID 原則 …… 228
09-04 アーキテクチャパターンとアンチパターン …… 260

Section 09-01

アーキテクチャ

ソフトウェアアーキテクチャの定義とその重要性を理解し、変化に対応できるソフトウェアを構築するための指針を示します。

このセクションのポイント

1 アーキテクチャの定義とその必要性を理解する
2 ソフトウェアがビジネスの変化に対応する重要性を学ぶ
3 変化に強いソフトウェアを構築するための指針を示す

私たちソフトウェアエンジニアが、アーキテクチャと聞いて何を想像するでしょうか。アーキテクチャを辞書で引いてみると、このようなことが書かれていると思います。

> 建築物。建築様式。建築学。構造。

建築や構造という言葉が出てきました。この言葉をそのまま使うと、アーキテクチャの定義はこのようにできるかもしれません。

> アーキテクチャは、ソフトウェアの構造を設計しソフトウェアを構築（建築）するもの

ソフトウェアを家のような建造物と捉える比喩です。こういった例はたくさんあるので、あながち間違ってはいないでしょう。構造を設計するというのも想像と合っていそうです。

ただひとつだけ違うものがあります、私たちはソフトウェアを作っています。家のようなハード（有形）ではなく、ソフト（無形）を相手にするものです。ハードが完成したら完了ではなく、柔軟に形を変え続けられるものを作らなくてはなりません。

例えば、家の間取りを変更するには壁を壊して部屋を作り変える必要があります。しかし、ソフトウェアはその柔軟性により、形をすぐに変えられるように設計されていなければなりません。

つまり、ソフトウェアは作ったら終わりというものではなく、作り続けなくてはならないものであるということです。作り続けるというのは変化し続けることと同義です。

なぜ変化し続けるものを作らなければいけないのか

ソフトウェアはそれ単体では成り立ちません。必ずビジネスや戦略があり、その中の一つの手段として存在します。そしてビジネスには必ず変化があります。ビジネス、プロダクトの変化に追従できるようにソフトウェアも作られている必要があります。

私たちは、ソフトウェアを作る前にビジネスを作っているのです。この点を常に念頭に置くべきです。

これらを踏まえると、アーキテクチャの定義はこのようにできるかもしれません。

> アーキテクチャは、ビジネスの変化に追従できるソフトウェアを設計し構築するもの

（技術の変化、パフォーマンス、スケール、セキュリティの問題への対応などもビジネスの変化に含まれていると思ってください）

では、変化し続けるにはどうすればいいでしょうか。それは、変更しやすいソフトウェアを作り続けること、単純にそれだけです。もちろん簡単なことではありませんが、私たちはそのようなソフトウェアを作るにはどうしたらいいのかということを先人から学ぶことができます。それがSOLID原則や、アーキテクチャパターンです。

Section 09-02

依存関係

依存関係における依存の向きと安定度を理解し、設計における依存関係の重要性を学びます。

このセクションのポイント

1 依存の向きを理解する
2 安定度と変更の影響範囲を学ぶ
3 依存関係の管理が設計に与える影響を知る

SOLID原則や、アーキテクチャパターンを説明する前に依存と依存の向きについて説明します。先に依存関係について理解しておいたほうが、この後の説明が頭に入りやすくなると考えたためです。

依存と依存の向き、そして安定度について

▼依存している図

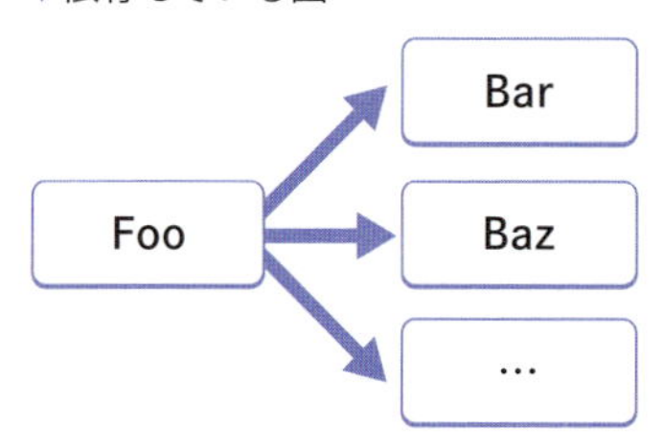

この図のように Foo、Bar、Bazというクラスがあり、FooからBarなどに対して矢印が向いているときにFooはBarに**依存**しているといいます。（FooはBarのことを知っているともいいます。）

矢印の向きは、そのまま依存の向きとなります。

▼app/Bar.php

```
<?php
namespace App;
class Bar
{
    public function doSomething(): string
    {
        return 'Bar is doing something.';
    }
}
```

▼app/Foo.php

```
<?php
namespace App;
class Foo
{
    // FooはBarに依存している(自身のプロパティとしてBarを保持)
    public function __construct(private Bar $bar) { }

    public function useBar(): string
    {
        return $this->bar->doSomething();
    }
}
```

▼index.php

```
<?php
require_once 'app/Bar.php';
require_once 'app/Foo.php';

use App\Bar;
use App\Foo;

// FooはBarに依存している
$bar = new Bar();
$foo = new Foo($bar);
echo $foo->useBar(); // 出力: Bar is doing something.
```

また、このときFooは**安定度が低い**クラスとなります。なぜ安定度が低いのでしょうか。それはBarに変更が入ったときのことを考えるとわかります。

▼安定度が低いクラス

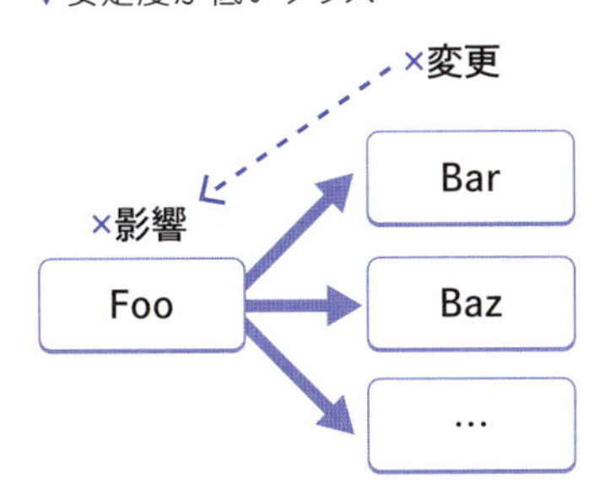

このとおり、Barに変更が入るとFooに影響が出るためです。FooはBarだけではなく他のクラスにも依存しています。依存するクラスが多いほど、変更による影響の可能性が大きくなるので安定度が低くなります。

▼app/Bar.php に変更が入った場合

```
<?php
namespace App;
class Bar
{
    // 例えば引数が必要になった場合、Fooにも変更が必要
    public function doSomething(string $arg): string
    {
        return "{$arg} is doing something.";
    }
}
```

次に依存の向きが逆になった図を見てみます。

▼依存の向きが逆になった図

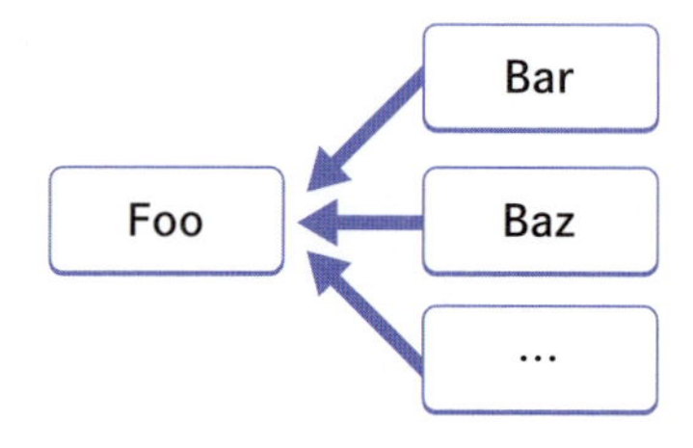

この図の場合、Fooは**安定度が高い**クラスとなります。先ほどの例を考えると理由は想像できるでしょう。

▼安定度が高いクラス

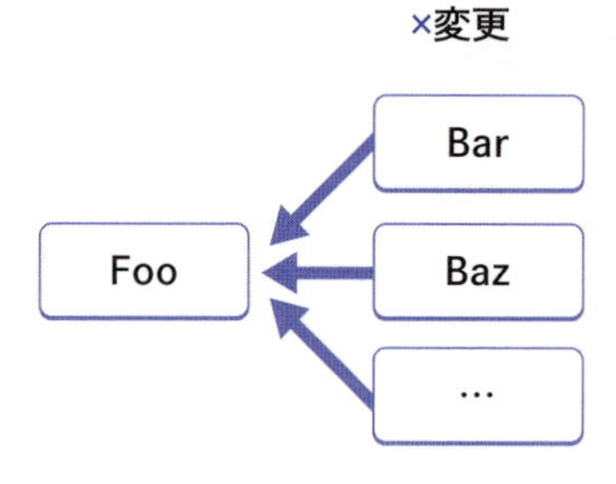

なぜならば、Barなどに変更が入ってもFooには関係ないからです。このとき、FooはBarのことを知らないといいます。Fooは複数のクラスから依存されています。依存されているものが多いほど安定度が高いクラスとなります。では、なぜ依存されているものが多いと安定度が高くなるのでしょうか。多くのクラスがFooに依存している場合、Fooに変更を加えると、その変更が依存元のクラスに影響を及ぼす可能性が高まります。そのため、Fooを変更する際には慎重な判断が求められ、頻繁に変更することが難しくなります。結果として、Fooは安定したクラスとして扱われるようになるのです。

この関係で、Fooに変更が入るとどうなるか見てみます。

▼Fooに変更が入った場合

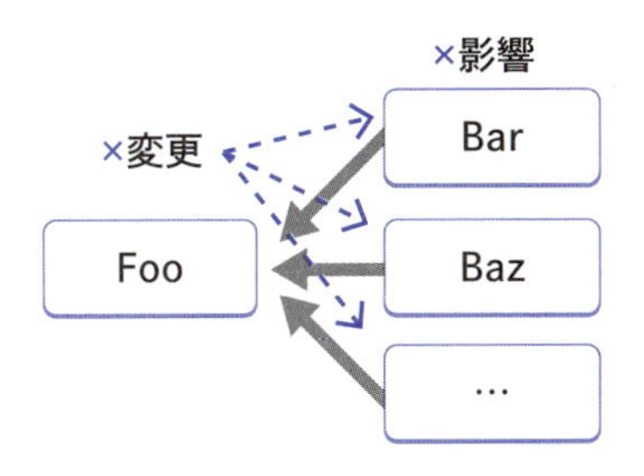

Fooに変更が入ると依存されているものに影響が出ることになります。つまり、安定度が高いクラスに変更が入ると雪崩式に修正の影響が広がる可能性があるということです。Barに依存しているクラスがさらにあると仮定すれば容易に想像できるでしょう。

Barを変更した状態をもう一度見てみます。

▼Barは変更しやすいクラス

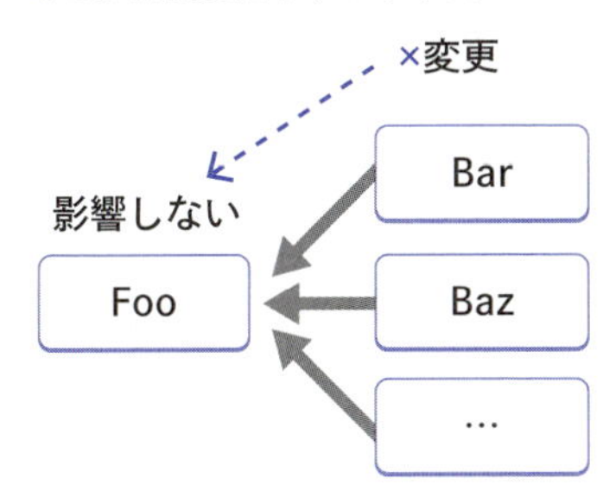

BarはFooに対して変更を伝えないと書きました。これはつまり、Barは変更しやすいクラスということになります。

今までの関係を整理すると、こうなります。

状況	安定度	影響範囲	変更のしやすさ
依存しているクラス	低い	依存先の影響を受ける	変更しやすい
依存されているクラス	高い	依存元の影響を受けない	変更しにくい

▼依存元と依存先

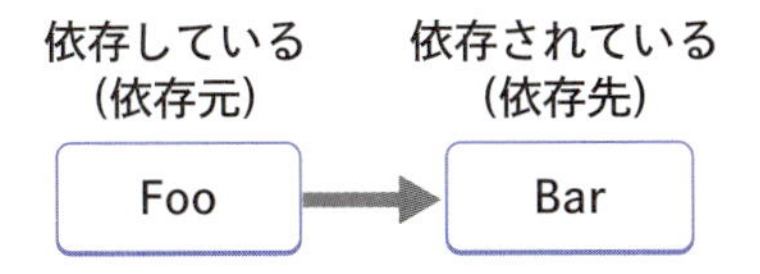

この関係性を理解しておきましょう。

Section 09-03

SOLID原則

SOLID原則を学び、違反例と改善方法を通じてその適用方法を理解します。

このセクションのポイント

1. SOLID原則の各原則を理解する
2. 原則に違反した例とその改善方法を学ぶ
3. 各原則間の関連性とデザインパターンとの関係を知る

SOLID原則とは、Robert C. Martin(通称ボブおじさん)が提唱した以下の5つの設計原則の頭文字を取ったものです。

- ・単一責任の原則(Single Responsibility Principle)
- ・オープン・クローズドの原則(Open/Closed Principle)
- ・リスコフの置換原則(Liskov Substitution Principle)
- ・インターフェイス分離の原則(Interface Segregation Principle)
- ・依存性逆転の原則(Dependency Inversion Principle)

これらの設計原則は、ソフトウェアを設計するうえでの指針となるものです。指針とは物事を進めるうえでたよりとなるものなので、設計に迷ったらこの指針に沿っているか一度立ち止まって考えてみるといいでしょう。

SOLID原則は、変更に強く理解しやすいモジュールやクラスを作るための原則です。ここでのモジュールとは、複数のクラスが共同で処理を行うものと定義します。

すなわちSOLID原則を理解することで、変更しやすいソフトウェアを知るのと同時に、変更しにくいソフトウェアというものも知ることができるはずです。

単一責任の原則

単一責任の原則とは、**SRP**(Single Responsibility Principle)とも呼ばれ

> モジュール、クラスまたは関数は、単一の機能について責任を持ち、その機能をカプセル化するべきである

という原則になります。つまり、モジュール、クラス、関数にはひとつの役割、責任しか持たせるなと言っています。

はい。わかりました。と言って本当にひとつの機能しか持たないクラスやモジュー

ルを作っていいのでしょうか。そんなことをしたら要求される仕様の処理ひとつずつに対してクラスをマッピングしていく必要が出てきそうです。

そもそも、責任というのは何に対するものなのでしょうか。そこから考える必要があります。ボブおじさんが書いたClean Architecture 達人に学ぶソフトウェアの構造と設計を見ると、このように書いてあります。

> モジュールはたったひとりのユーザーやステークホルダーに対して責務を負うべきである。
> モジュールを変更する理由はたったひとつだけであるべきである。
> モジュールはたったひとつのアクターに対して責務を負うべきである。

どうやら、アクターに対しての責任のようです。変更する理由もたったひとつと言っているので変更理由もアクターによるものと考えてよさそうです。また、アクターはたったひとりのユーザーやステークホルダーであるとも書かれています。

つまり、同じアクターの要求を受け入れるようにし、変更も同じアクターの都合によってのみ行われるべきと述べています。異なるアクターの要求を受け入れるモジュールは作らないこと、とも言えそうです。
いったんまとめてみます。

・同じアクターの要求を受け入れる
　モジュールやクラスは1つのアクターの目的や責任に応じた機能を持ち、そのアクターのために設計されるべきです。

・変更も同じアクターの都合にのみ行われる
　そのモジュールやクラスが変更される理由は、1つのアクターの要求や都合によるものでなければなりません。異なるアクターが同じモジュールに影響を与える場合、それは設計上の問題があることを示しています。

・異なるアクターの要求を受け入れるモジュールは作らない
　複数のアクターが要求をするモジュールは、変更の理由が複数になりがちで、システムの安定性や保守性が低下します。このため、モジュールはアクターごとに分けるべきです。

アクターを関心事と捉えた例

前述のように書いてみましたが、アクターをたったひとりのユーザーやステークホルダーと捉えると、少し具体的すぎるかもしれません。
そこで、以下のようにアクターを**関心事**として抽象度を上げて考えてみると、すっきり理解できる可能性があります。

> モジュールやクラスは1つの関心事の目的や責任に応じた機能を持ち、その関心事のために設計されるべきです。

このように捉えてみることで、1つのモジュールやクラスが複数の関心事を扱う場合の難しさが、より明確に理解できるでしょう。

単一責任の原則を破った例

次の「ShoppingCart」クラスは、商品の追加や削除、合計金額の計算、さらには支払い処理までを行います。

```
<?php

// 商品クラスの例
class Item
{
    public function __construct(private int $price) { }

    public function getPrice(): int
    {
        return $this->price;
    }
}

class ShoppingCart
{
    /** @var Item[] $items */
    private array $items = [];

    public function addItem(Item $item): void
    {
        $this->items[] = $item;
    }

    public function removeItem(Item $item): void
    {
        $this->items = array_filter($this->items,  fn(Item $v) => $v !== $item);
    }

    public function processPayment(string $paymentDetails): void
    {
        $total = $this->calculateTotal();

        echo "合計：{$total}円、{$paymentDetails} を使用して処理します。\n";
```

```
        // 実際の支払い処理ロジック...
    }

    private function calculateTotal(): int
    {
        return array_reduce(
            $this->items,
            fn($total, Item $item) => $total + $item->getPrice(),
            0
        );
    }
}

// 使用例
$cart = new ShoppingCart();
$item1 = new Item(100);
$item2 = new Item(50);

$cart->addItem($item1);
$cart->addItem($item2);
$cart->processPayment('現金');
```

このクラスは、以下の複数の責任を持っています。

1. 商品の追加と削除
2. カート内の合計金額の計算
3. 支払い処理

この設計では、

・商品管理方法
・合計金額の計算方法
・支払い方法

いずれかを変更したいとなった際に、このクラス全体に変更が必要になる可能性があります。異なる関心事が含まれています。これは単一責任原則に違反しています。

単一責任の原則に沿った例

```
<?php

class Item
{
```

```
    // 商品クラスは変更なし
}

// 商品コレクションクラス
class ItemCollection
{
    /** @var Item[] $items */
    private array $items = [];

    public function addItem(Item $item): void
    {
        $this->items[] = $item;
    }

    public function removeItem(Item $item): void
    {
        $this->items = array_filter($this->items, fn(Item $i) => $i !== $item);
    }

    public function getItems(): array
    {
        return $this->items;
    }
}

// 価格計算クラス
class PriceCalculator
{
    public function calculateTotal(ItemCollection $itemCollection): int
    {
        return array_reduce(
            $itemCollection->getItems(),
            fn(int $total, Item $item) => $total + $item->getPrice(),
            0
        );
    }
}

// ショッピングカートクラス
class ShoppingCart
{
    private ItemCollection $items;
    private PriceCalculator $calculator;

    public function __construct()
    {
```

```
        $this->items = new ItemCollection();
        $this->calculator = new PriceCalculator();
    }

    public function addItem(Item $item): void
    {
        $this->items->addItem($item);
    }

    public function removeItem(Item $item): void
    {
        $this->items->removeItem($item);
    }

    public function getTotal(): int
    {
        return $this->calculator->calculateTotal($this->items);
    }
}

// 支払い処理クラス
class PaymentProcessor
{
    public function processPayment(int $total, string $paymentDetails): void
    {
        echo "合計：{$total}円、{$paymentDetails} を使用して処理します。\n";
        // 実際の支払い処理ロジック...
    }
}

// 使用例
$item1 = new Item(100);
$item2 = new Item(50);

$cart = new ShoppingCart();

$cart->addItem($item1);
$cart->addItem($item2);

$total = $cart->getTotal();

$paymentProcessor = new PaymentProcessor();
$paymentProcessor->processPayment($total, '現金');
```

改善点

- ItemCollection クラス は商品の管理だけを行います

・PriceCalculatorクラス は合計金額の計算だけを行います
・ShoppingCartクラス はこれらを組み合わせてカートの機能を提供します
・PaymentProcessorクラス は支払い処理だけを行います

この分割により、各クラスが単一の責任のみを持つようになり、クラスごとに変更理由が明確になります。例えば、支払い方法を変更する場合はPaymentProcessorクラスだけを修正すればよく、ShoppingCartクラスやPriceCalculatorクラスには影響を与えません。このようにSRPに従うことで、保守性と拡張性が向上します。

今回シンプルな例を扱っているので依存関係が複雑ではありませんが、異なる関心事を扱うクラス（Aクラスとします）に対して依存しているクラスが複数あった場合を想像してみましょう。Aクラスに変更が入るたびに、たとえ自身に関係のないことでもAクラスに依存しているクラスのことを気にする必要が出てきてしまいます。「09-02 依存関係」での依存の向きを思い出してください。
SRPを適用することにより、変更による影響範囲を最小限に抑えることが可能になります。

懸念

アクター（関心事）でクラスを分けるとクラスが細かくなりがちです。クラスを細かく分けすぎるとメンテナンスコストが増えるため、合理的な粒度でクラスをまとめることも重要です。
アクターごとに分けるときも、複数のアクターが同一の操作を行う場合は、共通部分をうまく抽象化するなどのバランスが必要になってくるでしょう。
ただし、共通化する際にはあくまでアクターが異なるコードは分割して管理することが基本であり、処理が似ているからといって安易に共通化しないよう注意が必要です。

オープン・クローズドの原則

オープン・クローズドの原則とは、**OCP**（Open/Closed Principle）とも呼ばれ

> ソフトウェアの構成要素（クラス、モジュール、関数など）は、拡張に対しては開いており、修正に対しては閉じているべきである

という原則になります。これは、機能の追加は、動いているものは修正せずに拡張によってそれを実現せよと言っています。拡張はプラグインと同じようなものです。つまり、プラグインを受け入れられるようにして機能追加に備えよと言い方を変えることができるかもしれません。
では、どのように拡張に対して開いておくのかサンプルを見てみます。異なる支払い方法（クレジットカードやPayPalなど）を処理するシステムを設計します。

オープン・クローズドの原則を破った例

```
<?php

// PaymentProcessorクラス: 支払い処理
class PaymentProcessor
{
    public function processPayment(string $payment, int $amount): void
    {
        // 支払い方法ごとに条件分岐して、各支払い処理をここで行う
        if ($payment === 'credit_card') {
            // クレジットカードでの支払い処理
            echo "Paid $amount using Credit Card\n";
        } elseif ($payment === 'paypal') {
            // PayPalでの支払い処理
            echo "Paid $amount using PayPal\n";
        }
        // 新しい支払い方法が追加されるたびに、ここに条件が増える
    }
}

// 使用例
$processor = new PaymentProcessor();
$processor->processPayment('credit_card', 100);
$processor->processPayment('paypal', 150);
```

この例では、**PaymentProcessorクラス**が支払い方法ごとに条件分岐を行い、新しい支払い方法が追加されるたびにクラスの変更が必要になります。

問題点として、PaymentProcessorクラスが新しい支払い方法を追加するたびに変更される必要があり、修正に対して開かれているためOCPに違反しています。これでは支払い方法が増えるたびに条件分岐が増え、コードが複雑化します。

オープン・クローズドの原則に沿った例

```
<?php

// PaymentInterface: 支払い方法の共通インターフェイス
interface PaymentInterface
{
    public function pay(int $amount): void;
}

// CreditCardPaymentクラス: PaymentInterfaceを実装
```

```
class CreditCardPayment implements PaymentInterface
{
    public function pay(int $amount): void
    {
        echo "Paid $amount using Credit Card\n";
    }
}

// PayPalPaymentクラス: PaymentInterfaceを実装
class PayPalPayment implements PaymentInterface
{
    public function pay(int $amount): void
    {
        echo "Paid $amount using PayPal\n";
    }
}

// PaymentProcessorクラス: 支払い処理
class PaymentProcessor
{
    public function processPayment(PaymentInterface $payment, int $amount): void
    {
        // 各支払い方法のクラスが自身のpayメソッドを実装しているため、条件分岐が不要
        $payment->pay($amount);

        // その他の処理
    }
}

// 使用例
$creditCard = new CreditCardPayment();
$paypal = new PayPalPayment();

$processor = new PaymentProcessor();
$processor->processPayment($creditCard, 100);
$processor->processPayment($paypal, 150);
```

支払い方法を抽象（インターフェイス）として抽出し、**PaymentProcessorクラス**が抽象に依存するようにしています。

これは、PaymentProcessorクラスが支払い方法というものに対して、詳細（具体）に扱わなくて済むようになったことを表しています。

もしも〜だったら、〜するという詳細を、〜してくれるものという抽象で捉えそれに依存するということです。詳細を抽象（インターフェイス）として抽出することに

よって詳細の変更を気にしなくて済むようになります。自身が知っているものを最小限にするということにも繋がります。

改善点

- PaymentProcessorクラスが具体的な支払い方法に依存せず、Paymentインターフェイスだけを使っているため、新しい支払い方法を追加する際にこのクラスを変更する必要がありません
- 支払い方法を追加する場合は、Paymentインターフェイスを実装する新しいクラスを作成するだけで拡張が可能です
- 各支払い方法が自身の支払い処理ロジック（payメソッド）を持つため、コードがシンプルで保守しやすくなります

ここまで見て、修正している箇所があるじゃないかと思われたかもしれません。そうです、変更せずに振る舞いを変えることは不可能です。ここで大事なことは、変更されにくいもの（安定度が高い）と変更されやすいもの（安定度が低い）に分けて考えるということです。安定度が低いものは抽象にして、安定度が高いものは抽象に依存するというのがポイントです。

リスコフの置換原則

リスコフの置換原則とは、**LSP**（Liskov Substitution Principle）とも呼ばれ

> 直感的な考えでは、「サブタイプ」のオブジェクトは別の型（「スーパータイプ」）のオブジェクトのすべての振る舞いと、更に別の何かを備えたものである。ここで必要とされるものは、以下に示す置換の性質のようなものだろう：
>
> 型Sの各オブジェクトo1に対し、型Tのオブジェクトo2が存在し、Tに関して定義されたすべてのプログラムPがo1をo2で置き換えても動作を変えない場合、SはTのサブタイプである。

という原則になります。と言われてもちょっとよくわかりませんね。簡単に言い表すと、

> サブタイプSは、スーパータイプTと置換可能であるべき
> （派生型は基本型と置換可能であるべき）

となります。要は、サブクラス（具象）は、親クラス（抽象）としてもそのまま振る舞えないといけないということです。

すこし具体的に言うと、抽象に依存しているクラスAがあったとして、クラスAは抽象を実装している具象が入れ替わっても、クラスAは何も意識することなく抽象を使えるようになっていることを保証せよと言っています。

▼抽象を実装している具象が入れ替わっても動作を保証する

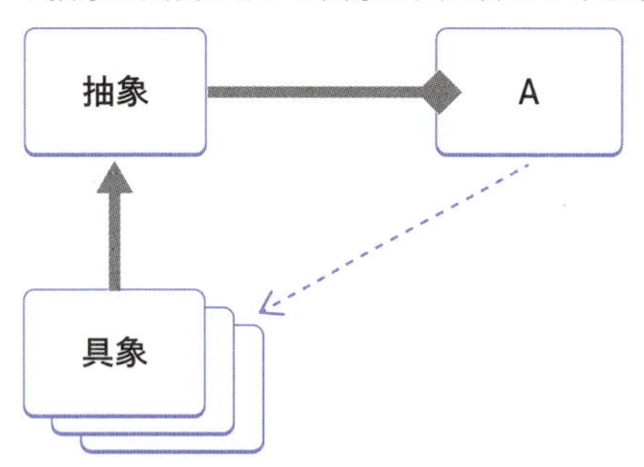

これは基底クラスやAbstractクラスに限った話ではありません。Interfaceにも言えることです。

事前条件と事後条件

リスコフの置換原則では、置換可能であるということを保証する以外に知っておくポイントがあります。

それが、**事前条件**と**事後条件**です。（他にも不変条件の維持や派生型で独自の例外を投げてはならないというものがありますが本書では割愛します）

・事前条件
　メソッドが呼び出される前に満たされるべき条件
　サブクラスは、親クラスよりも厳しい事前条件を追加してはならない

・事後条件
　メソッドが実行された後に必ず満たされるべき条件
　サブクラスは、親クラスの事後条件を強化してはならない（緩和は可能）

リスコフの置換原則をまとめると以下のようになるでしょう。

・サブクラスが親クラスの契約を破らないこと
　サブクラスは親クラスの機能をすべてサポートし、拡張するだけであって、削除や変更をしてはならない。

・期待される振る舞いの一貫性を守ること
　サブクラスは親クラスで期待される振る舞いを変えないように設計されている必要がある。

したがって、LSPは「サブクラスが親クラスとしての役割を正しく果たし続けること」を求めるルールと言えそうです。

リスコフの置換原則を破った例

リスコフの置換原則を破る有名な例として、正方形、長方形問題というのがあります。

```
<?php

// 親クラス: 長方形
class Rectangle
{
    public function __construct(protected int $width, protected int $height)
    {
        if ($width <= 0 || $height <= 0) {
            throw new InvalidArgumentException('幅と高さは正の整数である必要があります。');
        }
    }

    public function setWidth(int $width): void
    {
        if ($width <= 0) {
            throw new InvalidArgumentException('幅は正の整数である必要があります。');
        }
        $this->width = $width;
    }

    public function setHeight(int $height): void
    {
        if ($height <= 0) {
            throw new InvalidArgumentException('高さは正の整数である必要があります。');
        }
        $this->height = $height;
    }

    public function getArea(): int
    {
        return $this->width * $this->height;
    }
}

// サブクラス: 正方形
class Square extends Rectangle
{
    public function setWidth(int $width): void
    {
        parent::setWidth($width);
```

```
        $this->height = $width; // 事後条件の違反: 高さも変更している
    }

    public function setHeight(int $height): void
    {
        parent::setHeight($height);
        $this->width = $height; // 事後条件の違反: 幅も変更している
    }
}
```

このようなクラスがあり、Rectangleに依存する関数があるとします。

```
// Rectangleクラスのインスタンスを受け取り、幅と高さを固定値で変更して面積を出力
function printArea(Rectangle $rectangle): void
{
    $rectangle->setWidth(5);
    $rectangle->setHeight(10);
    echo '面積: ' . $rectangle->getArea() . PHP_EOL;
}
```

この関数を利用する側は、長方形の面積を出してくれるはずだと期待しているわけです。ですが、RectangleにSquareのインスタンスが渡されていたらどうなるでしょうか。

おそらく期待する結果とはならないでしょう。それに気づいたprintAreaの実装者はこうするかもしれません。

```
function printArea(Rectangle $rectangle, int $width, int $height): void
{
    if ($rectangle instanceof Square) {
        $rectangle->setWidth(5);
    } else {
        $rectangle->setWidth(5);
        $rectangle->setHeight(10);
    }

    echo '面積: ' . $rectangle->getArea() . PHP_EOL;
}
```

抽象を利用する側が、具象を確認して利用するようになっています。これを許してしまうと、この先if文がロジックの中に多く記述されるようになり、メンテナンスをする際の負荷に繋がります。

何も意識することなく抽象を使えるようになっていること、というリスコフの置換原則に違反しています。

今回のサンプルで原則違反となっているのは以下のとおりです。

・事後条件の違反

親クラス Rectangle の setWidth および setHeight メソッドは、それぞれ幅と高さを単独で設定することを前提としています。

しかし、サブクラス Square では、setWidth を呼び出すと高さも同時に変更され、setHeight を呼び出すと幅も同時に変更されます。

これは、親クラスのメソッドが持つ事後条件（メソッド実行後に満たされるべき条件）を変更しており、親クラスの契約を破っています。

その結果、Square は Rectangle の置き換えとして期待通りに機能しません。

なお、Square クラスの setWidth および setHeight メソッドは、親クラスと同じく引数に正の整数を要求しており、事前条件は満たされています。

サンプルが少し強引かもしれませんが、似たようなケースを見たことがある方は多いのではないかと思います。

リスコフの置換原則に沿った例

```php
<?php

// インターフェイス: 図形
interface Shape
{
    // 振る舞い: 面積を返す
    public function getArea(): int;
}

// 長方形クラス
class Rectangle implements Shape
{
    public function __construct(private int $width, private int $height)
    {
        if ($width <= 0 || $height <= 0) {
            throw new InvalidArgumentException('幅と高さは正の整数である必要があります。');
        }
    }

    public function setWidth(int $width): void
    {
        if ($width <= 0) {
            throw new InvalidArgumentException('幅は正の整数である必要があります。');
        }
        $this->width = $width;
    }
```

```
    public function setHeight(int $height): void
    {
        if ($height <= 0) {
            throw new InvalidArgumentException('高さは正の整数である必要があります。');
        }
        $this->height = $height;
    }

    public function getArea(): int
    {
        return $this->width * $this->height;
    }
}

// 正方形クラス
class Square implements Shape
{
    public function __construct(private int $side)
    {
        if ($side <= 0) {
            throw new InvalidArgumentException('辺の長さは正の整数である必要があります。');
        }
    }

    public function setSide(int $side): void
    {
        if ($side <= 0) {
            throw new InvalidArgumentException('辺の長さは正の整数である必要があります。');
        }
        $this->side = $side;
    }

    public function getArea(): int
    {
        return $this->side * $this->side;
    }
}

// Shapeインスタンスを受け取り、面積を出力
function printArea(Shape $shape): void
{
    echo '面積: ' . $shape->getArea() . PHP_EOL;
}
```

改善点

- 共通インターフェイス Shape を作成し、面積を計算する getArea() メソッドを実装
- Rectangle と Square は独立したクラスとし、共通の振る舞いだけを持たせる
- Square クラスは Rectangle を継承せず、独自に実装することで、正方形の特性に沿った動作を維持

これにより、リスコフの置換原則を守りながら、それぞれのクラスの正しい振る舞いを維持できます。

継承を使うパターンよりもインターフェイスを用意して実装クラスを作成するほうが手間に感じるかもしれませんが、間違った継承をされている抽象に依存することによるデメリットと比べると、インターフェイスに依存するメリットのほうが大きいでしょう。

抽象クラスを利用する側が、何も意識することなく抽象を扱えることが大事なのです。

インターフェイス分離の原則

インターフェイス分離の原則とは、**ISP**（Interface Segregation Principle）とも呼ばれ

> クライアントに、クライアントが利用しないメソッドへの依存を強制してはならない

という原則になります。インターフェイスはクライアント（利用者）の目的に応じて分割されるべきであり、各クライアントが必要とするメソッドだけを持つインターフェイスを提供するべきという考え方です。つまり、大きなインターフェイスを用意して多数のクライアントを相手にするのではなく、各クライアントに対して必要最低限のインターフェイスを用意しなさいと言っています。

また、インターフェイスがあるということはそれを実装するクラスもあるということです。あるクラスが大きなインターフェイスを実装しているとき、そのクラスが使用しないメソッドへの依存を強制されてしまいます。これにより、不要なメソッドの実装や、空実装、例外の投げ捨てなどが発生し、コードの品質や保守性が低下します。インターフェイスの利用者には実装クラスも含まれていると考えるとよいでしょう。

また、Interfaceだけではなく基底クラスやAbstractクラスにも当てはまります。

インターフェイス分離の原則を破った例

一般ユーザー（RegularUser）、**編集者**（EditorUser）、**管理者**（AdminUser）の3種類のユーザーが存在し、それぞれでコンテンツに対して許可されている操作

があるとします。

まず、このように大きなインターフェイスが定義されているとします。

```
<?php

interface UserOperationInterface
{
    public function viewContent(): void;
    public function editContent(): void;
    public function deleteContent(): void;
}
```

この UserOperationInterface は、すべての操作を含んでいますが、実際にはユーザーごとに許可されている操作が異なります。

▼一般ユーザーの実装例

```
class RegularUser implements UserOperationInterface
{
    public function viewContent(): void
    {
        echo "コンテンツを閲覧します。\n";
    }

    public function editContent(): void
    {
        // 一般ユーザーは編集権限がない
        throw new BadMethodCallException('編集権限がありません。');
    }

    public function deleteContent(): void
    {
        // 一般ユーザーは削除権限がない
        throw new BadMethodCallException('削除権限がありません。');
    }
}
```

▼編集者の実装例

```
class EditorUser implements UserOperationInterface
{
    public function viewContent(): void
    {
        echo "コンテンツを閲覧します。\n";
    }
```

```
    public function editContent(): void
    {
        echo "コンテンツを編集します。\n";
    }

    public function deleteContent(): void
    {
        // 編集者は削除権限がない
        throw new BadMethodCallException('削除権限がありません。');
    }
}
```

▼管理者の実装例

```
class AdminUser implements UserOperationInterface
{
    public function viewContent(): void
    {
        echo "コンテンツを閲覧します。\n";
    }

    public function editContent(): void
    {
        echo "コンテンツを編集します。\n";
    }

    public function deleteContent(): void
    {
        echo "コンテンツを削除します。\n";
    }
}
```

このように、RegularUser クラス、EditorUser クラスは自身が使用しないメソッドへの実装を強制されています。サンプルでは例外を投げていますが、空実装を行うこともあるかもしれません。

他の問題点としては以下が挙げられます。

- 保守性が低下する
  インターフェイスに変更があると、影響を受けるクラスが増える
  それらクラスに依存するクラスにも影響が伝播するということである

- 誤った使い方をされてしまう可能性がある
  クライアントが誤ってサポートされていない機能を呼び出す可能性がある

インターフェイス分離の原則に沿った例

この問題を解決するために、インターフェイスを必要な機能ごとに分割します。ここでは許可されている操作に着目してインターフェイスを分けています。

```
<?php

interface Viewable
{
    public function viewContent(): void;
}

interface Editable
{
    public function editContent(): void;
}

interface Deletable
{
    public function deleteContent(): void;
}
```

これらの小さなインターフェイスを必要に応じて組み合わせ、ユーザークラスを実装します。

▼一般ユーザーの実装例

```
class RegularUser implements Viewable
{
    public function viewContent(): void
    {
        echo "コンテンツを閲覧します。\n";
    }
}
```

▼編集者の実装例

```
class EditorUser implements Viewable, Editable
{
    public function viewContent(): void
    {
        echo "コンテンツを閲覧します。\n";
    }

    public function editContent(): void
    {
```

```
        echo "コンテンツを編集します。\n";
    }
}
```

▼管理者の実装例

```
class AdminUser implements Viewable, Editable, Deletable
{
    public function viewContent(): void
    {
        echo "コンテンツを閲覧します。\n";
    }

    public function editContent(): void
    {
        echo "コンテンツを編集します。\n";
    }

    public function deleteContent(): void
    {
        echo "コンテンツを削除します。\n";
    }
}
```

クライアント（利用者）は、必要な機能を持つインターフェイスを要求し、そのインターフェイスを実装したクラスだけを扱うようにします。

```
function edit(Editable $user): void
{
    $user->editContent();
}

// ユーザーの作成
$regularUser = new RegularUser();
$editorUser = new EditorUser();
$adminUser = new AdminUser();

// 編集操作の実行
edit($editorUser);
edit($adminUser);

// 型エラーで利用を防げる
// edit($regularUser);
```

改善点

・インターフェイスの細分化
　大きな UserOperationInterface を、機能ごとの小さなインターフェイスに分割

・不要な実装の排除
　クラスはサポートする機能だけを実装し、自身に必要のないメソッドの実装を不要とした

・クライアントによる誤った使い方を防止
　クライアントは必要な機能を持つインターフェイスにのみ依存することができるため

・保守性と拡張性の向上
　新しい権限やユーザーの種類を追加する際も、既存のコードへ影響を与えずに拡張可能

要は、役割を明確にして機能を分けたということになります。機能は持ちすぎず、不必要なメソッドの実装など、知らなくていいものは知らないように分離するのです。
これがインターフェイス分離の原則で言っていることです。

依存性逆転の原則

依存性逆転の原則とは、**DIP**（Dependency Inversion Principle）とも呼ばれ

> 上位モジュールはいかなるものも下位モジュールから持ち込んではならない。双方とも抽象に依存するべきである。
> 抽象は詳細に依存してはならない。詳細が抽象に依存するべきである。

という原則になります。この原則も文章だけを見て理解するのは難しいと思うので、具体的に説明します。

抽象と詳細

依存性逆転の原則でいう**「抽象」**とは、インターフェイスや抽象クラスなど、具体的な実装に依存しない、それが何であるかを定義したものを指します。一方、**「詳細」**とは、実際の処理内容が書かれた具体的な実装クラスや、具象クラスそのものです。
例えば、PaymentInterfaceというインターフェイスが「抽象」であり、そのインターフェイスを実装するCreditCardPaymentやPayPalPaymentが「詳細」です。

上位と下位

上位モジュールの**「上位」**とは、システムの中でビジネスルールや重要な決定を行う部分を指します。

下位モジュールの**「下位」**は、上位の決定やビジネスルールを実現するための技術的な仕組みや処理を担う部分です。

言い方を変えると、「上位」は「方針、目的(What)」であり、「下位」は「実装の詳細(How)」となります。

方針は基本的には変わりにくいものですが、実装の詳細は変わりやすいものです。どのデータを保存するか、そのデータをどこにどうやって保存するか、どちらを修正することが多いか想像してみましょう。

改めて考察する

> 上位モジュールはいかなるものも下位モジュールから持ち込んではならない。双方とも抽象に依存するべきである。

これは上位にあるモジュールが、下位にあるモジュールの知識を持ち込んではならないと言っています。つまり、上位モジュールは下位モジュールに依存してはならないと述べています。

例えば、上位モジュールがデータをファイルに保存する処理を行う下位モジュールに依存していた場合、データの保存先がデータベースに変更された際、上位モジュールにも修正が必要となります。これを避けるために、上位と下位は直接依存しないように設計する必要があるわけです。

では、どのように上位モジュールが下位モジュールに依存しないようにすればいいのでしょうか。素直に実装すると、どうしても上位から下位への依存が発生しそうです。ここで、「双方とも抽象に依存するべきである」という原則と、もう一つのルールを見てみましょう。

> 抽象は詳細に依存してはならない。詳細が抽象に依存するべきである。

上位モジュールと下位モジュールは双方とも抽象に依存するべきである。というのと、詳細が抽象に依存するべきであると述べられています。ここで抽象が出てくるわけです。難しく考えずに言ってしまうと、「変わりにくいものと変わりやすいものに分けて、お互いに抽象で会話しよう。」ということになります。

変わりにくいというのは安定度が高いとも言え、変わりやすいというのは安定度が低いとも言えます。安定度が低いものに直接依存しないように、抽象を利用してやり取りをするというのがポイントです。

もちろん、すべてを抽象でやり取りするのは現実的ではありません。重要なのは、変わりやすいものに直接依存しないことです。安定している部分や変わりにくい具象クラスに依存するのは問題ありません。

（とはいえ、何が変わりやすく、何が変わりにくいのかを見極めるのは最も難しいことかもしれません。）

依存性逆転の原則を破った例

以下の例では、上位モジュールが直接、下位モジュールに依存しているため、依存性逆転の原則を破っています。

```php
<?php

class FileStorage
{
    public function save(string $data): void
    {
        // データをファイルに保存する処理
        echo "ファイルに $data を保存しました。\n";
    }
}

class DataProcessor
{
    private FileStorage $storage;

    public function __construct()
    {
        // ここで直接依存
        $this->storage = new FileStorage();
    }

    public function process(string $data): void
    {
        // データ処理後、保存
        $this->storage->save($data);
    }
}

$processor = new DataProcessor();
$processor->process('Sample Data');
```

上位モジュール（DataProcessorクラス）が下位モジュール（FileStorageクラス）

に直接依存しています。このため、保存先が変更された場合に上位モジュールも修正が必要となり、依存性逆転の原則を破っています。

▼上位モジュールが下位モジュールに直接依存

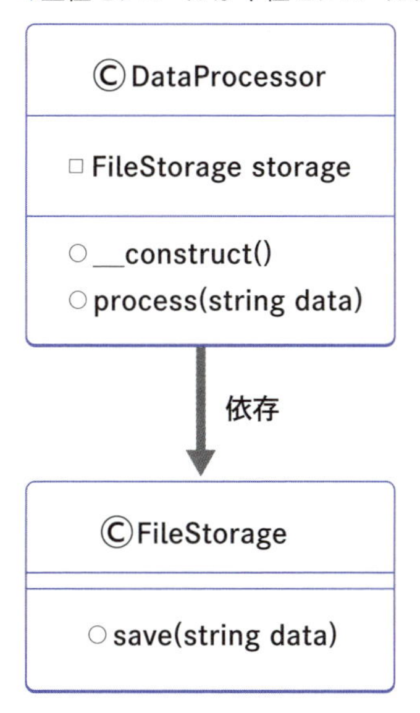

依存性逆転の原則に沿った例

```
<?php

interface StorageInterface
{
    public function save(string $data): void;
}

class FileStorage implements StorageInterface
{
    public function save(string $data): void
    {
        // データをファイルに保存する処理
        echo "ファイルに $data を保存しました。\n";
    }
}

class DatabaseStorage implements StorageInterface
{
    public function save(string $data): void
```

01 02 03 04 05 06 07 08 09 10 11 12 13 Part 03

```
    {
        // データをデータベースに保存する処理
        echo "データベースに $data を保存しました。\n";
    }
}

class DataProcessor
{
    // 依存性の注入 (Dependency Injection)
    public function __construct(private StorageInterface $storage) { }

    public function process(string $data): void
    {
        // データ処理後、保存
        $this->storage->save($data);
    }
}

// 使用するストレージを変更するだけでOK
$processor = new DataProcessor(new FileStorage());
$processor->process('Sample Data');

$processor = new DataProcessor(new DatabaseStorage());
$processor->process('Sample Data');
```

依存性逆転の原則を適用すると、上位モジュールと下位モジュールが共に抽象(StorageInterface)に依存するようになります。これにより、下位モジュールの変更が上位モジュールに影響を与えにくくなります。

▼上位モジュールと下位モジュールが共に抽象に依存

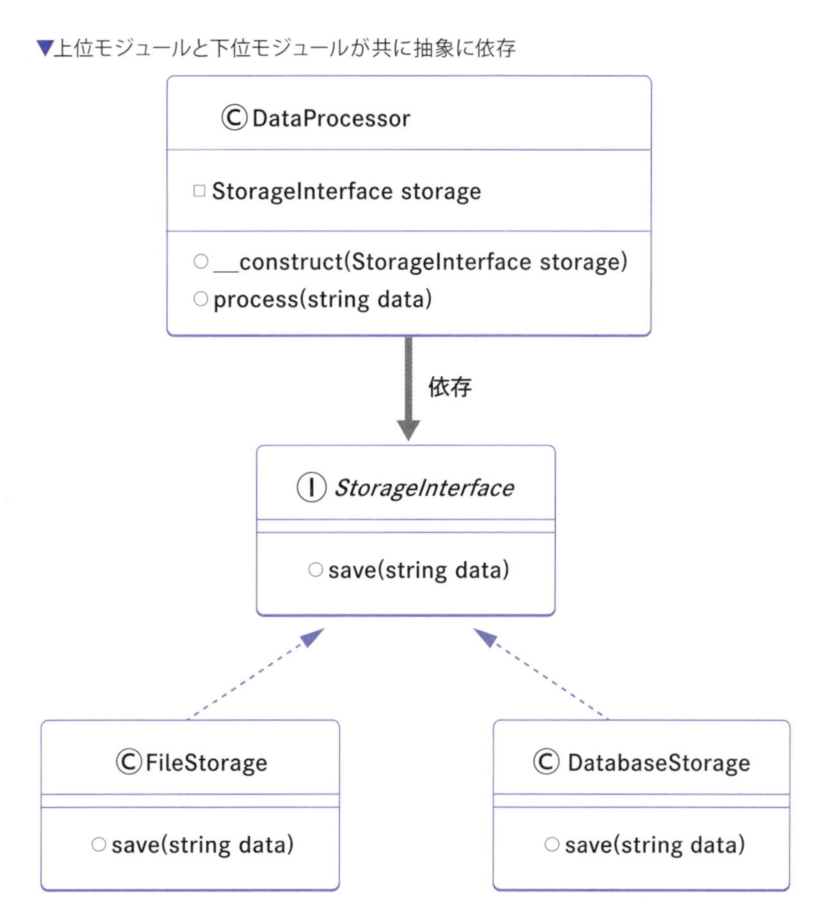

改善点

・柔軟性の向上
上位モジュールが下位モジュールの実装に依存しないため、実装を簡単に変更できます。

・拡張性
新しい保存方法（例：クラウドストレージ）を追加しても、上位モジュールを変更せずに済みます。

・保守性
コードが明確に分離されているため、修正箇所が少なくなり、エラーのリスクも減ります。

01 02 03 04 05 06 07 08 09 10 11 12 13 Part 03

拡張性

拡張性が改善したと書きましたが、ここをもう少し深堀りしてみたいと思います。

```
// 依存性の注入（Dependency Injection）
public function __construct(private StorageInterface $storage) { }
```

サンプルコードで、インターフェイスをコンストラクタで渡すようにしています。

これを**依存性の注入**（Dependency Injection）、**DI**と呼びます。**依存性逆転の原則**（Dependency Inversion Principle）、**DIP**と非常に似ていますが厳密には違います。

DIとDIPはよく混同されがちですが、DIはDIPを実現するための具体的な手段の一つです。DIを使うことで、DIPが示す「上位モジュールは下位モジュールに依存せず、双方が抽象に依存する」という設計を具体的に実装できます。DIPは依存の向きを規定する設計原則であり、DIは依存関係を外部から注入する設計パターンです。

DIのメリットを説明すると以下になります。

・新しい機能の追加が容易
DIによって、クラスの依存関係を外部から注入するため、新しい保存方法（例えば、クラウドストレージやキャッシュシステムなど）を追加する際に、既存の上位モジュールを変更せずに済みます。新しいクラスをStorageInterfaceに従って実装し適切に注入するだけで、拡張が可能です。

・設定の柔軟性
実行時にどの依存を使うかを決定できるため、環境に応じた設定（開発環境ではファイル保存、本番環境ではデータベース保存など）を容易に切り替えられます。これにより、開発と運用の環境設定を簡単に管理できるようになります。

・モジュール間の疎結合
DIを使うことで、モジュール間の結合度が下がり、個々のモジュールが他のモジュールに対して独立して動作できるようになります。これにより、各モジュールが独立してテストやメンテナンスが可能となり、コードの保守性が向上します。

・テストが容易
DIにより依存を外部から注入するため、モックやスタブを使って依存を差し替えやすくなります。テスト対象クラスの依存を置き換えることで、特定の条件下での動作が検証しやすくなります。

循環依存の解決

依存性逆転の原則は、方針を詳細に依存させないように依存の向きを逆転させる手法ですが、もう少し抽象度を上げると依存の向きを好きにコントロールする手法とも言えます。

このことは、循環依存の解決にも使える考え方です。

▼循環依存

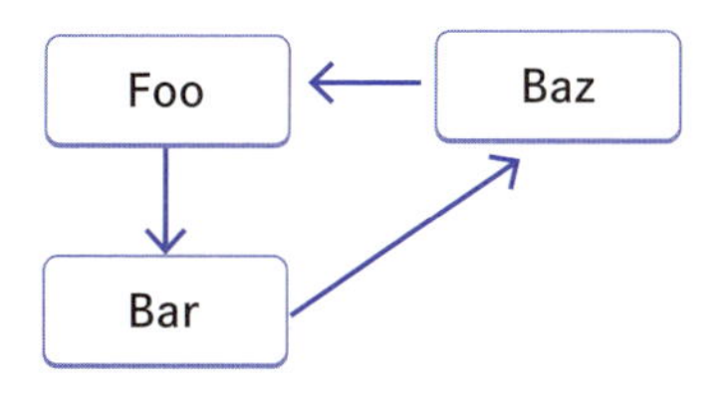

Barが Bazを利用するとなった場合を考えてみましょう。

この図のように、循環依存（依存先をたどると自分に戻ってこれる）になってしまいます。循環依存は複雑さを生むので避けたいです。

なぜ循環依存を避けたいのかというと、変更が入ると伝播するからです。もしかすると、Bazの変更がBarに伝播してFooに伝播するかもしれません。

▼循環依存による変更の伝播

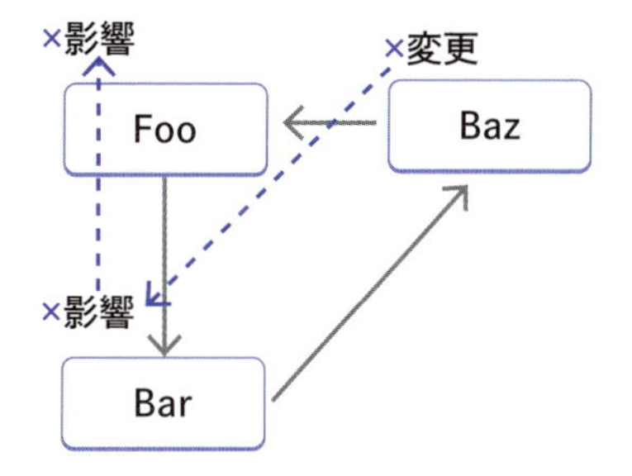

この状況を以下のように解決します。

- Barが依存するメソッドをインターフェイスとして用意
- Bazがインターフェイスに沿って実装
- Barはインターフェイスに依存
- 循環依存しているものを**有向非循環グラフ**(DAG)に戻す
  依存先をたどっても、自分に戻らない

▼変更の伝播の解決

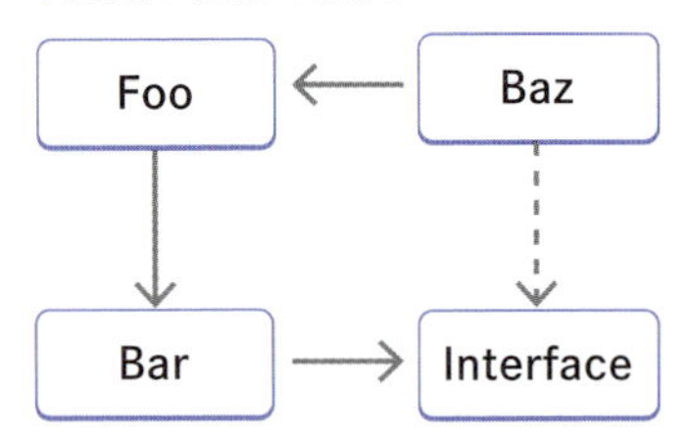

Bazがインターフェイスの約束事を守っている限り、Bazの変更はBarに伝播しないことになります。(「09-02 依存関係」で説明したことを思い出してください。)

このように、依存性逆転の原則を守ると、変わると困るもの、影響を受けたくないもの、変わりやすいものに直接依存しないように依存の向きを整理することが可能になります。依存を注入することや依存を差し替え可能にするという手段と混同されがちですが、依存の向きを整理するための設計原則です。

依存性逆転の原則は、レイヤードアーキテクチャの一種である**クリーンアーキテクチャ**や**ヘキサゴナルアーキテクチャ**などを理解するうえで非常に大切となる考え方のひとつになります。

SOLID原則のまとめ

SOLID原則は、5つの基本的な設計原則をまとめたもので、ソフトウェアの保守性、拡張性、柔軟性を高めるための指針となります。これらの原則はモジュール間の**疎結合**と**高凝集**を実現し、変更に強く理解しやすいソフトウェア設計を可能にします。

- 疎結合
  モジュール間の依存関係を最小限に抑えることで、変更の影響範囲を限定し、システム全体の柔軟性と保守性を高めます。

- 高凝集
  モジュール内部の関連性を高め、1つの責任や機能に集中させることで、モジュールの理解と再利用が容易になります。

各原則は互いに関連しており、1つの原則を守ることで他の原則の効果も得られる場合があります。

以下は、各原則の概要とそれらの関連性をまとめたものになります。

各原則間の関連性

▼疎結合・凝集度との関係

原則名	ポイント	疎結合・凝集度との関係	関連する原則
単一責任の原則 (SRP)	・変更理由を一つに限定 ・クラスの目的を明確化	・高凝集を実現 ・責任が明確なため他モジュールとの依存が減る	OCP: 変更が局所化 ISP: インターフェイスの責任範囲も限定
オープン・クローズドの原則 (OCP)	・新機能追加時に既存コードを変更しない ・継承やポリモーフィズムを活用	・疎結合を促進 ・変更の影響範囲を最小化	LSP: サブクラスの互換性 DIP: 抽象に依存して拡張性を確保
リスコフの置換原則 (LSP)	・サブクラスが親クラスの契約を守る ・一貫した振る舞いを提供	・疎結合を維持 ・クライアントコードがサブクラスを意識しない	OCP: 拡張時の互換性を保証 DIP: 抽象との互換性
インターフェイス分離の原則 (ISP)	・必要な機能だけを提供	・高凝集のインターフェイス ・不要な依存を排除	SRP: 責任の限定 DIP: 抽象の適切な設計
依存性逆転の原則 (DIP)	・依存関係を逆転させる ・抽象化されたインターフェイスに依存	・疎結合を強化 ・モジュール間の独立性を高める	OCP: 拡張性の確保 LSP: 置換可能な実装

▼1. 単一責任の原則 (Single Responsibility Principle, SRP)

- 高凝集を実現し、クラスやモジュールが明確な目的を持つようにします。
- 責任が限定されるため、他のモジュールとの依存関係 (結合度) が減少し、結果として疎結合が促進されます。
- ISPと連携して、インターフェイスの責任範囲も限定することで、設計の一貫性を保ちます。

▼2. オープン・クローズドの原則 (Open/Closed Principle, OCP)

- 疎結合を実現するために、モジュール間の依存を抽象化します。
- DIPを適用して上位モジュールと下位モジュールが抽象に依存することで、拡張時に既存コードの修正を不要にします。
- LSPにより、サブクラスの互換性を保証し、拡張時の問題を防ぎます。

▼3. リスコフの置換原則 (Liskov Substitution Principle, LSP)

- サブクラスが親クラスと置換可能であることで、クライアントコードが特定の

01 02 03 04 05 06 07 08 09 10 11 12 13 Part 03

実装に依存せず、疎結合を維持します。
- OCPと連携して、サブクラスの追加による拡張性を高めます。
- DIPにおける抽象と具体の関係性を正しく保つための基盤となります。

▼4. インターフェイス分離の原則（Interface Segregation Principle, ISP）
- インターフェイスを分割し、各クライアントが必要とする最小限の機能だけに依存することで、高い凝集度を持つインターフェイスを提供します。
- 不要な依存を排除し、クライアントと実装クラス間の疎結合を強化します。
- SRPと連携して、クラスやモジュールの責任範囲を明確にします。

▼5. 依存性逆転の原則（Dependency Inversion Principle, DIP）
- モジュール間の依存を具体的な実装から抽象へと逆転させ、上位モジュールと下位モジュールの疎結合を実現します。
- OCPを支え、拡張時に既存の上位モジュールを変更せずに済む設計を可能にします。
- LSPによって、抽象に依存する際のサブクラスの互換性が保証されます。

デザインパターンとの関連

SOLID原則を適用することで、自然と**デザインパターン**も活用されるようになります。デザインパターンは、繰り返し現れる設計上の問題に対する再利用可能な解決策を提供するものです。

具体的には以下の例が挙げられます。

▼OCPとストラテジーパターン（Strategy Pattern）
- OCPが求める「拡張に対して開かれている」を実現するために、ストラテジーパターンを活用します。
- ストラテジーパターンは、アルゴリズムをカプセル化し、動的に交換できるようにするデザインパターンです。
- これにより、新しい要件に対して柔軟に対応でき、既存のコードを修正する必要がなくなります。

SOLID原則を守ることは、デザインパターンを効果的に活用することにつながります。設計上の問題や課題に対してSOLID原則を適用すると、自然とデザインパターンが使用されるようになります。これは、デザインパターンがSOLID原則を具体的に実装するための手段でもあり、両者が密接に関連しているからです。

デザインパターンは必ずしも実装のロジックに対するパターンではなく、設計（デザイン）に対するパターンと言えることが分かると思います。

まとめ

ソフトウェア設計においては、各原則を個別に適用するだけでなく、相互の関連性を理解し、バランスよく組み合わせることが重要です。これにより、変更に強く、理解しやすいシステムを構築することが可能になります。冒頭にも書きましたが、SOLID原則は、ソフトウェアを設計するうえでの指針となるものです。設計上の判断に迷ったときは、ぜひSOLID原則に立ち戻ってみてください。SOLID原則に従い、**疎結合**と**高い凝集度**を意識して設計することで、あなたのソフトウェアは大幅に改善されるでしょう。

コラム

疎結合の指標は「消しやすさ」？

疎結合になっているかどうか、判断に迷うことがあるかもしれません。そんなとき、ひとつの基準として「消しやすさ」を考えてみてはどうでしょうか？疎結合なモジュールやクラスは、システムの他の部分と強く結びついておらず、削除や差し替えが容易です。不要になった機能を削除しても、他の箇所への影響が少なくて済むのなら、それは疎結合であるといえるでしょう。

Section 09-04

アーキテクチャパターンとアンチパターン

アーキテクチャパターンの理解とアーキテクチャ選定の重要性について学びます。

このセクションのポイント

1. アーキテクチャパターン（MVC、レイヤードアーキテクチャなど）の理解
2. 各アーキテクチャパターンの適用例とメリット・デメリットの分析
3. アンチパターンと設計時の注意点

MVC

MVC（Model-View-Controller）は、ソフトウェア設計におけるアーキテクチャパターンの1つで、ユーザーインターフェイスとビジネスロジックを分離するための手法です。このパターンは、以下の3つのコンポーネントから構成されます。

- Model（モデル）
  ビジネスロジックやデータ操作を担当します。データベースとのやり取りやデータの保存、更新、取得といった操作を行います。また、ビジネスルールの適用や状態管理など、アプリケーションの中心的な処理がここで行われます。

- View（ビュー）
  ユーザーに情報を表示し、ユーザーからの入力を受け取ります。主にUIの描画やユーザーとのインタラクションを担当します。

- Controller（コントローラー）
  ユーザーからのリクエストを受け取り、モデルとビューを適切に呼び出して処理の流れを制御します。たとえば、フォームから送信されたデータをモデルに渡し、その結果をビューに表示する、といった流れを管理します。

▼MVCの役割

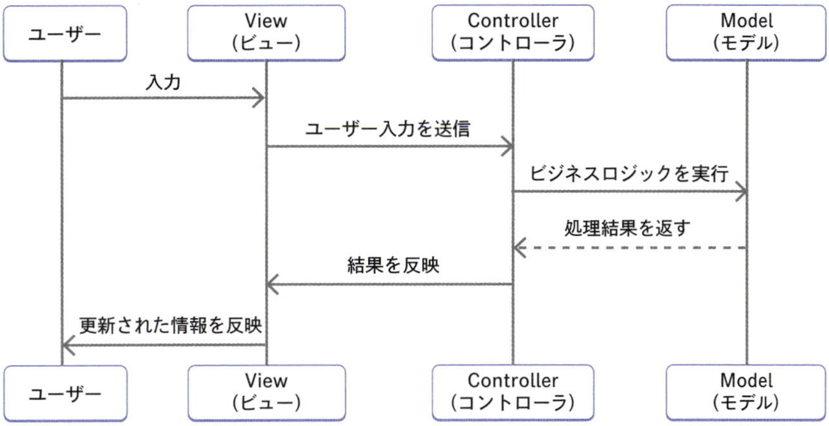

ユーザー
View (ビュー)
Controller (コントローラ)
Model (モデル)
入力
ユーザー入力を送信
ビジネスロジックを実行
処理結果を返す
結果を反映
更新された情報を反映
ユーザー
View (ビュー)
Controller (コントローラ)
Model (モデル)

簡単なMVC実装例

▼モデル (Model)

```
<?php
class PostModel
{
    public function getPosts(): array
    {
        // 実際にはデータベースから取得します
        return [
            ['title' => '最初の投稿', 'content' => 'こんにちは、世界！'],
            ['title' => '二番目の投稿', 'content' => 'PHPは楽しいです。']
        ];
    }
}
```

▼ビュー (View)

```
<?php
class PostView
{
    public function render(array $posts): void
    {
        foreach ($posts as $post) {
            echo "<h2>{$post['title']}</h2>";
            echo "<p>{$post['content']}</p>";
        }
    }
}
```

▼コントローラー（Controller）

```
<?php
class PostController
{
    public function __construct(private PostModel $model, private PostView $view) { }

    public function displayPosts(): void
    {
        $posts = $this->model->getPosts();
        $this->view->render($posts);
    }
}
```

▼使用例

```
$model = new PostModel();
$view = new PostView();
$controller = new PostController($model, $view);
$controller->displayPosts();
```

このようにアプリケーションをシンプルに構築できます。しかし、昨今の開発ではビューでHTMLを返すことは少なく、バックエンドはAPIに特化してJSONを返すことが多くなっています。フロントエンドがViewライブラリ（例えばReactやVue）を使用するケースが増え、バックエンドはデータを提供するAPIサーバーとしての役割が強まっています。そのため、ビューはJSON形式のデータを返すだけのシンプルなものになることが多いです。

▼JSONを返すビューの例

```
<?php
class PostView
{
    public function render(array $posts): void
    {
        header('Content-Type: application/json; charset=utf-8');
        echo json_encode($posts);
    }
}
```

メリットとデメリット

▼メリット

- 責務の分離
  モデル、ビュー、コントローラーがそれぞれ異なる役割を持つため、コードの可読性と保守性が向上します。各要素が独立していることで、変更の影響範囲が限定され、メンテナンスが容易になります。

・再利用性の向上
モデルやビューが独立しているため、異なるコントローラーで再利用できる設計が可能です。例えば、同じモデルを異なるビジネスロジックで活用でき、開発効率の向上に貢献します。

・テストの容易さ
ビジネスロジックをモデルに切り離すことで、単体テストが容易になります。たとえば、コントローラーやビューを変更せずに、モデルのロジックのみをテストすることが可能なため、バグ検出や修正が迅速に行えます。

・開発効率の向上
開発チームがモデル、ビュー、コントローラーの担当に分かれて作業できるため、各コンポーネントを並行に開発することが可能です。

シンプルな構造が、MVCの最大の魅力です。構造が明確で理解しやすいため、開発の初期段階から迅速に取り組むことができるのが一番のメリットでしょう。

▼デメリット

・責務の偏り
各コンポーネントの役割が曖昧になると、特定の部分に機能が集中してしまい、全体のバランスが崩れるリスクがあります。特に、コントローラーに過度のロジックが集中する**「Fatコントローラー」**や、モデルに過剰な責任を持たせる**「Fatモデル」**という問題が頻繁に発生します。

・依存関係の複雑化
モデル、ビュー、コントローラー間の依存関係が密接になると、変更が他のコンポーネントに波及しやすくなり、システム全体の保守性が低下します。例えば、モデルに加えた小さな変更がビューやコントローラーにも影響を与え、想定外のバグが発生することがあります。

・拡張性の限界
大規模なアプリケーションでは、MVCパターンだけでは複雑な要件に対応しきれない場合があります。

これらの問題は、MVCパターンを適用する際に避けて通れない課題です。特に、複雑なビジネスロジックを扱う大規模なプロジェクトでは、コントローラーやモデルが肥大化しやすく、これによりコードの可読性やメンテナンス性が低下します。

まとめ

MVCパターンは、シンプルかつ明確な構造を提供することで、特に小規模から中規模のアプリケーションにおいて非常に効果的です。モデル、ビュー、コントローラーの役割を明確に分離することで、コードの再利用性や可読性が向上し、開発の効率化にも貢献します。

しかし、MVCパターンにはデメリットもあります。特に、大規模なシステムや複雑なビジネスロジックを扱う場合、コントローラーやモデルが肥大化しやすくなり、依存関係が複雑化してしまうリスクが生じます。このような課題は、MVCの枠組みだけでは十分に解決できない場合があります。

そこで、より大規模で複雑なシステムに対応するために、**レイヤードアーキテクチャ**といった設計手法が有効になってきます。レイヤードアーキテクチャは、システム全体を複数のレイヤーに分割し、それぞれが明確な責任を持つことで、複雑な依存関係を解消し、より高い拡張性とメンテナンス性を実現しようとするものです。次に、レイヤードアーキテクチャについて詳しく見ていきましょう。

レイヤードアーキテクチャ

レイヤードアーキテクチャは、システムを複数のレイヤーに分割し、それぞれが独立した責務を持つことで設計の複雑さを軽減し、依存関係を明確にする手法です。レイヤーの数は固定されておらず、システムの規模や要件に応じて柔軟に設計できます。一般的には3層または4層で構成されることが多いです。典型的なレイヤー構成は以下の通りです。

- プレゼンテーション層（UserInterface）
  ユーザーインターフェイスを担当し、ユーザーからの入力や表示を管理します。

- ビジネスロジック層（Domain）
  ビジネスルールの処理や、各種サービスの調整を行います。

- データアクセス層（Infrastructure）
  データベースや外部サービスとの通信を管理します。

4層の場合は、ビジネスロジック層をさらに分割してアプリケーション層とドメイン層に分けることがあります。

・アプリケーション層（Application）
　ビジネスロジックのフローを管理し、ユースケースの調整を行います。

・ドメイン層（Domain）
　ビジネスルールを扱い、ビジネスロジックを実装します。

ここでは、4層のレイヤーを例に取り上げます。

レイヤー間の依存関係

レイヤードアーキテクチャでは、上位レイヤーが下位レイヤーに依存し、下位レイヤーが上位レイヤーに依存しないように設計されています。

▼レイヤー間の依存関係

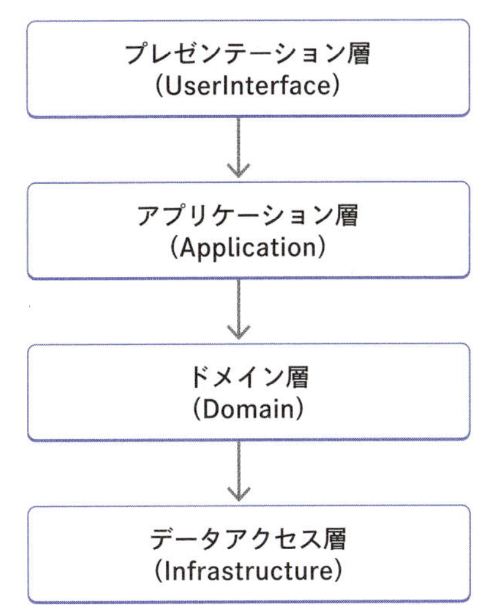

以下の表は、各レイヤーに配置されることが多いコンポーネントの例を示しています。

レイヤー	主なコンポーネントの例
プレゼンテーション層	コントローラー、ビュー
アプリケーション層	ユースケース
ドメイン層	サービス、ドメインモデル
データアクセス層	リポジトリ（データベースとのやり取り）、外部APIとの通信

典型的なユースケース

以下は、レイヤードアーキテクチャに基づく典型的なユースケースの流れです。もしかすると、一度は目にしたことがあるかもしれません。

1. コントローラーでユーザーの入力を受け取る
   ユーザーからのリクエスト（入力）をコントローラーで受け取り、次の処理に引き渡す。

2. ユースケースでビジネスロジックのフローを管理
   ユースケースがビジネスロジックを担当するサービスを呼び出す。
   ユースケースでデータアクセス層のリポジトリを直接呼び出すこともある。

3. サービスの中でリポジトリを呼び出しデータベースとやり取り
   サービスは、データアクセス層のリポジトリを介してデータベースとやり取りを行い、必要なデータを取得、保存する。

4. ユースケースがコントローラーに結果を返す
   ユースケースは、処理結果をコントローラーに返す。

5. コントローラーがビューを返却
   コントローラーがユーザーに対して、取得したデータや処理結果をビューとして返却する。

このような一連の流れが、システムの中で各レイヤーの役割を活かして実行されます。

この流れを見たときに、**MVC**とどう違うのかと疑問に思うかもしれません。一見すると、どちらもコントローラーやビュー、モデルのような要素が登場し、似ているように感じられます。

レイヤードアーキテクチャとMVCの違い

MVCでは、モデル（Model）にビジネスロジックとデータアクセスロジックが集中しがちです。このため、モデルが肥大化し、管理が難しくなることがあります。一方で、レイヤードアーキテクチャは、ビジネスロジックやデータアクセスをアプリケーション層やドメイン層、データアクセス層といった複数の層に分割します。この分割により、それぞれの層が特定の役割を担うことで、各レイヤーの責務が明確になり、モデルが過剰に複雑化するのを防ぎます。

（ただし、ビジネスロジックをサービスに集中させすぎると、今度はサービスが肥大化し、**Fatサービス**と呼ばれる問題が発生することがあるので注意が必要です。）

つまり、レイヤードアーキテクチャは、MVCが提供する基本構造に対して、モデルの内部構造をより詳細に分割・整理するアプローチであり、これによってシステム全体の保守性と拡張性を向上させることが可能になります。

メリットとデメリット

メリットとデメリットは次のようになります。

▼メリット

・責務のさらなる分離
レイヤードアーキテクチャは、各層が特定の責務を持つため、システム全体の分離がより明確です。

・テストの容易さ
各層が独立しているため、特定のレイヤーに対して個別にテストを実施することが容易です。特にデータアクセス層など、他のレイヤーから切り離して単体テストが可能です。

・変更の影響範囲の限定
1つのレイヤーに変更を加えても、他のレイヤーへの影響が最小限に抑えられます。

▼デメリット

・複雑性の増加
システムの構造が複雑になるため、単純なアプリケーションには過剰になることがあります。

・依存関係が増える可能性
レイヤー間の依存関係が複雑化する可能性があり、メンテナンスが困難になることがあります。

まとめ

レイヤードアーキテクチャは、各レイヤーが明確な責務を持つことで、システム全体の構造を整理しやすくし、保守性や拡張性を高めるという利点があります。しかしながら、上位のレイヤーが下位のレイヤー、特にデータアクセス層という不安定な下位モジュールに依存してしまう問題が存在します。

▼下位モジュールに依存してしまう問題

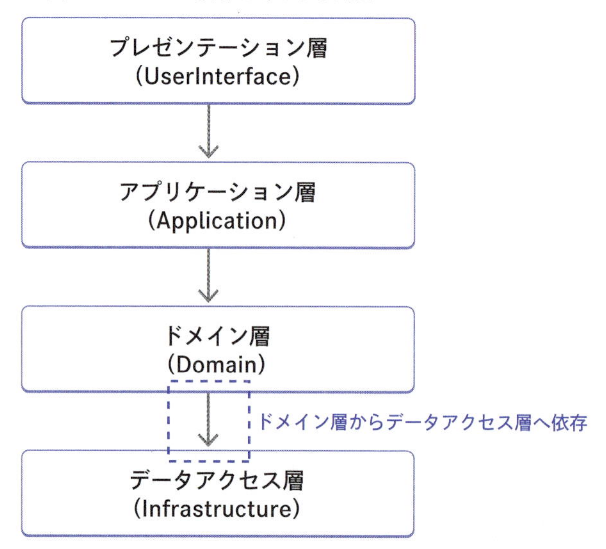

ここまでの説明で強調してきたことを振り返ると、ソフトウェア設計において重要なのは、不安定で変更されやすい部分に依存しないようにすること、つまり詳細に依存せず抽象に依存するという考え方です。レイヤードアーキテクチャでは、上位レイヤーが下位レイヤー（特にデータアクセス層）に直接依存するため、データベースや外部サービスなどの変更によりシステム全体に影響が及ぶ可能性が高くなります。

この問題を解消するために、依存関係逆転の原則（DIP）を重視したクリーンアーキテクチャやヘキサゴナルアーキテクチャといったアーキテクチャパターンが提唱されています。

ただし、レイヤードアーキテクチャにおいてもDIPを適用することで、データアクセス層との依存関係を逆転させることは可能です。これにより、上位レイヤーは下位レイヤーの具体的な実装に依存せず、抽象的なインターフェースに依存する形となります。結果として、レイヤードアーキテクチャでも柔軟性と保守性を高めることができ、変更に強いシステム設計が可能になります。

クリーンアーキテクチャ、ヘキサゴナルアーキテクチャ

ここでは、**クリーンアーキテクチャ**と**ヘキサゴナルアーキテクチャ**について説明します。

結論から言えば、クリーンアーキテクチャもヘキサゴナルアーキテクチャも、基本的に同じコンセプトを伝えています。（本書では詳しく触れませんが、オニオンアーキテクチャも同様です。）

その核心となる考え方は、「ビジネスロジックやドメインモデルといった重要な要素を内側に配置し、依存関係を内側に向ける」というシンプルなものです。

クリーンアーキテクチャにおいて最も重要なルールとして、**依存性のルール**があります。このルールは次の通りです。

> ソースコードの依存性は、内側（上位レベルの方針）にのみ向かっていなければならない

具体的には、外部の詳細な実装が内側の抽象的なインターフェイスに依存するように設計し、内側のビジネスロジックは外部の具体的な実装を知らずに済むようにします。

このルールを**依存性逆転の原則（DIP）**を用いて実現する方法が、クリーンアーキテクチャやヘキサゴナルアーキテクチャなのです。

クリーンアーキテクチャ

クリーンアーキテクチャは、Robert C. Martin（ボブおじさん）によって提唱されたアーキテクチャパターンです。クリーンアーキテクチャと聞いて、同心円の図を見たことがある人も多いでしょう。

▼クリーンアーキテクチャの同心円

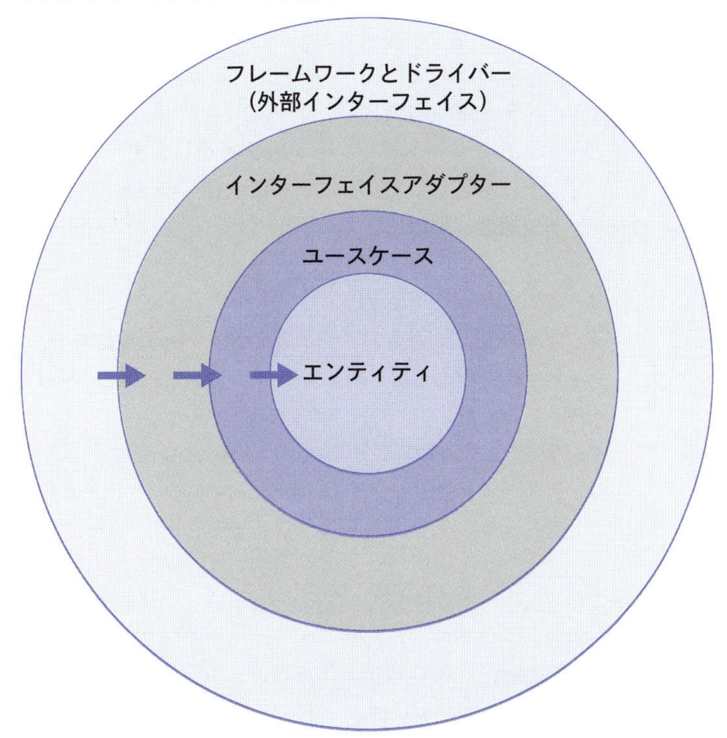

同心円の図だと、内側という言葉に対して上位が少し分かりづらいので、見方を変えたのが次の図になります。

▼上位と下位の関係

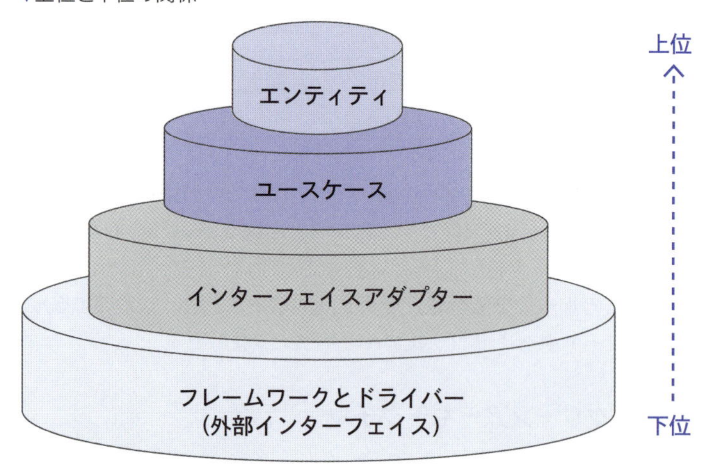

レイヤーの構造

クリーンアーキテクチャは、システムを複数のレイヤーに分割し、依存関係が内側、上位に向かうように設計されています。主なレイヤーは以下の通りです。

・エンティティ（Entities）
ビジネスルールやドメインモデルを表現します。エンティティは、最も内側のレイヤーに存在し、他のレイヤーに依存しません。
ドメイン層とも言われます。

・ユースケース（Use Cases）
アプリケーション固有のビジネスロジックを表現します。ユースケースは、エンティティを使用してビジネスルールを実現し、外部からの入力に応答します。

・インターフェイスアダプタ（Interface Adapters）
ユースケースと外部システム（データベース、フレームワーク、UIなど）との橋渡しをします。データの変換やフォーマットの調整を担当します。

・フレームワーク&ドライバ（Frameworks & Drivers）
データベースやフレームワーク、外部サービスなどの具体的な実装が含まれる最も外側のレイヤーです。
インフラストラクチャ層とも言われます。

データベースや外部サービスとのやり取りを行うレイヤーが一番外側にあります。それに対して、エンティティが一番内側のレイヤーにあります。依存の向きは外側から内側への一方通行です。

この依存関係を一方向（内側）に保つために、**依存性逆転の原則（DIP）**が適用されます。DIPを用いることで、上位レイヤー（内側のレイヤー）が下位レイヤー（外側のレイヤー）の詳細な実装に依存せず、抽象（インターフェイス）を介して依存関係を逆転させることができます。

具体的には、エンティティやユースケースが必要とする機能をインターフェイスとして定義し、外側のレイヤー（インフラストラクチャ層やフレームワーク層）がそのインターフェイスを実装します。これにより、依存関係は内側の抽象に向かい、外側の具体的な実装が内側の抽象に依存する形になります。

具体例

例えば、データベースへのアクセスが必要な場合、ドメイン層で以下のようなインターフェイスを定義します。

```
<?php
namespace App\Domain\User;

// ドメイン層に定義されたリポジトリインターフェイス
interface UserRepositoryInterface
{
    public function findById(UserId $id): User;
    public function save(User $user): void;
}
```

そして、インフラストラクチャ層でこのインターフェイスを実装します。

```
<?php
namespace App\Infrastructure\User;

use App\Domain\User\User;
use App\Domain\User\UserId;
use App\Domain\User\UserRepositoryInterface;

// インフラストラクチャ層での実装
class UserRepository implements UserRepositoryInterface
{
    public function findById(UserId $id): User
    {
        // データベースからユーザーを取得する処理
    }
```

```
    public function save(User $user): void
    {
        // データベースにユーザーを保存する処理
    }
}
```

ユースケースは以下のようになります。

```
<?php
namespace App\Application\User;

use App\Domain\User\User;
use App\Domain\User\UserId;
use App\Domain\User\UserRepositoryInterface;

class UserUseCase
{
    public function __construct(private UserRepositoryInterface $userRepository) { }

    public function handle()
    {
        // ドメイン層のインターフェイス（抽象）を介して、Userエンティティを操作
    }
}
```

▼ユースケースはUserRepositoryInterface に依存

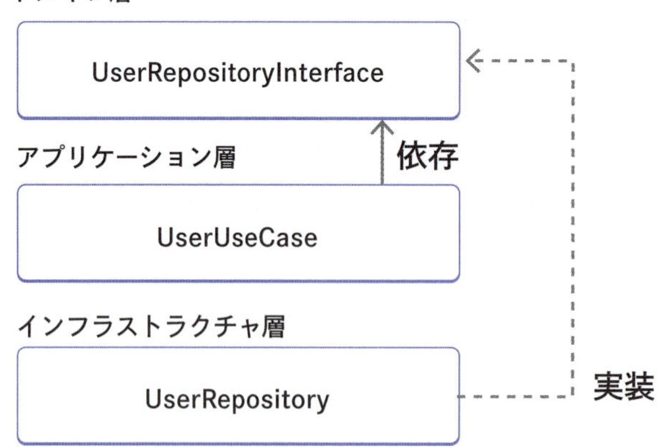

ユースケースは、UserRepositoryInterface に依存し、その実装が何であるかは知りません。インフラストラクチャ層が具体的なデータベース操作を実装し、ドメイン層の要求に応える形になります。

重要なポイントとして、抽象(インターフェイス)は、それを利用するドメイン層(ビジネスロジック)が所有します。これは、ドメイン層がビジネスルールを実現するう

えで必要となるものに合わせてインターフェイスを定義し、外部の詳細に依存しない形で設計できるようにするためです。

つまり、「ビジネスロジックが求める機能を、自分たちが使いやすいようにインターフェイスとして定義し、外部のモジュールはそのインターフェイスを実装してビジネスロジックの要求に応える」ということです。

これにより、外部の技術的な詳細（データベースの種類や外部サービスの仕様など）に依存せず、ビジネスロジックを中心に据えた開発が可能となります。

ヘキサゴナルアーキテクチャ

ヘキサゴナルアーキテクチャは、Alistair Cockburn（アリスター・コックバーン）によって提唱されたアーキテクチャパターンで、**ポートとアダプター（Ports and Adapters）**とも呼ばれます。クリーンアーキテクチャと同様に、システムの中心にビジネスロジックを配置し、依存関係を内側に向ける設計思想を持っています。

ヘキサゴナルアーキテクチャでは、以下の要素が重要です。

▼レイヤーの構造

- ドメイン（Domain）
  ビジネスロジックを含む中心部分で、外部から独立しています。ビジネスルールやエンティティがここに含まれます。

- ポート（Ports）
  ドメインが外部とやり取りするための抽象的なインターフェイスを定義します。

  インバウンドポート：外部からドメインへの入力を受け付けるインターフェイス。
  アウトバウンドポート：ドメインから外部へ出力するためのインターフェイス。

- アダプター（Adapters）
  ポートのインターフェイスを実装し、外部システムやユーザーインターフェイス、データベースなどと接続します。アダプターは具体的な実装を持ち、ポートを介してドメインと通信します。

ヘキサゴナルアーキテクチャでは、システムを**六角形（ヘキサゴン）**で表現し、その周囲をポートとアダプターで囲みます。これにより、ドメインが外部の詳細に依存せず、ビジネスロジックの独立性が保たれます。なお、六角形はあくまでも概念を説明するための形にすぎず、実際の設計でその数にこだわる必要はありません。

▼ポートとアダプターの役割

- ポート
  ビジネスロジックが外部と通信するための入り口と出口を定義します。ポートは抽象化されたインターフェイスであり、具体的な実装を持ちません。

・アダプター
ポートのインターフェイスを具体的に実装し、外部のシステムや技術と接続します。これにより、ドメインは外部の詳細を知らずに済みます。

ポートとアダプターを用いることで、例えばデータベースの変更や外部サービスの追加があっても、ドメインのコードを変更せずに対応できます。これにより、システムの拡張性と保守性が向上します。

ここでも、抽象（ポート）はドメイン層が所有します。ドメイン層が、自分たちが必要とする機能を定義し、外部とどのようにやり取りするかをコントロールします。アダプターは、そのポート（インターフェイス）を実装することで、具体的な処理を提供します。

まとめ

クリーンアーキテクチャやヘキサゴナルアーキテクチャでは、外部の詳細な実装は重要ではない些末なものと位置づけられています。システムの内側、つまり上位レイヤーがアプリケーションやビジネスの方針を表し、その設計と構築に注力すべきだと述べられています。

上位の方針（ビジネスルール）をしっかりと決め、詳細（下位）の決定は可能な限り後回しにすることで、設計の柔軟性を高めることが重要です。詳細の決定を遅らせることで、より多くの情報を収集し、アプリケーションを適切に構築できます。

これを実現するために、**依存性逆転の原則（DIP）**を適用し、外部の詳細に影響されないように依存の向きを整えることが重要です。

「09-02 依存関係」で述べた例を用いると、以下の依存関係にするのが理想なのです。

▼理想の依存関係

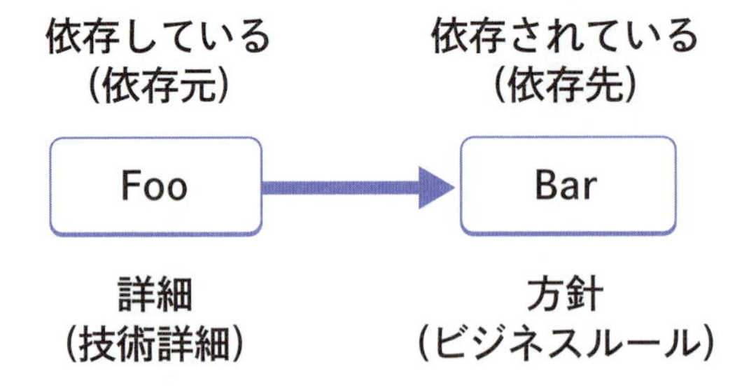

このアーキテクチャにより得られるメリットは以下の通りです。

・ビジネスロジックの独立性が高まる
外部の変更に影響されにくく、システムの安定性が向上します。

・柔軟性と保守性の向上
新しい技術や外部サービスの導入時にも、システム全体に大きな影響を与えずに対応できます。

・テストの容易さ
外部依存が排除されているため、ビジネスロジックの単体テストが容易になります。

適用時の注意点は以下の通りです。

・設計の複雑化に注意が必要
過度な抽象化やレイヤーの分離はシステムを複雑化させ、理解や開発が難しくなる可能性があります。

・プロジェクト規模や要件に応じた適用
小規模なプロジェクトでは過剰な設計となる場合があるため、適切なバランスを考慮することが重要です。

アンチパターン

ここまでで、レイヤードアーキテクチャやクリーンアーキテクチャ、ヘキサゴナルアーキテクチャがMVCに比べて優れているように見えるかもしれませんが、常にそうであるとは限りません。むしろ、これらのアーキテクチャを無理に適用することがアンチパターンになることもあります。

例えば、プロジェクトの規模や要件によっては、MVCのシンプルさが最適な選択であることもあります。レイヤードアーキテクチャやクリーンアーキテクチャの導入が、必ずしもすべてのシステムでメリットをもたらすわけではありません。

重要なのは、SOLID原則を理解し、それに基づいて設計することです。SOLID原則を守ることで、コードの柔軟性や保守性を向上させることができます。ただし、SOLID原則だけではコードの構造化に関する具体的なガイドが不足し、結果としてまとまりがなくなることがあります。

そこで、レイヤードアーキテクチャやクリーンアーキテクチャといった、先人たちが考案したアーキテクチャパターンを学ぶことで、設計の方向性を定めることができます。これらのアーキテクチャは、システム全体の構造やコードの配置方法をガイドしてくれる設計指針のような役割を果たし、SOLID原則を実践するための具体的な方針を提供します。

誤解を恐れずに言うと、「クリーンアーキテクチャ」や「ヘキサゴナルアーキテクチャ」というものが固定された形で存在するわけではなく、あくまでクリーンなアーキテクチャを目指すための道しるべに過ぎません。それを実践するためには、

SOLID原則などの設計の基本原則を適用しながら、プロジェクトごとに最適な形で設計を進めていくことが求められます。

最初はMVCのようなシンプルなパターンを採用し、システムの成長や要件の拡大に伴い、必要に応じてより適切なアーキテクチャを採用する方が、開発の柔軟性を保つことができます。

まとめ

ソフトウェア設計において、MVC、レイヤードアーキテクチャ、クリーンアーキテクチャ、ヘキサゴナルアーキテクチャなど、さまざまな設計パターンがあります。それぞれに特定の役割と利点があり、プロジェクトの規模や要件に応じて選択することが重要です。

重要なのは、どのアーキテクチャが「優れているか」ではなく、どのアーキテクチャが「現在の状況に最適か」を考えることです。最初はMVCのシンプルさを活かし、必要に応じてレイヤードアーキテクチャやクリーンアーキテクチャなどへと移行することで、保守性や拡張性を確保するアプローチが効果的です。

最近では、**パッケージ・バイ・フィーチャー**（Package by Feature）といった、一部のドメインを別のパッケージで管理するアプローチも存在します。これにより、必要に応じて異なるアーキテクチャを組み合わせて採用することが可能になります。

各アーキテクチャを盲目的に守るのではなく、SOLID原則を理解し、状況に応じて適切な設計手法を取り入れる姿勢が求められます。これにより、過剰な抽象化や設計の複雑化を避けつつ、効率的に開発を進めることが可能になります。各設計パターンをガイドとして活用し、プロジェクトの成長に伴って柔軟に対応させていくことがポイントです。

コラム

クリーンなアーキテクチャとは？

クリーンなアーキテクチャとは何でしょうか？

私の考えでは、それは「依存の向きが整えられている」ことを指します。つまり、依存関係がきちんと整理され、無駄な複雑さが排除された状態です。

依存の向きが明確に整理されていると、「あれ、このクラスって何に依存してるんだっけ？」と迷子になることがありません。どのクラスがどこに依存しているかが把握しやすくなるので、依存関係に混乱することがありません。結果として、システムを変更するときの影響範囲が見通しやすく、「この部分を変更すると、他の箇所に影響が出るかもしれない…」といった不安も減って、安心してコードを修正できるようになります。

Part 03 アーキテクチャと設計

Chapter 10 RESTful API

この章ではRESTful APIについて解説します。現代ではWebアプリケーションは画面を動的に動かすために画面の描画タイミングとは別のタイミングでデータを取得して全体をリロードせずに表示を切り替えることが多いです。またスマートフォンアプリなどを開発しているとデータのみをサーバーから取得することがほとんどです。この章ではRESTful APIの基本的な概念と設計、理解するための必要なHTTPの基礎知識について解説します。

Contents

10-01 RESTful APIとは …… 278
10-02 RESTful APIの設計 …… 279
10-03 リクエスト・レスポンスの設計 …… 282
10-04 ドキュメント …… 285

Section 10-01

RESTful APIとは

ここではRESTful APIという考え方がどこからきて、現在どのように使われているのかを見ていきましょう。

このセクションのポイント

1. ソフトウェア間のデータのやりとりをするためのインターフェイスをAPIと呼ぶ
2. RESTful APIとはRESTというアーキテクチャスタイルに基づいて設計されたAPIのことを指す
3. RESTful APIは広く使われており当たり前の概念となっている

RESTful API

API(Application Programing Interface)とはソフトウェア間でのデータのやり取りをするためのインターフェイスのことです。HTTPのプロトコル技術を利用してデータをやり取りするものをWebAPIと言ったりします。

RESTful API とは RESTというアーキテクチャスタイルに基づいて設計されたAPIです。RESTとは Roy Fielding が2000年に博士論文*1で考えたものです。この考え方をベースとして現在では広くRESTful APIが採用されています。

RESTful API の使い所

現在ではRESTful APIは広く採用されています。例えばスマートフォンアプリはすべてのデータをクライアントに保持しているわけではないのでサーバーから取得をします。そのときにサーバーとクライアントでやりとりする際にWebAPI越しにデータを取得しています。また昨今のWebアプリケーションはSPAで作られることが増えており、ページ全体を切り替えずに画面の描画を切り替えることが増え、切り替えた際にサーバーからデータを取得するときもWebAPI越しにデータを取得しています。その他にもサービス事業者が外部にAPIを公開して情報の取得更新をできるようにしているものもたくさんあります。

*1 https://ics.uci.edu/~fielding/pubs/dissertation/rest_arch_style.htm

Section 10-02

RESTful APIの設計

ここではRESTful APIを設計するうえで気をつけるところ解説します。

このセクションのポイント

1. リソースを階層を意識して名詞で表現する
2. データの操作はHTTPのメソッドで表現する
3. リクエストの成功失敗をHTTPのステータスコードで表現する

WebAPIは基本的にはHTTPの仕組みを前提としてるのでここでは前提知識として、URLの設計、HTTPメソッドとステータスコードについて解説します。

URL

RESTful APIは、リソース指向の設計に基づいて構築されます。これにより、各URLは特定のリソースを表現し、そのリソースに対する操作をシンプルかつ直感的に行えるようになります。URLの設計では、以下の点が重要です。

- リソースの表現
  URLは名詞で終わるべきであり、リソースそのものを明示的に表現します。たとえば、`/users` はすべてのユーザーを表し、`/users/123` は特定のユーザー（IDが123のユーザー）を指します。

- 階層構造
  URLはリソース間の関係を階層構造で表現します。たとえば、`/users/123/orders` は、IDが123のユーザーの注文を表します。この階層構造は、API利用者がリソースの関係を容易に理解できるようにします。

- 動詞の排除
  URLには原則として動詞を含めず、操作（作成、更新、削除など）はHTTPメソッドによって表現します。これにより、URLの一貫性と可読性が向上します。HTTP のメソッドについてはこの後説明します。

以下の表は、典型的なRESTful APIのURL設計を示しています。

▼典型的なRESTful APIのURL設計

リソース	URLパターン	説明
ユーザー一覧	/users	すべてのユーザー
特定ユーザー	/users/{id}	特定のユーザー（IDで指定）
注文一覧	/users/{id}/orders	特定ユーザーの注文一覧
特定注文	/users/{id}/orders/{orderId}	特定ユーザーの特定の注文

HTTPのメソッド

RESTful APIでは、HTTPメソッドを使用して、リソースに対する操作を表現します。各メソッドは特定の操作を表し、適切なメソッドを選択することで、APIの動作を簡潔に表現できます。主なHTTPメソッドは以下の通りです。

メソッド	操作	説明
GET	取得	リソースの取得に使用されます。サーバーからデータを要求し、応答としてリソースの内容を返します。
POST	作成	新しいリソースを作成する際に使用されます。クライアントが提供したデータをもとに、新規リソースが生成されます。
PUT	更新	既存のリソースを置き換えるために使用されます。指定されたリソースが存在しない場合は作成されることもあります。
DELETE	削除	指定されたリソースを削除するために使用されます。サーバーから該当リソースが消去されます。
PATCH	部分更新	リソースの一部を更新するために使用されます。完全な更新が不要な場合に使用されます。

適切なHTTPメソッドを使用することで、リソースに対する操作を明確に定義し、API利用者に対して一貫したインターフェイスを提供できます。

HTTPのステータスコード

HTTPステータスコードは、APIがリクエストに対してどのような応答を返したかを示す3桁の数値で、クライアントとサーバー間のコミュニケーションを円滑にするための重要な要素です。各ステータスコードには特定の意味があり、APIの動作状況やエラーの原因を迅速に把握できます。

次の表はよく使われるステータスコードです。

ステータスコード	意味	説明
200 OK	リクエスト成功	リクエストが正常に処理され、期待されたレスポンスが返されました。
201 Created	リソース作成成功	リクエストによって新しいリソースが正常に作成されました。
204 No Content	成功（コンテンツなし）	リクエストは成功しましたが、返すべきコンテンツがない場合に使用されます。
400 Bad Request	クライアントエラー	リクエストに誤りがあり、サーバーが処理できませんでした。
401 Unauthorized	認証失敗	適切な資格情報が提供されなかったため、リクエストが拒否されました。
403 Forbidden	アクセス禁止	リソースへのアクセス権がないため、リクエストが拒否されました。
404 Not Found	リソースが見つからない	リクエストされたリソースがサーバー上に存在しません。
500 Internal Server Error	サーバーエラー	サーバー内部で予期しないエラーが発生し、リクエストが処理できませんでした。

これらのステータスコードを理解することで、API利用者はクライアントとサーバー間のやり取りを正確に把握し、適切な対応を行うことができます。また、適切なステータスコードを返すことで、APIの利用者に対するフィードバックが明確になり、トラブルシューティングが容易になります。またここで取り上げたステータスコードは一部でありその他にもステータスコードは存在するのでMDNのサイト[＊1]などを適宜確認しながら適切なステータスコードを選択するといいでしょう。

＊1　https://developer.mozilla.org/ja/docs/Web/HTTP/Status

Section
10-03

リクエスト・レスポンスの設計

サーバーとクライアントのデータのやりとりをどのように設計するのかをみていきます。

このセクションのポイント

1. リクエストとレスポンスはJSONで表現されることが多い
2. JSONの中身のデータ構造はネストを浅くすることが多い
3. エラーの表現方法はいくつか考えられるのでプロジェクトで最初に決めておくことが大事

ここからはAPIの設計について考えていきます。クライアントとサーバーの間で、事前にどのようなデータのやり取りをするのかを決めておくことがとても大事になります。

リクエストの設計

リクエストの設計は、APIの使いやすさと可読性に直接影響を与えます。特に、URLの設計やリクエストパラメータの取り扱いは、クライアントがどのようにAPIを利用するかを決定する重要な要素です。

リクエストの表現

リクエストの表現には、HTTPメソッド（GET、POST、PUT、DELETEなど）を使って、リソースに対する操作を明確に定義します。GETはデータの取得、POSTは新しいリソースの作成、PUTは既存リソースの更新、DELETEはリソースの削除に使用されます。また、リクエストヘッダも重要な要素であり、認証情報やリクエスト形式（例: Content-Type: application/json）などを指定するために使われます。リクエストの表現が明確であることで、クライアントはAPIの利用方法を簡単に理解できます。

クエリパラメータ

クエリパラメータは、リクエストに対して追加の情報を提供するために使用されます。例えば、特定の条件でデータをフィルタリングする場合や、データのソート順序を指定する場合に利用されます。クエリパラメータは`?key=value`の形式でURLに追加され、複数のパラメータを使用する場合は&で区切ります。例として、`/users?sort=asc&limit=10` は、ユーザーリストを昇順でソートし、最大10件を取得するリクエストを表します。クエリパラメータを使用する際は、デフォルト値や必須項目を明確にし、ドキュメントに記載しておくことが重要です。

リクエストボディ

リクエストボディは、POSTやPUTリクエストでリソースの作成や更新を行う際に必要なデータを含む部分です。JSON形式でデータを送信することが一般的で、リクエストボディにはリソースの属性を定義したオブジェクトが含まれます。例えば、新しいユーザーを作成する際には、

```
{"name": "John Doe", "email": "example@example.com"}
```

このようなJSONオブジェクトをリクエストボディに含めます。

レスポンスの設計

次はWeb APIから返却されてくるレスポンスデータについて考えていきます。レスポンスの設計は、クライアントがAPIを正しく利用できるかどうかに大きな影響を与えるため、慎重に設計する必要があります。

フォーマット

レスポンスデータのフォーマットとしては、XML、JSON、YAMLなど、いくつかのフォーマットが考えられます。多くの場合、JSON形式が採用されており、これは軽量で読みやすく、広く使われています。JSONは、APIのレスポンスフォーマットとしてデファクトスタンダードとなっているため、特にフォーマットに迷った場合はJSONを選んでおくことが無難です。また、JSONはJavaScriptのオブジェクト表現に直接対応しているため、フロントエンド開発者にとっても扱いやすいフォーマットです。

データ構造

レスポンスデータの構造を設計する際には、**ネスト（入れ子）**を極力浅くすることが重要です。深いネストはデータの可読性を下げ、クライアント側での解析や処理を複雑にする原因となります。特に、モバイルアプリケーションやパフォーマンスが重要なシステムでは、シンプルでフラットなデータ構造を保つことが推奨されます。

CamelCase vs snake_case

JSONデータのフィールド名を命名する際には、**キャメルケース**（例: userName）にするか**スネークケース**（例: user_name）にするかを決める必要があります。一般的には、キャメルケースが推奨されることが多いです。これは、JavaScriptや他の多くのプログラミング言語がキャメルケースを標準としているためです。しかし、プロジェクト全体でのコーディング規約や既存の命名規則がある場合は、それを優先して従うべきです。統一された命名規則を採用することで、

コードの可読性とメンテナンス性が向上します。

エラーの表現方法

APIのエラーハンドリングにおいては、エラーの表現方法が重要です。単一のエラーを返す場合は、ステータスコードとエラーメッセージを含むシンプルな構造が一般的です。以下は例です。

```
{"エラーが発生しました"}
```

もしくは

```
{"error": "エラーが発生しました"}
```

一方、複数のエラーを返す必要がある場合は配列を使用することを検討します。例えば、バリデーションエラーが複数発生した場合に、それぞれのエラーをリスト形式で返すことができます。

```
{
  "errors": [
    "1つ目のエラーメッセージ",
    "2つ目のエラーメッセージ",
  ]
}
```

このようにエラーメッセージのフォーマットはいくつも考えることができます。そのためあらかじめ決めておくことで、クライアント側でエラーの中身が文字列なのか配列なのか考慮することが減り、無駄な分岐を減らすことができます。よってプロジェクト全体で統一的なフォーマットを決めておくと開発者間のコミュニケーションがスムーズにいきます。

参考にできるもの

API設計に迷ったときに参考になるリソースとして、Googleの「Google JSON Style Guide[*1]」があります。このガイドラインでは、JSONデータの命名規則や構造化のベストプラクティスが詳述されており、API設計における迷いを解消する助けとなります。また、他の一般的なAPIの設計例やスタイルガイドも参考にすることで、より洗練された設計を行うことができます。

また多くのWebサービスでAPIのドキュメントが公開されているのでいろいろなサービスのドキュメントを参考にしながらチームで意思決定をしていくのがよいです。

---

*1 https://google.github.io/styleguide/jsoncstyleguide.xml

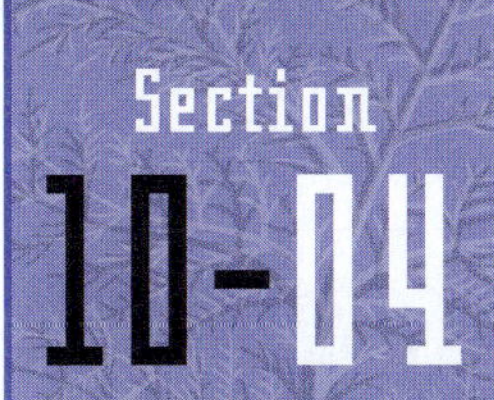

ドキュメント

RESTfulなAPIの設計ができたらその内容をドキュメントとしてまとめましょう。ドキュメントとして残すことによって実装者間でのコミュニケーションをスムーズにすることができます。

このセクションのポイント

1. APIの設計を記述するフォーマットにはOpenAPIという仕様がある
2. APIドキュメントを書くためのツールにはSwagerというツールがある
3. 実際にドキュメントを記述してみましょう

API設計を行った後、その設計内容をドキュメントとして他の開発者やチームメンバーと共有する必要があります。共有にはさまざまな方法があります。今回は、特にAPIドキュメントの標準化と普及が進んでいるOpenAPI[*1]とSwagger[*2]に焦点を当て、それぞれの特徴や活用方法について詳しく解説します。

OpenAPI

OpenAPIは、RESTful APIを記述するための標準仕様です。この仕様に基づいて、APIのエンドポイント、リクエストパラメータ、レスポンスデータの構造、認証方法などを記述できます。OpenAPI仕様を用いることで、APIの設計が明確になり、開発者間のコミュニケーションがスムーズになります。また、この仕様は言語やフレームワークに依存しないため、さまざまなプラットフォームで利用可能です。

Swagger

Swaggerは、OpenAPI仕様に基づいたツールセットの名称です。元々はSwaggerが独自に開発した仕様がありましたが、これがOpenAPI仕様として標準化されることになり、現在ではSwaggerツールセットはOpenAPI仕様を中心に展開されています。

＊1　https://www.openapis.org/
＊2　https://swagger.io/

Swaggerツールセットには以下のようなツールが存在します。

ツール	内容
Swagger Editor	OpenAPI仕様を作成・編集するためのWebベースのエディタ。リアルタイムでAPIの設計を確認しながら、仕様書を作成できます。
Swagger UI	OpenAPI仕様から自動的にAPIドキュメントを生成し、インタラクティブなドキュメントを提供します。このドキュメントから直接APIをテストすることも可能です。
Swagger Codegen	OpenAPI仕様からサーバーサイドやクライアントサイドのコードを自動生成するツール。これにより、APIの開発効率が大幅に向上します。

開発環境でよく使用される Visual Studio Code の拡張としてSwagger Viewer*1があります。また PhpStorm には OpenAPI Specifications*2があります。

どちらもエディタやIDEで編集した Swagger ファイルのプレビューをすることができます。これがあることで現在編集しているファイルが最終的に共有されるときにどのようになっているかを確認できます。

▼Swagger Viewer

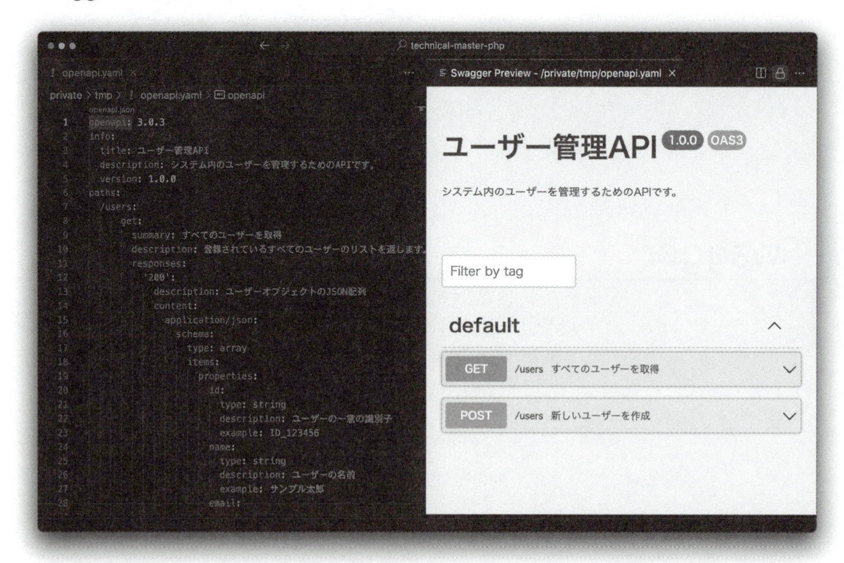

*1 https://marketplace.visualstudio.com/items?itemName=Arjun.swagger-viewer
*2 https://plugins.jetbrains.com/plugin/14394-openapi-specifications/

▼OpenAPI Specifications

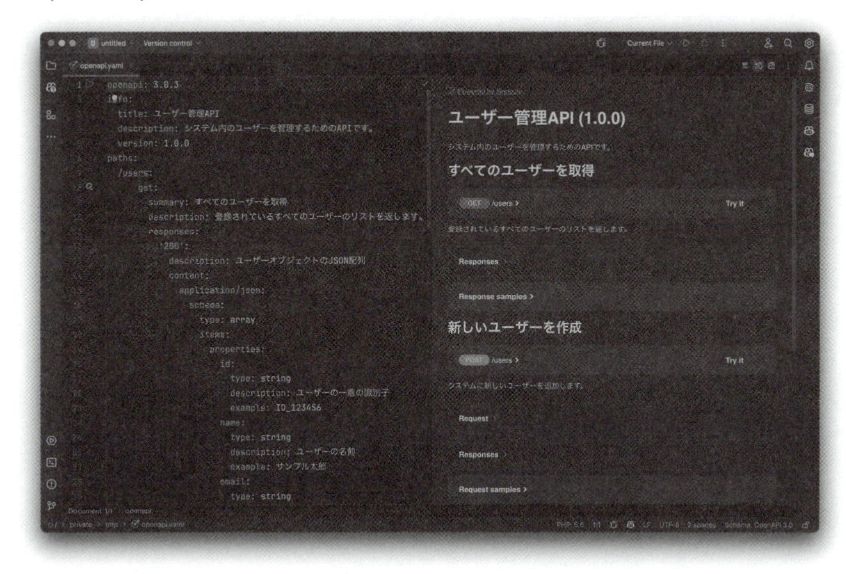

OpenAPIに従ってドキュメントを書いてみよう

ユーザーの一覧を取得する、ユーザーを作成することを想定してドキュメントを書いていきます。

以下はリソースの記述をYAML形式で記述したものです。

```
openapi: 3.0.3
info:
  title: ユーザー管理API
  description: システム内のユーザーを管理するためのAPIです。
  version: 1.0.0
paths:
  /users:
    get:
      summary: すべてのユーザーを取得
      description: 登録されているすべてのユーザーのリストを返します。
      responses:
        '200':
          description: ユーザーオブジェクトのJSON配列
          content:
            application/json:
              schema:
```

```
                type: array
                items:
                  type: object
                  properties:
                    id:
                      type: string
                      description: ユーザーの一意の識別子
                    name:
                      type: string
                      description: ユーザーの名前
                    email:
                      type: string
                      description: ユーザーのメールアドレス
                  required:
                    - id
                    - name
                    - email
```

pathsでリソースのパスを表現します。上記の例の場合/usersにGETでアクセスするとユーザーの一覧が取得できることがわかります。同様にユーザーを追加したい場合は同一リソース配下にPOSTでユーザー作成の定義を作ります。

```
openapi: 3.0.3
info:
  title: ユーザー管理API
  description: システム内のユーザーを管理するためのAPIです。
  version: 1.0.0
paths:
  /users:
      get:
        summary: すべてのユーザーを取得
        description: 登録されているすべてのユーザーのリストを返します。
        responses:
          '200':
            description: ユーザーオブジェクトのJSON配列
            content:
              application/json:
                schema:
                  type: array
                  items:
                    properties:
                      id:
                        type: string
                        description: ユーザーの一意の識別子
```

```
                example: ID_123456
              name:
                type: string
                description: ユーザーの名前
                example: サンプル太郎
              email:
                type: string
                description: ユーザーのメールアドレス
                example: sample@example.com
            required:
              - id
              - name
              - email
post:
  summary: 新しいユーザーを作成
  description: システムに新しいユーザーを追加します。
  requestBody:
    description: システムに追加するためのユーザーオブジェクト
    required: true
    content:
      application/json:
        schema:
          type: object
          properties:
            name:
              type: string
              description: ユーザーの名前
              example: サンプル太郎
            email:
              type: string
              description: ユーザーのメールアドレス
              example: sample@example.com
          required:
            - name
            - email
  responses:
    '201':
      description: ユーザーが正常に作成されました
      content:
        application/json:
          schema:
            type: object
            properties:
              id:
```

```
                type: string
                description: ユーザーの一意の識別子
                example: ID_123456
              name:
                type: string
                description: ユーザーの名前
                example: サンプル太郎
              email:
                type: string
                description: ユーザーのメールアドレス
                example: sample@example.com
            required:
              - id
              - name
              - email
```

このようにリソースを定義して、その後に GET や POST といった操作を定義することによってリソースに対してどのような操作ができるのかが記述できます。

OpenAPIには再利用可能な定義をまとめておく components というブロックが存在します。GETとPOSTで共通するユーザー定義が存在するので components ブロックにユーザーを定義し、それを参照するように書き換えてみましょう。

```
openapi: 3.0.3
info:
  title: ユーザー管理API
  description: システム内のユーザーを管理するためのAPIです。
  version: 1.0.0
paths:
  /users:
      get:
        summary: すべてのユーザーを取得
        description: 登録されているすべてのユーザーのリストを返します。
        responses:
          '200':
            description: ユーザーオブジェクトのJSON配列
            content:
              application/json:
                schema:
                  type: array
                  items:
                    $ref: '#/components/schemas/User'
      post:
```

```
      summary: 新しいユーザーを作成
      description: システムに新しいユーザーを追加します。
      requestBody:
        description: システムに追加するためのユーザーオブジェクト
        required: true
        content:
          application/json:
            schema:
              type: object
              properties:
                name:
                  type: string
                  description: ユーザーの名前
                  example: サンプル太郎
                email:
                  type: string
                  description: ユーザーのメールアドレス
                  example: sample@example.com
              required:
                - name
                - email
      responses:
        '201':
          description: ユーザーが正常に作成されました
          content:
            application/json:
              schema:
                # 定義済みスキーマを参照する
                $ref: '#/components/schemas/User'
components:
  schemas:
    User:
      type: object
      properties:
        id:
          type: string
          description: ユーザーの一意の識別子
          example: ID_123456
        name:
          type: string
          description: ユーザーの名前
          example: サンプル太郎
        email:
          type: string
```

```
        description: ユーザーのメールアドレス
        example: sample@example.com
    required:
      - id
      - name
      - email
```

定義済みのスキーマを参照するには $ref: '#/components/schemas/User' というふうに記述することで参照できます。

このように components/schemas に定義することによって再利用可能になり、項目の追加変更削除が発生した場合も定義を編集するだけで、GETやPOSTのレスポンスも変更されるようになります。

Part 03 アーキテクチャと設計

データベース設計と運用戦略

Webアプリケーションでは、アプリケーションで扱うデータの保存先としてデータベースを一般的に利用します。データベースにはさまざまな種類がありますが、この章では代表的なデータベースとしてリレーショナル・データベースの設計と運用戦略について学んでいきます。
ただし、データベースの設計は基礎となる理論から含めると、膨大な量になります。また、その壮大な内容を書物にまとめることは、私の能力を大きく逸脱しています。そこで、本章ではより深い知識を得るための入口まで読者の方を誘導することを目ざします。なるべく単純化した設計ルールや運用戦略を紹介しますが、その根拠や、基礎となる理論をさらに知りたい方向けにリレーショナルデータベースの学習に必要な書物を本書の参考資料に紹介しておきますのでご覧ください。

Contents

11-01 なぜリレーショナル・データベースを使うのか？ …… 294
11-02 データベース設計 …… 296
11-03 基本のリレーションシップ …… 303
11-04 OR マッパー …… 307
11-05 マイグレーション …… 309

Section 11-01

なぜリレーショナル・データベースを使うのか？

まずは、なぜリレーショナル・データベースを使うのか、かるく経緯をおさらいしましょう。

このセクションのポイント

1. リレーショナル・データベースがなかった頃はデータ保存の方式は統一されていなかった
2. リレーショナル・データベースは矛盾なくデータを保存できる
3. データベース設計、SQLの知識はプロダクトをまたがって利用できる

私が新卒エンジニアとして働き始めた2006年頃には、MySQLやPostgreSQLなどの商用利用可能なオープンソースのリレーショナル・データベースを利用することがWebアプリケーション界隈で一般的になっていました。そのため、私自身もなぜリレーショナル・データベースを使うのかを深く考えることなくWebアプリケーションを作成していました。

新卒で配属されたプロジェクトの先輩たちに、昔はどうやってデータを保存していたのかを聞いたところ、「COBOLを使ってファイルで処理していたんだよ」と言われました。COBOL*1は大量データをファイルに保存する処理を記述することが得意だったようです。COBOL以外でも、リレーショナル・データベースが登場する前、アプリケーションが利用する情報は、ファイルに保存することが多かったようです。

しかし、情報を矛盾なく保存するのは難しいスキルであったことは想像にかたくないです。また保存される情報の形式は、アプリケーションごとにまちまちになる可能性も高くアプリケーション固有の知識となるため、情報保存のスキルにもポータビリティがなくなります。今と比べても標準形式などが少なかったはずなので、情報の保存処理を実装するエンジニアはさぞかし苦労したと思います。

では、ファイル保存に比べて、リレーショナル・データベースが優れている点はなんでしょうか。まず、情報を保存・参照する手段としてSQLが生まれ、そのSQLにも業界標準が策定されました。無論RDBMSのシステムごとに若干の方言や違いが存在しますが、それでも互換性が考えられていなかったファイル保存の時代に比べると遥かにマシになりました。

*1 https://gnucobol.sourceforge.io/

また、リレーショナル・データベースは**ACID特性**[*2]を備えています。ACID特性を簡単に説明すると、データを順序正しく、矛盾なく保存して参照できることです。また、処理途中でデータベースに故障が発生した際も整合性を失わずに復旧できるような機能性を備えています。

普段、私達は当たり前のようにデータベースを使っているわけですが、実は、先人たちが苦労した後にたどり着いた幸せな世界にいることは覚えておくと良さそうです。

*2 https://e-words.jp/w/ACID%E7%89%B9%E6%80%A7.html

Section
11-02 データベース設計

データベースの設計はWebアプリケーション開発の肝です。長期に安定して運用できるように知識を増やしましょう。

このセクションのポイント

1 アプリケーションの都合ばかりを考えない
2 正規化を覚えよう
3 データ型や制約の知識をつけよう

設計について考える前に、Webアプリケーションエンジニアがデータベース設計をする際に一番気をつけなければならないことを伝えます。それは、Webアプリケーションに適したデータの持ち方と、リレーショナルデータベースに適したデータの持ち方は異なるということです。

PHPのWebアプリケーションに適したデータの持ち方は、データを表現するクラスのインスタンス、そしてそのインスタンスの集合である配列やコレクションです。場合によっては木構造のデータなどもあります。

経験の浅いWebアプリケーションエンジニアはPHPに適したデータの持ち方になるべく近づけたデータベース設計をすることがありますが、たいていうまくいきません。1回だけの使い捨てのアプリケーションでは問題になりづらいのかもしれませんが、長期運用を行うWebアプリケーションとなると話が変わってきます。

階層構造や柔軟な依存関係を表現できる組み込みのデータ構造を持つオブジェクト指向プログラムと、集合論をベースにしたリレーショナルデータモデルは、そもそも異なる考えをベースにして作られています。そのため、一方を他方にそのまま置き換えることができません。

このデータ構造の不整合を**インピーダンスミスマッチ**と呼びます。誤解を恐れずに言うと、Webアプリケーションのプログラムとは、データベースの都合に合わせて格納されたデータを、オブジェクト指向の都合に合わせたデータに上手に変換する、またはその逆のデータ変換を行うことが主たる役割です。

▼インピーダンスミスマッチ

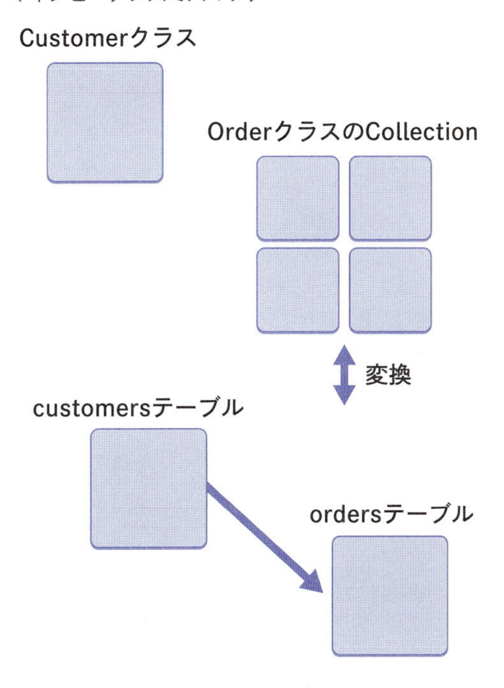

ある程度経験のあるWebアプリケーションエンジニアでも、データベース設計の確たる方針を示せることは稀だと思います。確かにリレーショナルデータモデルに即する考えで行けば、正規形などの形である程度の設計までは理詰めで続けられるのですが、実際のWebアプリケーションで利用するとなると、アプリケーションのソースコードに合わせて少し非正規化を行ったほうが全体的な生産効率は上がる可能性もあります。

ここで紹介する内容は、極めて独善的かつ、内容も絞り込んであります。目指すべきは「現場でたたき台になるレベルの最低限の状態に達するための設計」です。これを考慮しておけば、先輩に「レビューしてください!」と胸を張って言えるでしょう!

大切なのは、業務モデルもデータモデルも、少しずつ判明してきて詳細化されることです。最初から巧緻な設計を目指すのではなく、たたき台を作ったうえで少しずつ詳細化させていく心構えが大切です。

基本の考え方 正規化

データベース関連の資格試験を勉強された方は、正規化という言葉に馴染みが深いと思います。しかし、短時間で正規化について正確に理解することは難しいです。ここではまず、なぜ正規化が必要になるのかを理解しましょう。

正規化とは、要するにデータから矛盾を取り除く理詰めの方法です。そう言われても、なぜ正規化しないといけないのか分かりづらいと思いますので、正規化されていないデータと、正規化されたデータを見比べてみましょう。例えば、ショッピングサイトの注文データを例にします。

正規化されていないデータの例

正規化されていないデータは、専門的な言葉を使うと**関数従属性**が残されたデータです。

▼正規化されていないデータ

注文番号	注文日	商品名	商品価格	数量
A001	2024/9/12	書籍A	3,000	1
A001	2024/9/12	ツナ缶	300	5
A002	2024/9/13	書籍A	3,000	2
A002	2024/9/13	コーンフレーク	500	2
A003	2024/9/14	時計	10,000	1
A003	2024/9/14	書籍B	2,000	1

関数従属性を簡単に表現するならば、情報を損なうことなく別のテーブルに分割可能なデータが残っている状態です。注文番号に対する注文日が重複して列に表示されていたり、商品名と商品価格も重複してでてきています。なんとなく別のテーブルに切り出したほうが良さそうだなと感じるカラムがあります。

では、この正規化されていないデータは駄目なのかと言われると、例えば注文情報を表示するページのプログラムの視点に立つと、実に扱いやすいデータになっています。一行ずつ繰り返し分で出力すればページがそのまま完成しそうです。

正規化されたデータの例

先の正規化されていないデータを、3つのテーブルに分割して正規化しました。

▼注文テーブル

注文番号	注文日
A001	2024/9/12
A002	2024/9/13
A003	2024/9/14

▼注文明細テーブル

注文番号	注文明細番号	商品番号	数量
A001	A001-001	S001	1
A001	A001-002	S004	5
A002	A002-001	S001	2
A002	A002-002	S002	2
A003	A003-001	S003	1
A003	A003-002	S005	1

▼商品テーブル

商品番号	商品名	価格
S001	書籍A	3,000
S002	コーンフレーク	500
S003	時計	10,000
S004	ツナ缶	300
S005	書籍B	2,000

それぞれのデータを種類ごとに分類しました。さっきのデータとの違いは、商品に発生する「要件の追加」が商品テーブルの範囲内に収まることです。正規化されていないデータの場合、商品名が途中で変更になった場合に、すべてのデータを修正する必要がありますが、正規化されたデータでは商品テーブルのデータを修正することで対応できます。（なお、本当のショッピングサイトでは、もう少し複雑な設計になります。）

なんとなく、正規化の意味が分かっていただけたでしょうか？Webアプリケーションに適した構造と、リレーショナルデータベースに適した構造が異なることをよく覚えておきましょう。

もしかしたら、正規化なんて面倒くさい！とか、あえて非正規化していますなどの言い訳が使われることもあるのですが、原則として正規化されていないデータモデルは、運用や仕様変更に弱いです。いっときの楽のために正規化を怠るのはやめましょう。

実際のWebアプリケーション開発では、正規化したデータモデルを利用してプロトタイプとして動作するアプリケーションを作成したあと、業務担当者と、あーでもないこーでもないとレビューと反映を繰り返していきます。

大事なのは業務モデルを洗練していくなかで、完成形に向けて少しずつデータモデルも洗練させることです。この途上において、どうしてもリレーショナルデータモデルとしては不適切な形を受け入れる状況もありえます。どうやって現実の業務を

01
02
03
04
05
06
07
08
09
10
11
12
13
Part 03

データモデルとして表現するのか、試行錯誤しながら進めましょう。1回で最高のモデルは作れません、トライ&エラーで進めましょう。

基本設計方針 null不許可

実に単純明快です。ルールは1つ！カラムの定義にnullを許可するカラムを作らないだけです。このルールはシンプルですが強力です。そもそもリレーショナルデータモデルは理論としてnullが存在しません。

では、なぜ実装であるリレーショナル・データベースにはnullを許可する仕組みが取り入れられているのでしょうか？おそらくそれは、現実の複雑さから致し方なくnullを許可できる実装にしたのだと思います。また外部結合を使うと、結合したテーブルに存在しない項目があったときに、その表現が問題になります。

では、nullを許可するカラムがあると、どんな不都合があるのでしょうか？ここで実際の例を見ていきましょう。例えば、出欠をとるWebアプリケーションを考えてみましょう。

架空の申し込みWebサイト ラジオボタン 参加・不参加

必須項目と、そうではない項目があります。そうではない項目の中にラジオボタンがありますが、ラジオボタンは3つの状態を持っています。1つ目の状態は何も選択されていない状態です。2つ目の状態は「はい」が選択された状態、3つめの状態は「いいえ」が選択された状態です。カラム定義は boolean で null, 0, 1 で3つの状態が表現されています。

これでいいじゃないか？なんの不都合があるのか？ と、思われるかもしれませんが、このnullはWebアプリケーション側に少しずつ暗い影を落としていきます。

申し込みの内容を保持するクラスをPHPで書いたものが下記です。氏名と参加・不参加の情報を格納していますが、参加・不参加をbool値で保持する`participation`プロパティは、nullを保持する可能性があります。そのため、この申込み内容クラスを扱う、その他のすべてのクラスは、このプロパティがnullを保持する可能性を考慮して、条件分岐を追加する必要があります。この申込み内容クラスを扱う場所が10箇所あったら、条件分岐が10箇所増えます。

```
<?php

class Reply {
    public ?bool participation;
}
```

例えば、Replyクラスを扱うコードは必ずnullをチェックする必要があります。

```
<?php

    if (is_null($reply->participation)) {
        //回答無し
    }

    if ($reply->participation === true) {
        //参加
    } else {
        //不参加
    }
```

こうして、テーブル定義に追加されたnullの概念によってWebアプリケーション側に複雑性が追加されました。PHPStanなどを使うとnullをチェックしないコードがあった場合でも静的解析で検出することが可能かもしれませんが、使っていない現場では、1箇所でもnullチェックを怠ると、nullに起因する不具合が発生します。

これらの複雑性が少しずつ蓄積して、ソースコードの複雑性は上がっていきます。今回のサンプルは1箇所のみなので簡単に見えますが、nullを許可するカラムがたくさん存在すると、この条件分岐の数が掛け算で増えていきます。そしてアプリケーションコードがケアしなければならない状態が増えます。

ちなみに今回の例の場合、必須項目の一時保存時でもラジオボタンの選択を必須にするなどの仕様変更を行い、テーブル定義側のnull許可をなくすことができます。どうしてもnullを許可するのであれば、申込みテーブルから、参加・不参加の情報をテーブルとして独立させることでも解決できます。

私としては仕様変更させるほうが全体的にシンプルな状態に至ると思います。それに多分、そこにそんなこだわりがある人はいないです。null許可をなくす視点で仕様や、全体の複雑性低減に繋がります。

null許可は極力なくす努力をしましょう。すくなくとも、新規開発、追加開発で作成する新規テーブルであれば、nullは絶対許可しない気持ちで設計しましょう。

データ型と制約の利用

本節では、設計の基本として、正しいデータ型の選定と適切な制約の利用について説明します。最近、一部の開発者の間で、データベースの機能を十分に活用せずに開発を進めるケースが見受けられます。

例えば、数値や文字列を区別せずに格納できるデータ型を選んだり、データの整合性エラーを避けるために制約を設定しない事例です。しかし、こうした設計は後々のトラブルにつながる可能性があります。本章を参考にして、データベースの機能を正しく活用し、堅牢で信頼性の高いシステムを設計しましょう。

正しいデータ型の使用

データベース設計において、各列（フィールド）に対して適切な**データ型**を選ぶことは、システムのパフォーマンスやデータの整合性に大きな影響を与えます。

例えば、日付情報を扱う場合にはDATETIME型やDATE型を使用することで、正確な時刻や期間の計算が可能になります。逆に、数値情報を文字列型で保存すると、検索や計算の処理が複雑になり、パフォーマンス低下やエラーの原因になります。

正しいデータ型を使用することで、データの整合性を保ちつつ、効率的にシステムを運用できます。

外部キー制約の重要性

外部キー制約は、異なるテーブル間のデータの整合性を保つために重要です。外部キーを正しく設定することで、一方のテーブルに存在しない値がもう一方のテーブルに挿入されるのを防ぎます。

例えば、顧客情報を管理するテーブルと注文を管理するテーブルがある場合、注文テーブルのcustomer_idには、必ず顧客テーブルに存在する顧客IDのみを登録します。これにより、データの不整合が発生するリスクを減らすことができます。

ユニーク制約の設定

ユニーク制約は、特定の列（もしくは列の組み合わせ）に対して、重複するデータが存在しないことを保証します。例えば、ユーザーのメールアドレスや社員番号など、システム内で一意であるべきデータにユニーク制約を設けることで、重複登録のミスを防止できます。これにより、システムの信頼性を高め、データの一貫性を維持することが可能になります。

Section

11-03 基本のリレーションシップ

複雑にみえて、基本のパターンは3つだけ！恐れることなかれ！

このセクションのポイント

1 基本パターンをとにかくおさえる
2 テーブル関連図からデータ構造が読み取れるように
3 特殊なパターンについては専門書籍に頼ろう

この章では、テーブル間の**リレーションシップ**における設計パターンについて解説します。すでに知識のある方にとっては基本的な内容ですが、ほとんどのリレーションシップはこの章で紹介する3つのパターンに集約されます。驚くことに、たった3つでほぼすべてをカバーできるのです。では、1つずつ詳しく見ていきましょう。

1対1 のリレーションシップ

まずは、**1対1**のリレーションシップを見てみましょう。次の例は、主たるデータとしてのusers テーブルが存在した上で、付帯情報としての user_profiles テーブルが定義されています。user_profilesテーブルは、外部キーとして user_id を持っています。もととなるテーブルに対して追加でデータを紐づけたい場合に使います。

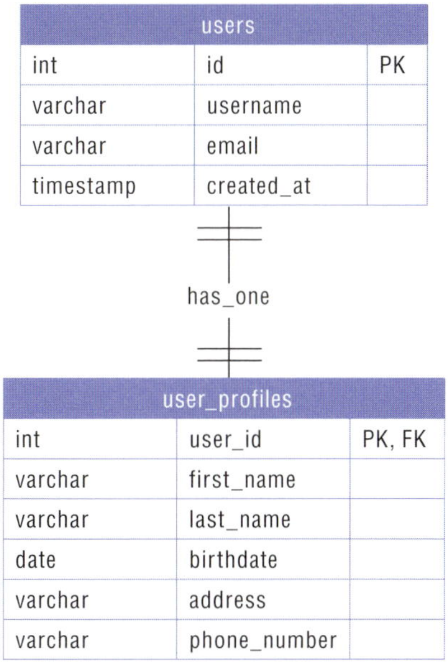

users		
int	id	PK
varchar	username	
varchar	email	
timestamp	created_at	

has_one

user_profiles		
int	user_id	PK, FK
varchar	first_name	
varchar	last_name	
date	birthdate	
varchar	address	
varchar	phone_number	

場合によっては、相手が存在しない場合も有りえます。ER図などでは白丸で表現されることもありますが、その場合は最大で1対1になるが1対0も有り得るリレーションシップになります。リレーションシップだけから、どのデータが格納されるのか、どの業務なのかが見えますね。こう考えられるとテーブル設計が楽しくなってきます。

実際にデータベース運用では、`users` テーブルへのカラム追加が困難なケースがあります。例えば、カラム追加時に更新するデータ量が多い場合、ロックによってサービスの一時停止、または動作が遅くなる可能性があります。その場合は、今回の `user_profiles` テーブルのような1対1のリレーションシップを持つ付帯情報テーブルを作成して、新しい情報はそちらに追加します。そうすることで、安全に`users`テーブルを拡張できます。

1対多のリレーションシップ

1対多もよく使うリレーションシップです。例として顧客と注文のテーブル設計を見ていきましょう。一人の顧客は複数の注文行うことができます。1対1のリレーションシップと異なるところは、`orders`テーブル側が主キーとして `order_id`を持っていることです。これにより一人の顧客に紐づく複数の注文をデータとして格納できます。

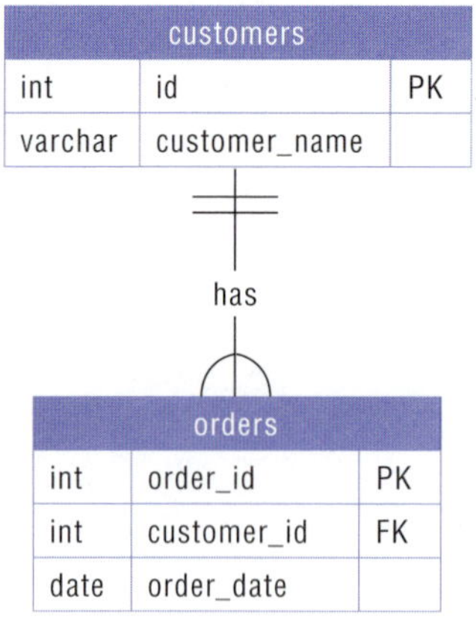

customers		
int	id	PK
varchar	customer_name	

has

orders		
int	order_id	PK
int	customer_id	FK
date	order_date	

この場合も、`orders`テーブルにレコードが存在しないパターンがあります。`orders`テーブルのデータ数がそのまま注文の数を表現します。`orders`テーブルには日付を持たせてあるので、特定の日時で絞り込むことで顧客に対する注文レコードを参照できます。1対多は頻出するリレーションシップです。この例以外にも、会議と添付書類、試合とチケットなど、さまざまな業務モデルで使われます。

多対多

多対多（Many-to-Many）のリレーションシップは、2つのテーブルの間で、それぞれのテーブルが互いに複数のレコードと関連付けられる場合に使用されます。このリレーションシップを表現するには、通常、**中間テーブル**（**junction table** または **join table**）を作成して管理します。例として、生徒と授業の例をあげます。

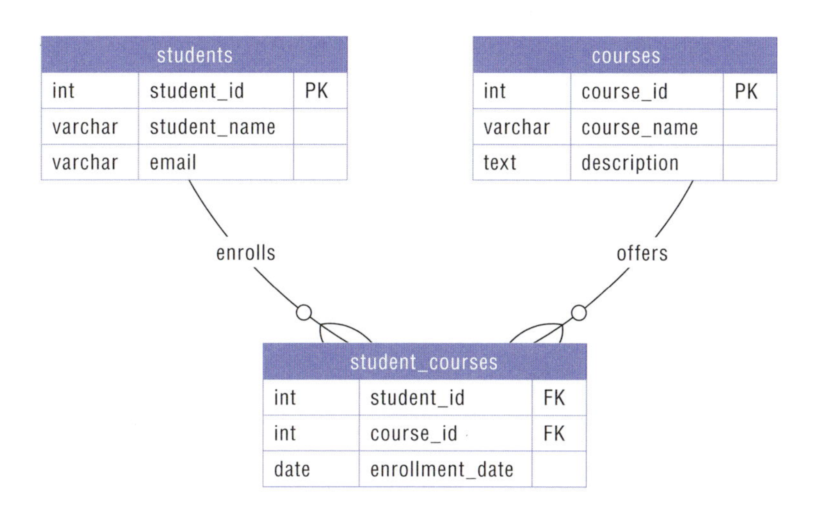

多対多のリレーションでは、一方のテーブルの1つのレコードが、もう一方のテーブルの複数のレコードに関連付けられ、逆もまた同様です。例えば、1人の生徒が複数の授業を履修でき、1つの授業には複数の学生が参加できます。

多対多のリレーションシップは、中間テーブルを使用して管理します。中間テーブルには、2つのテーブルの主キーが外部キーとして含まれ、それにより多対多の関係が表現されます。今回の例では、生徒の主キー`student_id`と授業の主キー`course_id`を中間テーブル`student_courses`に持ちます。この中間テーブルには主キー以外にも必要な情報（例：受講登録日、成績など）を持たせることができます。

Webアプリケーションフレームワークも多対多を上手に扱うための機能性が提供されています。Laravelの例ですが、HasManyThrough＊1を使うことで、関連テーブルを経由して、多対多の相手のテーブルを取得するコードを表現できます。ORMが嫌いな方は顔をそむけたかもしれませんが、業務モデルを洗練させていくプロトタイプの過程では、ORMを使って高速に開発できることは重要です。

この他にも**ナイーブツリー**などの木構造を表現するパターンなどあるのですが、基本的には通常の業務においては、上の3つのパターンをどう組み合わせるのかが

＊1 https://laravel.com/docs/11.x/eloquent-relationships#has-many-through

データベース設計です。

この3つのパターンを抑えた上でER図を眺めると、実際にこの3つ以外にパターンがないこと、またパターンからデータがどんな表現をされるのか、どの業務が行われるのかというのが透けて見えてきます。

もし見えてこない場合は、データベース設計がおかしいのかもしれません。こればかりは経験が大切なので、日々色んなデータベース設計にトライしてください。

最後に、PHPでよく使われるORマッパーを2つ紹介します。 Symfonyフレームワークで採用されているDoctrine ORマッパーとLaravelフレームワークで採用されているEloquent ORマッパーが知名度も高く利用者も多いです。ドキュメントも豊富で、書籍や雑誌でも取り扱われることが

多いため、学習も容易です。いずれも、フレームワークを利用せずに、単体でORマッパーとしてだけ利用することも可能ですので、まずは気軽に試してみることをおすすめします。

Section 11-04

ORマッパー

SQLを書かなくてもデータベースから情報を取得できる。

このセクションのポイント

1. アプリケーション開発の効率を大幅にアップさせる仕組み
2. パフォーマンスの懸念など、ORマッパーの弱点も理解しておこう
3. SQLの知識がなくて良いわけではない

ORマッパー（ORM: Object-Relational Mapper）は、オブジェクト指向プログラミングとリレーショナルデータベースの間のデータ変換を自動化するツールやライブラリのことです。ORMはデータベースのレコードをオブジェクトとして扱い、コード内でのデータ操作をオブジェクトに対するメソッド実行で表現しています。

例としてbooksテーブルを考えてみます。

▼booksテーブル

列名	データ型	NULL許可	デフォルト値	備考
book_id	INT	NOT NULL	AUTO_INCREMENT	主キー
title	VARCHAR(255)	NOT NULL	なし	書籍タイトル
author	VARCHAR(255)	NOT NULL	なし	著者
isbn	VARCHAR(13)	NOT NULL	なし	国際標準図書番号(ISBN)、一意性制約
published_date	DATE	NOT NULL	なし	出版日

booksテーブルに該当するBookクラスを作成します。そして `Book::all()` などとすると、テーブルのデータを全件取得することができます。

ORマッパーは下記の順序でデータベースからデータを取得します。

- Informationスキーマを検索
- 取得した情報から、テーブルのカラム情報を使ってSQLを組み立てる
- SQLを実行してデータを取得する

ORマッパーは実際にデータを取得するまでに、クエリを組み立てるための情報をデータベースに問い合わせるため、効率の点では悪いと言わざるを得ません。ただし、カラムの情報が隠蔽されているため、テーブルの中身が多少変更になっても

ソースコードは変更する必要がありません。ORマッパーを使うことで、特に要件が定まっていない初期段階ではトライ&エラーを効率的に行えます。まさに**RAD**(Rapid Application Development)のためのツールと行っても過言ではありません。

ORマッパーは、パフォーマンスの懸念や、複雑なクエリ表現が苦手などの理由で批判を浴びることが多いですが、そもそもが新規開発時の曖昧な要件によって発生する頻繁なデータモデル変更を、プログラム側で隠蔽するためのツールですから、批判は的外れです。まず、動作するプロトタイプを作成した上で、さまざまなフィードバックを柔軟に取り入れるフェーズにおいてはORマッパーは強力なツールです。

Section 11-05

マイグレーション

テーブル追加・変更などの構造変更をプログラムから実行する仕組み。

このセクションのポイント

1. データベースの変更をソフトウェア変更と同列で扱う
2. 変更適用、変更取消をコマンドで行う
3. ただし、本番データベースへの適用は慎重に考えよう

マイグレーションは、**RAD**（Rapid Application Development）において必須とも言える仕組みです。DDLと呼ばれるデータベースのテーブル生成クエリをソースコードとして管理し、コマンド実行の形式でテーブル作成が行います。

Laravelのマイグレーションを例に取りましょう。usersテーブルを生成するソースコードです。カラムの定義、ユニーク制約がソースコードで表現されています。upメソッドはテーブルの生成、downメソッドはupで定義された生成文を元の状態に戻す内容を記述します。今回の例ではusersテーブルを削除します。

```
<?php

declare(strict_types=1);

use Illuminate\Database\Migrations\Migration;
use Illuminate\Database\Schema\Blueprint;
use Illuminate\Support\Facades\Schema;

return new class extends Migration
{
    /**
     * Run the migrations.
     *
     * @return void
     */
    public function up()
    {
        Schema::create('users', function (Blueprint $table) {
            $table->id();
            $table->string('name')->unique();
            $table->timestamps();
        });
```

```
    }

    /**
     * Reverse the migrations.
     *
     * @return void
     */
    public function down()
    {
        Schema::dropIfExists('users');
    }
};
```


定義したマイグレーションの実行はコマンドで行います。コマンド一発でテーブルが生成されます。

```
php aritsan migrate
```

実行したマイグレーションを取り消す場合もコマンドで実行します。開発初期は何度もテーブル設計を見直す機会があるので、この機能は必須です。

```
php artisan migrate:rollback
```

どのマイグレーションが実行されたかの情報は migrationsテーブルに格納されます。通常開発時には特に中身を参照することはありませんが、マイグレーションコマンドが動作しないときなどは直接中身を見ることで解決のヒントが得られるでしょう。

マイグレーションを用いることで、テーブルの作成・変更がそれぞれコマンドで簡単に実行できます。CI/CDのときなどはテスト用のデータベースもコマンドで生成できるなど、プログラマーは目の前のアプリケーション開発に専念すれば、データベースの生成までがソースコードで表現され、DDLを別途準備するなどの手間がなくなります。

しかし、マイグレーションは、本番運用では考慮すべき点があります。本番環境にソースコードをデプロイするタイミングとテーブルを作成するタイミングを上手にあわせないと、とあるテーブルを利用するソースコードが先にデプロイされ、デプロイ後にマイグレーションを実行するあいだ、アプリケーションが正常に動作しない問題が発生します。この場合は、ステージング環境、本番環境は、開発環境とは異なる形式でDDLの反映を行うなどの工夫が必要です。

▼マイグレーションタイミングが難しい

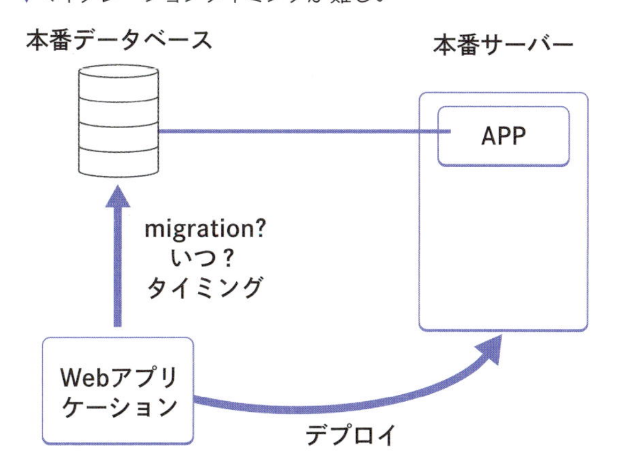

ただ純朴にマイグレーションを使った開発をしていると、実運用時の問題が見えてこないことがあります。上の運用の図を踏まえたうえで、どういったアプリケーション開発をすると、問題なく本番運用までを迎えられるでしょうか？

例えば、テーブルの生成を行うマイグレーションファイルのみを先にリリースして、テーブルの生成までを正しくおこなったあとで、そのテーブルを利用するアプリケーションのソースコードをデプロイするなどの戦略もたてられます。

もしくは、ステージング・本番環境ではマイグレーションを使わず、DDLを作成して、データベースに対して直接実行を行った上で、ソースコードをデプロイするなどです。

マイグレーションは開発時に便利ですが、そのままどんなときでも利用できるツールではありません。時と場合を考えて上手に利用しましょう。

まとめ

データベースの設計については、とにかく経験、特に実際に自分が設計したテーブルを使ったアプリケーションを数年単位で運用する経験が一番です。どんな設計をすると、運用時にどんな辛さが発生するのかを身をもって経験することで、よりよい設計を行うスキルが身につきます。

データベースについては、細心の注意を払って設計したとしても要件の変更によって、いびつな形になることがよくあります。覚えておいてほしいのは、データベースのリファクタリングは実に困難な作業であり、実運用しながらのデータベースリファクタリングはほぼ不可能です。

つまり、最初にどの設計をしておくのか、どれくらいのデータがテーブルに入るのか？などをある程度正しく見積もることが肝要です。

もし、実業務でデータベース設計を任せてもらえない場合は、データベーススペシャリストの試験勉強などもおすすめです。とにかく設計のレベルを上げるにはやるしかありません。たくさん、色んなデータモデルを見て、実力を磨きましょう。

アプリケーション開発プロセス

PHP が扱うアプリケーションはどんどん規模が大きくなってきており、複数人のチームでの対応が必要となってきています。このパートではチーム開発をするために知っておくべき知識を学びます。

Part 04 アプリケーション開発プロセス

日常的な開発プロセス

PHP が扱う Web アプリケーションにおいて、ほとんどの場合は複数人のチームで開発することになるでしょう。
本章では、チームで開発する際の実践的な手法とその重要性を学んでいきます。

Contents

12-01 アジャイル開発 ………… 316
12-02 テスト駆動開発（TDD） ………… 319
12-03 PHP における自動テスト ………… 327
12-04 コードレビュー ………… 339

Section

12-01 アジャイル開発

ソフトウェア開発は年々難しさが増してきています。そんな難しさに立ち向かうために必要なアジャイル開発について見ていきましょう。

このセクションのポイント

1 アジャイル開発とは、アジャイルという価値観に根ざした複数の開発手法を指す
2 アジャイルの定義には、4つの価値と12の原則のみが存在する
3 アジャイルは「やり方」ではなく「あり方」である

ソフトウェア開発は簡単ではなく、年々難しさが増してきています。どんなに事前にきっちり計画しても、実際に開発を進めていくと意図していなかった事象が必ずと言っていいほど出てきてしまいます。

・途中で、新たな欲しい機能が出てきた。
・思っていたよりも開発するのが大変で、開発に時間がかかりすぎてしまった。
・開発に時間がかかりすぎてしまった結果、それ自体に意味がなくなってしまった。
・実際に作ってみたら、思っていたのとなんか違うと言われしまった。

といった具合に色々なことが起こります。

アジャイル開発とは何か？

それではソフトウェアを開発するのに、私たちは何をしたらいいのでしょうか？それは次のような内容です。

・顧客の持っている課題を知る
・課題に対しての解決策を小さく区切って、優先度順に素早く作る
・作ったものを実際に顧客に使ってもらった上でフィードバックを得ることを繰り返す
・顧客や関係者から継続的にフィードバックを得ながら、計画を変えていく

このような進め方を**アジャイル開発**と呼びます。しかし、厳密にはアジャイル開発という単一の開発手法が存在するわけではなく、アジャイルという価値観に根ざした複数の開発手法が存在しています。主な手法に、**スクラム**、**エクストリーム・プログラミング**（XP）、**適応型ソフトウェア開発**（ASD）などがあります。

アジャイルとは、2001 年に当時のソフトウェア開発の分野で名声のある 17 名によって生み出された概念です。アメリカ合衆国のユタ州のスノーバードというスキーリゾートに集まり、個々に提唱していた開発手法を持ち寄って、それらを統合することを試みました。

そうして、これらの開発手法における共通の価値観を表現したのが、アジャイルソフトウェア開発宣言＊1です。次図に全文を載せたので、ぜひ一度読んでみてください。

また、この 4 つの価値以外にも、アジャイル宣言の背後にある原則＊2として、12 の原則が書かれています。

▼アジャイルソフトウェア開発宣言

私たちは、ソフトウェア開発の実践
あるいは実践を手助けをする活動を通じて、
よりよい開発方法を見つけだそうとしている。
この活動を通して、私たちは以下の価値に至った。

プロセスやツールよりも**個人と対話**を、
包括的なドキュメントよりも**動くソフトウェア**を、
契約交渉よりも**顧客との協調**を、
計画に従うことよりも**変化への対応**を、

価値とする。すなわち、左記のことがらに価値があることを
認めながらも、私たちは右記のことがらにより価値をおく。

Kent Beck
Mike Beedle
Arie van Bennekum
Alistair Cockburn
Ward Cunningham
Martin Fowler
James Grenning
Jim Highsmith
Andrew Hunt
Ron Jeffries
Jon Kern
Brian Marick
Robert C. Martin
Steve Mellor
Ken Schwaber
Jeff Sutherland
Dave Thomas

© 2001, 上記の著者たち
この宣言は、この注意書きも含めた形で全文を含めることを条件に
自由にコピーしてよい。

実は、アジャイルの定義としては、この4つの価値と12の原則しかありません。とてもシンプルであるがゆえに、実践がとても難しいとも言えます。そのため、まずはスクラムなどの開発手法やプラクティスなどを通じて実践してみたうえで、迷ったときにこれらの言葉に立ち戻ってみてください。きっと価値基準や判断基準をくれることでしょう。

＊1 https://agilemanifesto.org/iso/ja/manifesto.html
＊2 https://agilemanifesto.org/iso/ja/principles.html

アジャイルになる（Be Agile）

私たちは、何かと正解を求めてしまいます。実際にアジャイルな開発に取り組み始めると、右も左も分からず、どうしても答えというものに頼りたくなってしまいます。では、アジャイルにおける正解とは、何でしょうか？

その答えを探っていくために、アジャイルソフトウェア開発宣言に立ち返ってみましょう。冒頭に次のような記載があります。

> 私たちは、ソフトウェア開発の実践
> あるいは実践を手助けをする活動を通じて、
> よりよい開発方法を見つけだそうとしている。

このように、この文では「見つけた」という過去形ではなく、「見つけだそうとしている」という現在進行系で書かれています。つまり、完璧な方法はまだ見つかっておらず、まだ試行錯誤している最中ということです。そのため、アジャイルにおける正解とは何か？　という問いに対しては、残念ながら「まだ正解がない」という答えになります。では、正解がない中で私たちは何をしたらいいのでしょうか？

次はアジャイル宣言の背後にある原則に立ち返ってみましょう。末尾に次のような記載があります。

> チームがもっと効率を高めることができるかを定期的に振り返り、
> それに基づいて自分たちのやり方を最適に調整します。

このように、何かをすればゴールではなく、継続的なカイゼンを行い、やり方を変えていく必要があるということが書かれています。つまり、常に変化し続けられる柔軟さを持つことが重要ということです。

ここまで述べてきた通り「これをすればアジャイル」といった銀の弾丸は存在しません。私たちは、成果をあげていくために、常に変化し続けられる柔軟さを持った上で、自分たちのやり方を最適に調整できるようにしておくことが必要です。重要なのは、「アジャイルをする（Do Agile）」のではなく、「アジャイルになる（Be Agile）」ことです。つまり、アジャイルは「やり方」ではなく「あり方」なのです。

Section 12-02

テスト駆動開発（TDD）

アジャイル開発をするのに適した開発スタイルである、テスト駆動開発（TDD: Test-Driven Development）について見ていきましょう。

このセクションのポイント

1 テスト駆動開発の始まりは、やるべきことを整理するところから始まる
2 その後は「Red - Green - Refactor」のサイクルで開発する
3 テスト駆動開発はいくつかのプラクティスと組み合わせることで、さらに効果を高めることができる

アジャイル開発では、動くソフトウェアを重視しています。アジャイル宣言の背後にある原則には、次のような記載があります。

> 顧客満足を最優先し、
> 価値のあるソフトウェアを早く継続的に提供します。
>
> （中略）
>
> 動くソフトウェアこそが進捗の最も重要な尺度です。

動くソフトウェアに対して「進捗の最も重要な尺度」と表現しており、これを重要視していることが見て取れます。また、そこで動いているのは顧客が満足するような「価値のあるソフトウェア」です。では、価値のあるソフトウェアが動いているとは、どのような状態でしょうか？

> 顧客が使用するのにストレスになるような不具合がない。

これに限るのではないかと思います。しかし、私たちが作るべきソフトウェアは年々複雑さが増し、不具合なく作ることが難しくなっています。アジャイルでは開発の後期でも要求の変更を歓迎するので、新たに追加されるコードだけでなく、既存のコードベースにも手を加えることが多くなります。そんな中で、私たちはどうやってソフトウェアの価値を保ちながら、しかも「早く継続的に」開発していくとよいのでしょうか？

それは、テストを自動化し、コードの修正の度にテストを自動実行して、すべてのテストがパスしている状態を維持しながら開発することです。このような開発スタイルをテスト駆動開発（TDD：Test-Driven Development）と呼びます。

テスト駆動開発の概念と利点

テスト駆動開発には、シンプルな2つのルールがあります。それは次の通りです。

・自動化したテストが失敗したときのみ、新しいコードを書く。
・重複を除去する。

また、このルールにしたがって作業を実施すると、次のようになります。

1. テストリストを作成する
2. 動作しないテストを書く（Red）
3. 成功するコードを書く（Green）
4. 必要に応じてリファクタリングを行う（Refactor）
5. テストリストが空になるまでRedのステップに戻って繰り返す

▼テスト駆動開発の手順

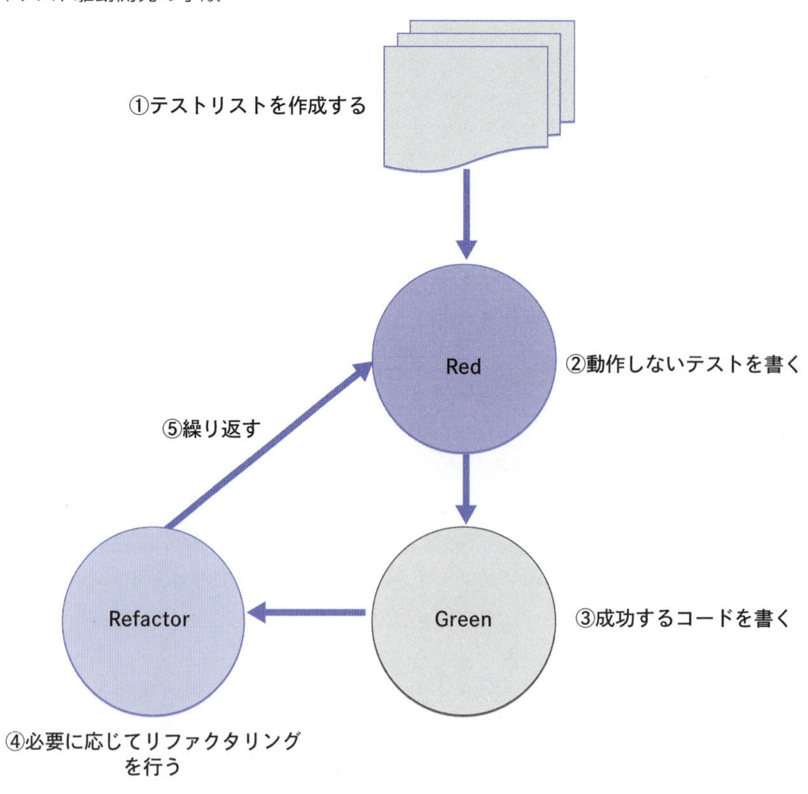

このような手順を踏むことで、不具合発生率を低く抑えながら、既存のコードベースにも安心して手を加えることができるようになります。

以降でこの手順について詳しく触れていきますが、詳しくは『テスト駆動開発』*1を参照ください。

Step 1 テストリストを作成する

テスト駆動開発の始まりは、やるべきことを整理するところから始まります。よくある誤解として、「テスト駆動開発は、いきなりコードを書き始める」というものがありますが、そうではありません。これは「Red - Green - Refactor」のイメージが強く先行しすぎてしまったことが原因の 1 つだと思われます。

このステップでは、新しい振る舞いにおいて期待される動作をリストアップします。言い換えるなら、どのようなテストを書けば、それらのテストが通った時に、新しい振る舞いを正しく満たすコードが完成したと自信を持って言えるのかを考えることです。新しい振る舞いが満たすべきさまざまな動作を網羅的に考え、分析します。

ポイントは、実装の設計判断を持ち込まないということです。

以降のステップでも同じことが言えますが、テスト駆動開発では「シンプルに行う」ということを意識すると上手くサイクルを回すことができます。シンプルなタスクの組み合わせによってフィードバックサイクルが短時間で回る点がテスト駆動開発の良さであり強みです。

Step 2 動作しないテストを書く（Red）

テストリストが作成できたら、次はその中から「ひとつだけ」取り出して、自動化されたテストを書いて実行しましょう。おそらくテストが失敗するはずです。失敗することで不安になるかもしれませんが、安心してください。私たちが次にやるべきことがシンプルになっただけです。

ポイントは、テストリストから「ひとつだけ」取り出すことです。よくある誤解として「テストリストに書き出したテストケースを全部自動化することから始める」ということがあります。その場合、途中で新しいことが分かってテストリスト全体の修正が必要になったらどうするのでしょうか？

テストケースがひとつ成功した時に、それでもまだテストが成功していないケースが大量にあったらどんな気持ちになるでしょうか？

ぜひ、焦らずシンプルにサイクルを回していきましょう。

Step 3 成功するコードを書く（Green）

テストが失敗したので、成功するように修正しましょう。

この過程で、テストリストに新たにケースを追加したい場合があるかもしれません。そうしたら、いったんテストリストにケースを追加して、すぐにコードの修正に戻りましょう。

しかし、実施順まで考えることはしないでください。実施順については、次にテ

*1 『テスト駆動開発』（ケント・ベック 著、和田卓人 訳、オーム社、2017 年）

ストリストからひとつだけテストケースを取り出す時に考えましょう。

ポイントは、できるだけシンプルに素早く修正することです。焦ってリファクタリングまでやらないように注意しましょう。引き続き、焦らずシンプルにやることを心がけます。

Step 4 必要に応じてリファクタリングを行う（Refactor）

ここまで来たら、ようやく実装の設計判断について考えます。

ここで小さくリファクタリングを積み上げておくことで、変更容易性を高めながらコードベースの質を高めることができます。リファクタリングは、あとでやろうと考えていると結局着手できないタスクの典型例なので、常にやることに組み込んでおくことが重要になります。

もしかすると、修正を加えた時に今まで動いていたコードベースが正しく動かなくなってしまうのではないか？　という不安があるかもしれません。しかし、すでにこの時点で考えるべきテストケースがすべて自動化されているので、常にすべてのテストケースを成功させることでその不安を払拭しながらリファクタリングの作業に集中できます。このステップを経ることで、テストが自動化されていることの有り難みを感じることができるでしょう。

ポイントは、重複を除去することにこだわりすぎないことです。よかれと思ってコードを共通化させたけど、後からの仕様追加によって仕方なく条件分岐を追加して対応したといった経験はないでしょうか？　共通化を急ぎすぎると、かえってコードベースの変更容易性を下げてしまうことになります。悩んだら共通化は止めてみるくらいにして次に進むと、未来の自分を助けることになるかもしれません。

Step 5 テストリストが空になるまで Red のステップに戻って繰り返す

おめでとうございます。今あるテストケースがすべて成功し、リファクタリングまで実施しました。しかし、まだテストリストは残っているので、これらがすべて終わるまで Red のステップに戻ってこのサイクルを繰り返し実施します。

途中でテストケースに対する追加があれば、ここで着手順を改めて考えましょう。次に書くテストケースをひとつ選び出すのは重要なスキルです。しかし、それは経験によってのみ得られるものなので、まずは自分が重要だと思ったものを選んでみましょう。

もし、翌日以降に作業を持ち越す場合は、「Step 2 動作しないテストを書く（Red）」で作業を止めておきましょう。次に作業をするのが翌日であればまだよいのですが、連休などを挟んで数日空いてしまうと、それまで自分たちが何をしていたか覚えておくことは困難を極めます。そんなときでもテストを実行することから始めるようにすれば、テストが失敗してやるべきことを教えてくれるので、スムーズに作業を開始できるようになります。

テスト駆動開発の効果を高める

テスト駆動開発は、それ単体でも素晴らしい効果を発揮します。しかし、チームで開発をしている場合、あわせて複数のプラクティスを組み合わせることで、さらに効果を高めることができます。

以降では、テスト駆動開発と組み合わせることで、さらに効果を高めることができるプラクティスをいくつか紹介します。

ペアプログラミング/モブプログラミング

最初に紹介するのは「**ペアプログラミング**」と「**モブプログラミング**」です。

ペアプログラミングとは、文字通り2人1組でペアを組んでプログラミングを進めていく開発手法の1つです。これは、XPのプラクティスの1つで、同じ1つのマシンを2人で交互に使用するのが基本的なやり方です。

基本的な流れは次の通りです。

1. 実際にキーボードを打つ「ドライバー」と、それをサポートする「ナビゲーター」の役割に分かれる
2. 開発の区切りのよいところで役割を交代し、プログラミングを行う
3. 数時間毎にペアのパートナーを交換し、またプログラミングを行う
4. 1 日の最後にふりかえりを行い、次回カイゼンできそうなアクションを考え、実行する

テスト駆動開発を組み合わせると、テストリスト毎に役割を交代することで、一定のリズムでプログラミングができます。またそれだけでなく、常に会話をしながら作業を実施するため、チームとしての一体感を高めることが期待できます。

さらに、**モブプログラミング**という、2名以上のチームでプログラミングする活動も存在します。モブプログラミングは、基本的にペアプログラミングと進め方は変わりません。しかし、ペアプログラミングに比べ、チーム全体での知識の共有を促進できます。そのため、設計方針を決めたり、共通のルールを決めたりと、全員の認識を揃えた上で作業を進めたい時に役立ちます。

ペアプログラミングやモブプログラミングでは、次のような効果が期待できます。

・職務に集中できる
・コードベースの品質を向上させることができる
・知識の共有を促進できる
・チームとしての一体感を高めることができる
・即座にフィードバックされ、成長につながりやすくなる

01 02 03 04 05 06 07 08 09 10 11 12 13 Part 04

継続的インテグレーション（CI）

次に紹介するのは**継続的インテグレーション**（CI: Continuous Integration）です。

継続的インテグレーション[*1]とは、コード変更をGitHubなどのような共有ソースコードリポジトリに一日複数回取り込む手法のことです。（詳しくは、13章を参照ください）

コードベースを常に統合し、テストを走らせて動く状態にしておくことで、エラーの検出を早めるという考え方は、テスト駆動開発との親和性がとても高くなっています。テスト駆動開発では、必ず自動テストを書いているため、通常はテストしやすいコードが書かれることになります。そのため、テストコードのメンテナンスコストが下がるのですが、この「メンテナンスコストが低いテストコードの作成」は非常に複雑なため、CIと組み合わせることで高い効果を発揮します。

トランクベース開発

最後に紹介するのは「**トランクベース開発**」です。

トランクベース開発[*2]とは、小さく分解した作業を頻繁にメインブランチにマージする開発手法のことです。

よく対比されるものとして、GitHub Flow が挙げられます。これは、mainブランチとfeatureブランチの2つで構成され、次の手順で実施されます。

1. 開発者が main ブランチから、feature ブランチを作成する
2. 開発者は自身の作業を feature ブランチ上で個別に行う
3. 作業が完了し、準備が整ったら、main ブランチにマージする

次図のようなイメージです。

＊1 https://dora.dev/capabilities/continuous-integration/
＊2 https://dora.dev/capabilities/trunk-based-development/

▼代表的な GitHub Flow の手順

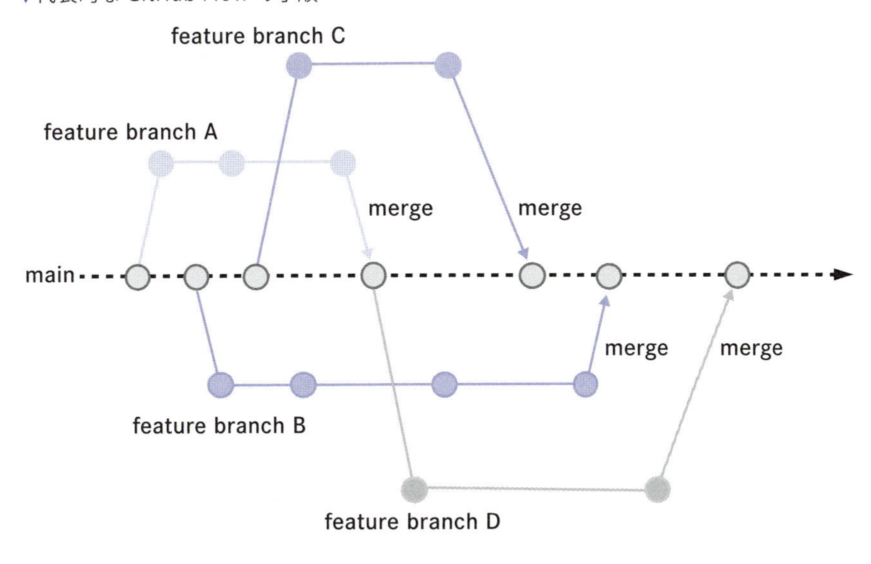

では、トランクベース開発はどのような手順で実施するのでしょうか？
それは次の通りです。

1. 開発者は自身の作業を mainブランチ上で行う
2. 作業が完了したら、mainブランチに直接プッシュする（少なくとも1日に1回は実施する）

以上です。次図にこの手順を図式化したので、あわせてご覧ください。とてもシンプルなので、もしかすると不安に感じたかもしれません。しかし、トランクベース開発を実施することで、mainブランチへのマージの際に発生する複雑な作業を削減し、不具合の検知を早めることができます。

▼代表的なトランクベース開発の手順

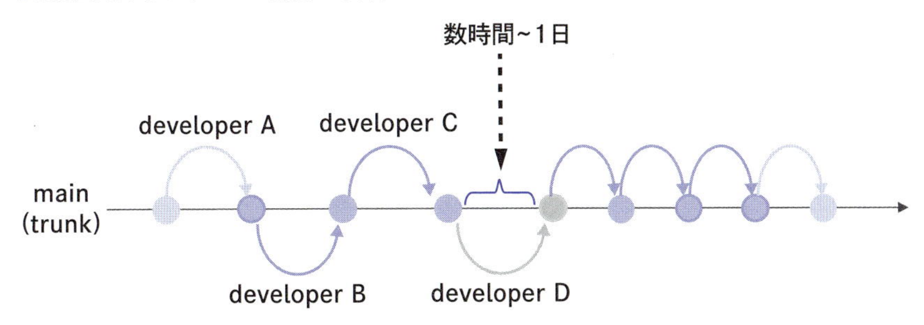

とは言いつつ、いきなりトランクベース開発を導入するのは難しいので、ここで前述の２つのプラクティスが活躍します。

ペアプログラミングを実施することで、常にコードレビューがされている状態となり、追加のコードレビューが不要になります。そうすることで、変更内容をコードベースに反映するまでのリードタイムを短くできます。つまり、顧客に素早く価値提供できるようになります。

また、**CI**は高速にフィードバックを得るために必須な仕組みです。もはや、あることが大前提と言えるかもしれません。

さらに、**テスト駆動開発**と組み合わせることで、常にテストが通っている状態を維持しながら高速にフィードバックを得ることができるので、変化に対してとても強い状態を作ることができます。

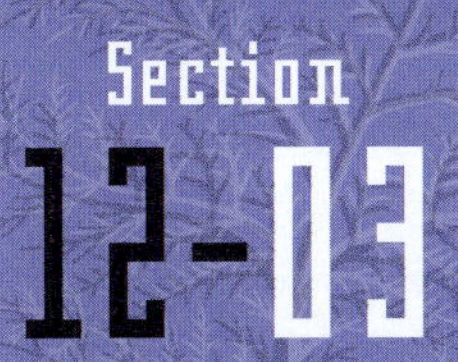

Section 12-03 PHPにおける自動テスト

実際にPHPで自動テストを実行する方法について、テスト駆動開発の手順に沿って解説します。

このセクションのポイント

1. PHPUnitとは、PHPの単体テストを行うためのフレームワークである
2. Composerを使用することで簡単に使えるようになる
3. テストケース名は、ソフトウェアエンジニア以外の人が見ても、何が起こっているのかわかるように書く

ここまで読んでいただければ、きっと自動テストを書くことでの恩恵については、理解していただけたかと思います。

本節では、実際にPHPで自動テストを実行する方法について解説します。とくに断りがない場合、サンプルコードはPHP 8.3 / PHPUnit 11.3で動作しているものとします。

事前準備

PHPUnit[*1]を使うためには、Composerが必要になります。(詳しくは、4章を参照ください)

Composerのインストールが完了したら、まずは次のコマンドを実行し、PHPUnitをインストールしましょう。

```
composer require phpunit/phpunit --dev
```

インストールが成功していれば、次のコマンドを実行することでバージョンが表示されます。

```
vendor/bin/phpunit --version
```

ここまでの作業が完了すれば、PHPUnitを使ったテストを実行できるようになります。

しかし、追加でやっておくとテストの実行が楽になる設定がいくつかあるので、作成してみましょう。

オートローディングの設定

まずは、オートローディングの設定です。(詳しくは、4章を参照ください)今回

＊1　https://phpunit.de/index.html

は、app ディレクトリ配下に「App」という名前空間を紐づけます。
設定方法は、まず composer.json に次の記述を追記します。

▼composer.json

```
{
  "autoload": {
    "psr-4": {
      "App\\": "app/"
    }
  }
  ...
}
```

しかし、このままではまだ設定が反映されていないため、次のコマンドを実行します。

```
composer dump-autoload
```

これで設定が完了しました。

テスト実行時に指定するオプション設定

次に、テスト実行時に指定するオプションを設定します。この設定をすることで、テスト実行タイミングで毎回指定したいオプションを省略できます。
設定方法は、プロジェクト直下に phpunit.xml を新規作成するだけです。

▼phpunit.xml

```
<?xml version="1.0" encoding="UTF-8"?>
<phpunit bootstrap="vendor/autoload.php" colors="true">
    <testsuites>
        <testsuite name="Sample Test Suite">
            <directory>tests</directory>
        </testsuite>
    </testsuites>
</phpunit>
```

ここでは、次のような設定が行われています。

```
bootstrap="vendor/autoload.php"
```

テストを実行する間に自動的に読み込まれるファイルを指定しています。ここでは、vendor/autoload.php を指定しました。これによって、オートロード機能を使用できます。

```
colors="true"
```

PHPUnitがカラーの出力を使用するかどうかを指定しています。ここでは、trueを指定しました。これによって、テストの実行結果にGreenやRedの色が出るようになります。

```
<testsuite name="Sample Test Suite">
```

テストスイートを定義しています。ここでは、「Sample Test Suite」という名前のテストスイートを定義し、tests ディレクトリにあるテストを含めるように指定しました。

この時点でのディレクトリ構成は次の通りです。

```
├── vendor
├── composer.json
├── composer.lock
└── phpunit.xml(このファイルを作成)
```

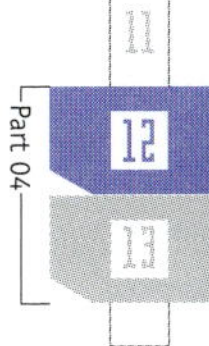

これで事前準備が完了しました。それでは、実際にPHPでテストを書いてみましょう。

PHP でテストを書く

有名なFizzBuzz問題を例に、テストコードを書いてみましょう。テスト駆動開発の手順に沿って、実装の進め方を解説します。

Step 1 テストリストを作成する

まずはテストリストを用意します。今回実装する内容のテストリストは次の通りです。

- 3 の倍数の場合、Fizz を返すこと
- 5 の倍数の場合、Buzz を返すこと
- 3 の倍数かつ 5 の倍数の場合、FizzBuzz を返すこと
- 3 の倍数でも 5 の倍数でもない場合、数をそのまま返すこと

このとき重要なのは、あくまで「ふるまい」を書くことです。ソフトウェアエンジニア以外の人が見ても、何が起こっているのかわかるように書くようにしましょう。

Step 2 動作しないテストを書く（Red）

次に、テストリストの一番上にあるケースをテストコードに起こします。この際、テストコードを書くファイルは、「xxTest.php」という命名規則で作成します。今回は、FizzBuzz のテストとしたいので、FizzBuzzTest.php とします。

ディレクトリは、phpunit.xml で設定した通りにtests ディレクトリ配下に作成します。

▼tests/FizzBuzzTest.php

```
<?php

use App\FizzBuzz;
use PHPUnit\Framework\TestCase;

class FizzBuzzTest extends TestCase
{
    public function test_3の倍数の場合、Fizzを返すこと(): void
    {
        // Given
        $sut = new FizzBuzz();

        // When
        $actual = $sut->execute(6);

        // Then
        $this->assertSame('Fizz', $actual);
    }
}
```

この時点でのディレクトリ構成は次の通りです。

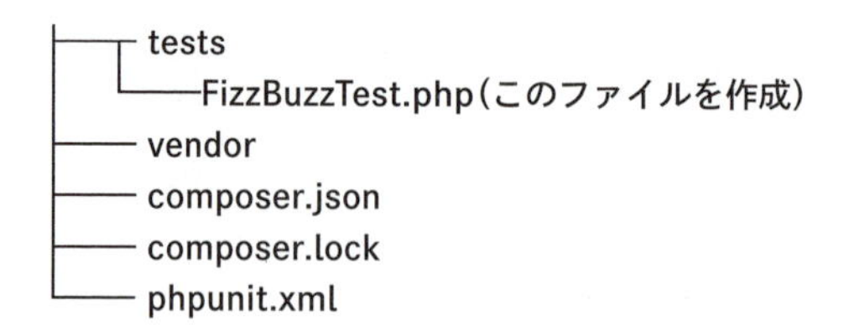

テストが書けたら、早速テストを実行しましょう。次のコマンドを実行することで、テストが実行されます。

```
vendor/bin/phpunit
```

実行をすると、次のように「ERROR」の文字が赤く表示されているのが確認できると思います。これが、テスト駆動開発での「Red」のステップです。色で視覚的にエラーが起きたことが分かりやすく示されています。

```
E                                                              1 / 1 (100%)

Time: 00:00.093, Memory: 8.00 MB

There was 1 error:

1) FizzBuzzTest::test_3の倍数の場合、Fizzを返すこと
Error: Class "App\FizzBuzz" not found

/src/tests/FizzBuzzTest.php:11

ERRORS!
Tests: 1, Assertions: 0, Errors: 1.
```

Step 3 成功するコードを書く(Green)

テストが落ちたので、エラーの内容を確認して、テストを成功させましょう。

さきほどの実行結果で、次のようなエラーが出ていました。これは「App\FizzBuzz」のクラスが定義されていないことを示しています。

```
Error: Class "App\FizzBuzz" not found

/src/tests/FizzBuzzTest.php:11
```

私たちはまだこのクラスを用意していないので、クラスを作成しましょう。

App という名前空間は、オートロード設定で app ディレクトリ配下にあるファイルを指すように設定しました。そのため、まずは app ディレクトリ配下に FizzBuzz.php というファイルを作成しましょう。

▼app/FizzBuzz.php

```
<?php

namespace App;

class FizzBuzz
{
    public function execute(int $number): string
    {
        return (string) $number;
```

```
    }
}
```

この時点でのディレクトリ構成は次の通りです。

クラスを作成してみたので、再度テストを実行します。

```
F                                                    1 / 1 (100%)

Time: 00:00.120, Memory: 8.00 MB

There was 1 failure:

1) FizzBuzzTest::test_3の倍数の場合、Fizzを返すこと
Failed asserting that two strings are identical.
--- Expected
+++ Actual
@@ @@
-'Fizz'
+'6'

/src/tests/FizzBuzzTest.php:17

FAILURES!
Tests: 1, Assertions: 1, Failures: 1.
```

再びエラーが出てしまったので、再度エラーの内容にしたがって、プロダクションコードを次のように修正します。

▼app/FizzBuzz.php

```
<?php

namespace App;
```

```
class FizzBuzz
{
    public function execute(int $number): string
    {
        return 'Fizz';
    }
}
```

修正をしたら、再度テストを実行します。次のように「OK」の文字が緑色で表示されているのが確認できると思います。

これが、テスト駆動開発での「Green」のステップです。色で視覚的にテストが成功したことが分かりやすく示されています。

```
.                                                    1 / 1 (100%)

Time: 00:00.057, Memory: 6.00 MB

OK (1 test, 1 assertion)
```

もしかすると、プロダクションコードの修正内容に対して、少し違和感を持ったかもしれません。しかし、リファクタリングのフェーズがあるので、ここでは焦らずにテストが成功することを目指しましょう。

Step 4 必要に応じてリファクタリングを行う（Refactor）

現在のプロダクションコードを見返すと、次のようになっているかと思います。

▼app/FizzBuzz.php

```
<?php

namespace App;

class FizzBuzz
{
    public function execute(int $number): string
    {
        return 'Fizz';
    }
}
```

今回実装しているテストケースは「3の倍数の場合、Fizz を返すこと」ですが、コードを読んでみると、3の倍数であることが考慮されていません。入力された引数の値が3の倍数であるかどうかを確認してから、文字列を返してあげるように修正してみましょう。

▼app/FizzBuzz.php

```
<?php

namespace App;

class FizzBuzz
{
    public function execute(int $number): string
    {
        // 3 の倍数は、3 で割った時に余りが 0 になるというのと同義
        if ($number % 3 === 0) {
            return 'Fizz';
        }

        return (string) $number;
    }
}
```

修正を加えたので、再度テストを実行してみます。問題なく成功することを確認できれば、完了です。

Step 5 テストリストが空になるまでRedのステップに戻って繰り返す

テストリストから、1つのケースの実装が完了しましたが、まだテストリストは残っています。残りのテストリストを同様の手順（Red-Green-Refactor）で実装してみましょう。

以降に、すべてのテストリストをした実装例を示します。

▼tests/FizzBuzzTest.php

```
<?php

use App\FizzBuzz;
use PHPUnit\Framework\TestCase;

class FizzBuzzTest extends TestCase
{
    public function test_3の倍数の場合、Fizzを返すこと(): void
    {
        // Given
        $sut = new FizzBuzz();
```

```
        // When
        $actual = $sut->execute(6);

        // Then
        $this->assertSame('Fizz', $actual);
    }

    public function test_5の倍数の場合、Buzzを返すこと(): void
    {
        // Given
        $sut = new FizzBuzz();

        // When
        $actual = $sut->execute(10);

        // Then
        $this->assertSame('Buzz', $actual);
    }

    public function test_3の倍数かつ5の倍数の場合、FizzBuzzを返すこと(): void
    {
        // Given
        $sut = new FizzBuzz();

        // When
        $actual = $sut->execute(30);

        // Then
        $this->assertSame('FizzBuzz', $actual);
    }

    public function test_3の倍数でも5の倍数でもない場合、数をそのまま返すこと(): void
    {
        // Given
        $sut = new FizzBuzz();

        // When
        $actual = $sut->execute(7);

        // Then
        $this->assertSame('7', $actual);
    }
}
```

▼app/FizzBuzz.php

```
<?php

namespace App;

class FizzBuzz
{
    public function execute(int $number): string
    {
        if ($number % 3 === 0) {
            if ($number % 5 === 0) {
                return 'FizzBuzz';
            }
            return 'Fizz';
        }
        if ($number % 5 === 0) {
            return 'Buzz';
        }
        return (string) $number;
    }
}
```

テストを書く時に気をつけていること

実際にテストコードを書いて、実装してみました。ここからは、テストコードの書き方について詳しく解説します。イメージしやすくするためにも、先ほど書いたテストコードを見ていきましょう。

▼tests/FizzBuzzTest.php

```
<?php

use App\FizzBuzz;
use PHPUnit\Framework\TestCase;

class FizzBuzzTest extends TestCase
{
    public function test_3の倍数の場合、Fizzを返すこと(): void
    {
        // Given
        $sut = new FizzBuzz();

        // When
```

```
        $actual = $sut->execute(6);

        // Then
        $this->assertSame('Fizz', $actual);
    }
}
```

このテストコードを書く上でのポイントは次の 4 点です。

- テストケース名は、test から始める
- テストケース名は、条件 - 結果 を意識する
- テストケース名は、無理に英語で書かない
- テストコードは、Given-When-Then を意識する

これらについて、以降で詳しく解説します。

テストケース名は、test から始める

まず「テストケース名は、test から始める」についてです。これは「test」を接頭辞としてテストケース名に書いてあげることで、PHPUnit がテストメソッドであることを認識してくれるようになるために行います。自動テストとして実行したいメソッドには、必ず付ける必要があります*1。

しかし、メソッド名の接頭辞に「test」を付けなくても、任意の名前のメソッドをテストメソッドにできます。具体的には、doc コメントの @test アノテーション(PHPUnit 11 で非推奨)や、#[Test] アトリビュートをメソッド宣言に付与すること(PHPUnit 10 以降で使用可能)です。どの書き方を選択するかは、チームでコーディングルールを定めて統一するとよいでしょう。

テストケース名は、条件 - 結果 を意識する

次に「テストケース名は、条件 - 結果 を意識する」です。これは、何をテストするのかということを明確にしたいという意図があります。

「どういった条件でテストして(条件)」「どのような結果になるか(結果)」ということを書きましょう。

今回のテストケースを例に見ていくと、「3の倍数の場合」が条件を表し、「Fizz を返すこと」が結果を表しています。このように「○○の場合、○○なこと」のような形式で揃えてテストケースを書くと、さらに見通しがよくなるのでオススメです。

テストケース名は、無理に英語で書かない

次に「テストケース名は、無理に英語で書かない」です。これは、チームメンバーがテストケース名を読むための認知負荷を下げたい意図があります。

*1 PHPUnitのバージョンによって、この仕様は変化する可能性があります。詳しくは公式ドキュメント(https://phpunit.de/documentation.html)を参照ください。

もちろんチームとして英語の方が読みやすかったり、コーディングルールとして定められていたりと事情に応じて、必ずしも日本語である必要はありません。

PHPでは、メソッド名が英語でなくても使用できる(日本語を使用しても問題ない)ので、チームで使い慣れている言語を使って書くようにしましょう。

テストコードは、Given-When-Thenを意識する

最後に「テストコードは、Given-When-Then を意識する」です。これは、テストコードを構造的に記述することで、テストコードの可読性を上げたい意図があります。

Given-When-Then パターンとは、**振る舞い駆動開発**(BDD: Behavior-Driven Development)の一部として開発された、テストを構造的に表す手法です。それぞれ「前提条件(Given)」「操作(When)」「結果(Then)」というフェーズに分けて、テストコードを記述するものです。

次図にそれぞれのフェーズで書くべき内容をまとめましたので、ご活用ください。

▼Given-When-Then パターン

パターン	記述内容	補足
Given	テストを実施するために必要となる前提条件や必要なデータを準備	通常もっとも大きくなりやすい部分
When	テスト対象の振る舞いを実行	1行を超える場合、API設計に問題がある可能性が高い
Then	期待された結果であるかを検証	

似たような手法として「AAA(Arrange-Act-Assert)パターン」というものがあります。フェーズの分け方や、そこで記載するべき内容には、基本的に大きな違いがないので、好みに合わせて活用してみてください。

さらに詳しいテストの書き方については、PHPUnit の公式ドキュメント[*1]をご覧ください。

＊1 https://phpunit.de/documentation.html

Section 12-04

コードレビュー

ソフトウェア開発におけるコードレビューのプロセスに焦点を当てて、あるべき姿について考えていきます。

このセクションのポイント

1. コードレビューを実施するのは、自分以外のソフトウェアエンジニアに変更内容を同意してもらうためである
2. コードレビューを上手く運用するには、チームに適切な文化が根付いていることが重要である
3. レビュアーとレビュイーの両者が適切な心構えを持って臨むことで、適切な文化が根付いていく

ソフトウェアを開発する多くのチームでは、コードレビューを実施しています。しかし、その実態はチームによって異なっており、一括りにコードレビューといっても目的やフローが異なる場合が多いです。

この節では、ソフトウェア開発におけるコードレビューのプロセスに焦点を当て、あるべき姿について考えていきます。また、ここではペアプログラミングなどで同期的に実施されるコードレビューとは異なる、非同期なコードレビューに焦点を当てて話を進めます。

しかし、見るべきポイントや目的、心構えなどについては共通しているので、参考にしていただければと思います。

コードレビューの概要

そもそも私たちは、何のためにコードレビューを実施するのでしょうか？　それは「自分以外のソフトウェアエンジニアに変更内容を同意してもらうため」です。

通常、チームで作業をする上で、コードは書かれるよりも読まれることに多くの時間を費やすことになります。そのため、コードを変更してコードベースに反映する前に、一度他のメンバーにコードを読んでもらいます。そして、変更内容に対して同意をもらうことで読みやすいコードになっていることを確認できるのです（もちろん、コードレビューには可読性以外にも確認すべき内容がありますが、その内容については後述します）。

また、コードレビューでは、大きく2種類の役割があります。それは、レビューする人である「レビュアー（reviewer）」と、レビューしてもらう人である「レビュイー（reviewee）」です。

そして、典型的なコードレビューは、次のフローで実施されます。

1. コードの変更を実施
2. 変更内容の説明を作成

3. セルフレビューを実施
4. 変更差分にコメントを記載
5. 修正して返信
6. 変更状態に満足したら LGTM を付与
7. 変更内容をコードベースに反映

▼コードレビューのフロー

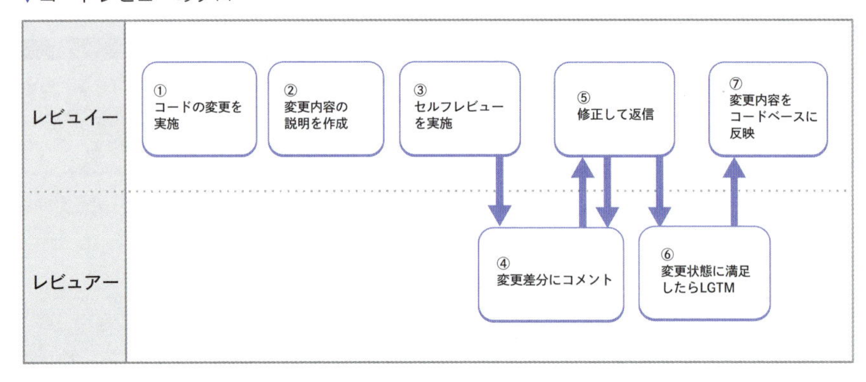

それぞれについて詳しく見ていきましょう。

Step 1 コードの変更を実施

まず、レビュイーは自身のワークスペースで、要求を満たすようなコードの変更を実施します。変更が完了したら、レビュアーが変更内容を確認できるように、コードベースとの差分が確認できるようにします。この差分は、一般的に GitHub などのプラットフォーム上で自動的に確認できるように仕組み化されています。

Step 2 変更内容の説明を作成

次にレビュイーは変更内容についての説明を作成し、変更内容の概要や、特定のアプローチを選択した背景、レビュアーに確認してもらいたい観点などを記載します。もしかすると、この内容に対しては「コードを見てもらったらわかるので、説明とか要らなくないですか?」という疑問が出てくるかもしれません。

たしかに、ソフトウェアエンジニアなので、コードだけで会話することもできます。しかし、別の手段を併用して使うことで、コードだけでは気付き辛いことが見えやすくなることがあるため、さまざまな手段で情報を補完しながらコードレビューを進めていきます。

Step 3 セルフレビューを実施

その後、レビュイーは自身の作成した差分をレビューし、自分自身の変更内容に満足できるかどうかを確認します。変更内容に満足したら、レビュアーに対してコードレビューを依頼します。

将来的にコードベースに反映される予定である変更内容は、未来の自分自身も読むことになるので、このステップを挟むことで、コードベースの品質を保ちやすくします。また、見落としがちなミスを検知しやすくなるので、レビュアーがレビューする際に本質的なことに集中できるよう手助けする役割も担います。

Step 4 変更差分にコメントを記載

依頼を受けたレビュアーは、変更内容を確認し、気になった箇所にコメントを記載します。そして、確認が完了したら、レビュイーにコメントを記載したことを連絡します。

一般的に、コメントが記載されたらSlackなどのツールに通知が飛ぶように設定しておき、連絡する手間を削減しておきます。とくにコメントがない場合、そのまま次のステップに進むこともあります。

Step 5 修正して返信

レビュイーは、コメントを確認し、すべてのコメントに返信をします。そして、レビュアーにコメントを記載したことを連絡します。

もしコメントでの非同期なやり取りが多くなりそうな場合は、同期的なコミュニケーションを取ることでリードタイムを削減するようにします。テキストベースのコミュニケーションだと数時間かかったものが、口頭で会話することで数分で終わることがあります。その際、話した内容や結果は、テキストで残しておきましょう。その場にいなかった人や、未来の自分が振り返った時に内容が伝わるようにしておくことができます。

Step 6 変更状態に満足したらLGTMを付与

レビュアーは、変更内容に対して満足したら、**LGTM**（Looks Good To Me: 私はいいと思う）の印を付けて変更を承認（Approve）します。

この際、変更内容に対して次の視点を持った上で判断することで、コードレビューが効果的に機能します。

- レビュイーの主張する通り、動作するか
- コードが読みやすく、期待する様式で書かれているか
- 保守が簡単か
- 技術的な負債が増えないか
- 保守に必要な専門知識がチームに備わっているか

Step 7 変更内容をコードベースに反映

変更内容にLGTMの印が付いたら、レビュイーは変更内容をコードベースに反映させます。これでコードレビューが完了しました。

レビュイーが持つべき心構え

コードレビューは、上手く設計されたプロセスだけでは効果的に機能しません。運用するチームに適切な文化が根付いていることが重要です。適切な文化を根付かせていくために、レビュイーに求められる心構えとして、次のような内容があります。

- 変更は小さくすること
- 良い変更説明を書くこと
- 変更はチームのものであること
- 質問を歓迎し、誠実に説明する心構えを持つこと
- 可能な限り自動化すること

つまり、レビュイーは、レビュアーの負担が軽減するようなことに取り組み、コードレビューがより早く終わるようなサポートをする姿勢が大切です。以降では、それぞれの観点について、詳しく内容を見ていきます。

変更は小さくすること

コードレビューを行う上でのデメリットとして、「開発速度への影響」というものは避けて通れません。コードレビューを実施しない場合に比べ、変更内容をコードベースへ反映するまでの時間は、コードレビューを行うことでどうしても長くなってしまいます。

そのため、この問題に対して少しでも立ち向かえるようにする必要があるのですが、そんな時に役に立つのが「変更を小さくすること」です。変更を小さくすることで、レビュアーの負担が低くなり、レビューまでの待ち時間が短くなることが期待できます。またそれだけでなく、変更が小さいということは、より早い段階でのレビューをすることができるため、後からの手戻りを少なくすることも期待できます。

ここでいう「変更が小さい」ということは、レビュアーとレビュイーの両者にとって理解しやすく、1つの問題に集中していることを指します。具体的には、変更差分が200行以内に収まっていることを期待します。

しかし、この数字に厳密になりすぎることはありません。注力すべきは「レビュアーにとって、理解しやすくなっているか」ということです。

良い変更説明を書くこと

レビュアーにとって理解しやすい変更差分にするために、良い変更説明を書くということも重要です。

まず、1行目に要約を書きます。この1行目というのは、GitHubでは PR(Pull Request) のタイトルに当たります。

ここでは変更内容がどのようなものかを端的に示し、レビュアーが今回の変更内

容の概要を理解することをサポートします。ここで書かれた要約は、もっとも多く見られることになるので、良い変更説明において重要な役割を担います。

そして、要約が書けたら実装の詳細を記載します。とくに「何が変更されているのか」「なぜ変更されるのか」について詳細に記載します。もしレビュアーに変更説明が理解されなければ、記載内容が足りないことを示唆しています。

変更はチームのものであること

コードは、コードベースにマージされた時点でチームのものになります。たとえそれが自分の書いたものであっても、チームで管理しているので、それはチームのものです。そのため、レビュイーは自分の変更内容について、将来にわたって理解可能で保守性があることを保証する責任があることを理解する必要があります。

質問を歓迎し、誠実に説明する心構えを持つこと

変更内容がチームのものであるということは、レビュイーは自分のとったアプローチについて質問されても、その質問を歓迎し、誠実に説明する必要があるということになります。

そのため、レビュアーからのコメントに対しては、当然すべてに回答をしなければなりません。ですが、レビュアーからの提案をすべて受ける必要はありません。コメントに対して賛同できない場合は、その理由をレビュアーが理解できるまで伝えることで誠実に向き合う必要があります。

このようにレビュアーとレビュイーが本質への理解を深めることで、コードレビューが学びの機会としても機能してくれるようになります。

可能な限り自動化すること

人間はミスをする生き物です。そのため、可能な限り機械に任せて自動化することで、ミスをする可能性を減らすことができます。具体的には、コードフォーマットがコーディングルールに沿っているか？　などは、静的解析ツールを導入し、自動化することが可能です。

このような自動化は、その作業に費やしていたレビュアーの時間を削減することができるため、レビュアーの負担軽減にも繋がります。

レビュアーが持つべき心構え

コードレビューを効果的に実践するために、適切な文化を根付かせていくためには、レビュアーにも求められる心構えがあります。それは次のような内容です。

- 経験が浅いことを言い訳にしないこと
- 疑問に思ったことは必ずコメントすること
- コメントはまとめて返すこと

01
02
03
04
05
06
07
08
09
10
11
12
13
Part 04

- 24時間以内にフィードバックすること
- レビュイーの選択したアプローチを尊重すること
- 承認する人数は最小限に留めること

つまり、レビュアーは、謙虚・尊敬・信頼の気持ちを忘れず、レビュイーにとってコードレビューが価値ある時間になるようにサポートする姿勢が大切です。以降では、それぞれの観点について、詳しく内容を見ていきます。

経験が浅いことを言い訳にしないこと

コードレビューに対して「経験が浅いので上手く指摘できる自信がない」「偉そうだと思われて怖い」といった考えを持っていませんか？

もし、そのような考え方を持っていれば、今この時点で捨て去りましょう。

たとえレビュイーの方が経験豊富なエンジニアであったとしても、コードの属人性を排除するために経験の浅いエンジニアでも読める状態になっていることは重要です。（ほとんどないと期待したいですが）もし、コメントに対して「偉そうだ」と文句を言うような人がいれば、周りに助けを求めましょう。

先述した通り、レビュイーにはどんな質問でも歓迎し、誠実に説明する心構えを持つことが求められます。そのようなケースは組織として対処すべき課題なので、1人で抱え込む必要はまったくありません。

また全員がコードレビューをすることによって、どんな変更説明だと読みやすいのか？　どのくらいの単位だとレビューしやすいのか？　といった視点が身につくようになります。そうすることで、結果的に自身がレビュイーとしてコードレビューを依頼する際に、どのような形で依頼するべきなのかがわかるようになります。さらに、経験豊富なエンジニアの技を盗むチャンスかもしれません。そのため、コードレビューは全ソフトウェアエンジニアが参加するべきで、経験が浅いことを言い訳に参加しないことは避けましょう。

それでも「自分がレビューしたコードが原因で何か起こったらどうしよう」と心配になるかもしれません。しかし、レビュアーがすべての責任を追うわけではありません。何かあればチームで対応するべきで、それがチームで開発している理由でもあるのです。

とはいえ、最初のうちは、「LGTM」と「Approve」の印を分けてあげるのも1つの手です。そうすることで、最初のうちは最後にLGTMだけ付けて、Approveを付けないということができるようになり、コードレビューのハードルを下げることができます。

疑問に思ったことは必ずコメントすること

分からないことが出てきたけど、自分に自信がなくて「これくらいみんな当然知っているのでは？」と思い、そのままスルーしたことありませんか？　これも今すぐ止めましょう。知らないものを知らないままにするのは、レビュイーにとっても良いことではありません。

レビュイーからしてみれば、コードレビューでは質問を歓迎している状態、つまり準備万端な状態です。しかし、コードレビューが終わってからは、他の作業に集中しているかもしれません。あなたであれば、いつ質問してもらいたいですか?

（とはいえどんなときでも、きっと質問には答えてくれると思いますので、気になることがあれば都度質問してみましょう。）

コメントはまとめて返すこと

コメントはまとめて返すようにしましょう。いくらレビュイーが質問を歓迎している状態といえども、コメントが少しずつ断片的に追加されると、じわじわと精神に負担をかけてしまいます。レビュアーはコメントをまとめて返すことで、お互いに気持ちよく仕事ができるようにしましょう。

24時間以内にフィードバックすること

コードレビューはできるだけ迅速に取り掛かりましょう。24時間以内のフィードバックがベストですが、もし24時間以内にフィードバックを返せないことが分かった場合は、なるべく早くレビューに着手することを伝えましょう。

実際にGoogleでは、変更の大半は約1日以内にレビューされることが期待されています。[*1]

先述した通り、コードレビューを行う上でのデメリットとして、「開発速度への影響」というものは避けて通れません。この問題に対して少しでも立ち向かえるように、レビュアーとしては、なるべく早くコードレビューを見るようにしましょう。

レビュイーの選択したアプローチを尊重すること

レビュアーは、レビュイーのアプローチについて尊重し、そのアプローチが不十分な場合のみ代替案を提示した上で指摘を行いましょう。また、そのアプローチが間違っているかどうかの判断を急がないようにしましょう。レビュイーのアプローチが間違っていると決めつけるのではなく、なぜそのアプローチを選択したのかという理由を質問することから始めます。

そうすることで、レビュアーの主観ではなく、客観的にコードレビューを行うことをサポートしてくれます。これはコードの属人性を排除するという観点において重要になってきます。

また、自分と違う書き方というのは、お互いにとって学びのチャンスです。異なるアプローチを取ることでもメリットを知ることができるかもしれません。仮にそのアプローチが失敗に終わったとしても、そのアプローチと取ることで何が問題になるのを学ぶことができます。

*1 https://dl.acm.org/doi/10.1145/3183519.3183525

承認する人数は最小限に留めること

コードレビューは全ソフトウェアエンジニアが参加するべきですが、最終的に承認するのは1人だけで十分です。承認する人は、次の観点を確認できる人であれば、誰がなっても構いません。

- レビュイーの主張する通り、動作するか
- コードが読みやすく、期待する様式で書かれているか
- 保守が簡単か
- 技術的な負債が増えないか
- 保守に必要な専門知識がチームに備わっているか

それでも複数人でレビューする必要がある場合があるかもしれません。そうした場合は、コードレビューを承認する全員が、先述の5つ観点が被らないように役割を分けてレビューする必要があります。

コードレビューがもたらす利点

これまでに説明したようなプロセスと心構えを持つことで、コードレビューは目的以上の効果を発揮します。コードレビューがもらたす利点として、次のような内容が挙げられます。

- コードの正しさをチェックできる
- 他のエンジニアにとって、コードが理解できるものかチェックできる
- コードベース全体で一貫性のあるコードになる
- コードベースへのオーナーシップを促進する
- 知識共有を可能にし、成長を促進する

これらの利点を知ることで、私たちがプロセスや心構えについての理解を深めることを促進してくれます。以降でより詳しく内容を見ていくことで、コードレビューへの理解を深めていきましょう。

コードの正しさをチェックできる

コードレビューをすることで、レビュアーがその変更の「正しさ」をチェックできます。コード作成者とは別の視点を加えることによって、その変更が意図通りに動くことをより正しいものにしてくれます。

しかし、レビュアーがその変更が正しいと判断するのに実際に画面を操作して確認するのは、レビュアーに余計な負担がかかってしまします。そこで、その変更の「正しさ」をチェックする際は、次の観点を確認します。

- 適切なテストケースでテストコードが書かれているか
- テストケースの内容とテストコードの内容が一致しているか

このようにテストコードに着目することで、後は機械が自動的に判定をしてくれるようになります。しかし、この「正しさ」に関して完璧を追い求める必要はありません。人間はどうしてもミスをするからです。むしろ力を入れるべきは、ミスをしたときに如何に早くリカバリーできるかということです。

他のエンジニアにとって、コードが理解できるものかチェックできる

コードレビューは、コード作成者以外が変更されたコードを読む最初の機会になることが多いです。つまり、他のエンジニアにとってコードが理解できるものかどうかを、最初にチェックできる機会になります。

この節の冒頭に述べた通り、コードは書かれるよりも読まれることに多くの時間を費やすことになります。そのため、コードが他のエンジニアにとって理解できるものかどうかは非常に重要です。

コードベース全体で一貫性のあるコードになる

上手く機能したコードレビューでは、他の人に変更したコードの背景や意味を理解してもらうことができます。

チームで開発をするということは、同じコードベースを複数人で触ることになります。そうすると、自分が変更した内容にさらに他の人が変更を加えることがあるかもしれません。そうした場合に、コードベース全体に一貫性があり、誰が変更を加えても同じようなコードになっていることが重要です。

コードベースへのオーナーシップを促進する

どんな形でも、自分が関わったものには少なからず愛着が湧きます。コードレビューをやり続けることで、コードベースに自分が関わったコードが増えていくので、自然とコードベースに対してのオーナーシップが醸成されます。

また、コードレビューというのは、自分の仕事に対して、ある種の他者の目が向けられることになります。人間は怠惰な生き物なので、そうした他者の目がない場合に比べて「手を抜く」ということをやらなくなる傾向にあります。つまり、コードレビューがあるおかげで、準備が整っていることを確認し、プロフェッショナルな仕事をする手助けになります。

知識共有を可能にし、成長を促進する

通常、変更内容は、レビュイーが自分の持ち得る知識で考えたうえで完璧だと思って出されています。コードレビューでは、そんな変更内容に対して、多くの場合コメントが付くことがあります。その中には、経験豊富なエンジニアからのアドバイスや、新任エンジニアからの純粋な質問まで、多岐にわたる「自分が持っていな

かった知識・考え方」というものが含まれます。

　もしレビュイーが質問を歓迎する姿勢を取っていれば、その「自分が持っていなかった知識・考え方」を吸収でき、成長することが可能になります。こうすることで、チームメンバー間での知識共有が行われ、レビュイーの成長が促進されることになります。

　反対に、レビュアーが他のメンバーが書いたコードを読むことで今まで知らなかった書き方を知ることができたり、コードを読んで分からなかったことを質問して回答してもらうことで新たな考え方を知ることができたりします。

　そうすることで、レビュアーにとっても成長の機会があります。

Part 04 アプリケーション開発プロセス

継続的インテグレーション（CI）

Webアプリケーションの開発においては、小さくリリースしユーザーから継続的なフィードバックを得ることによって顧客価値の高い機能を開発していくことがとても重要です。小さく早くリリースすることを実現することと品質を維持することを両立しようとすると、継続的インテグレーション（CI）の実現が一つの回答になり得るでしょう。
この章ではCIとはなにか、どういった場面で必要とされるのかを解説します。また、GitHub Actionsを使用してコードを変更をマージするたびに自動テストや静的解析などを実行する方法を紹介します。

Contents

13-01 GitHub Actions …… 350
13-02 GitHub Actionsでテストを実行できるようにする …… 355
13-03 GitHub Actionsで静的解析を実行できるようにする …… 359
13-04 GitHub Actionsで脆弱性検知をできるようにする …… 366
13-05 GitHub Actionsで Slack 通知を行えるようにする …… 371
13-06 GitHub Actionsに関わる設定 …… 376

Section 13-01

GitHub Actions

CIを実現するために、GitHub Actionsを試してみましょう。

このセクションのポイント

1 モダン開発の鍵「継続的インテグレーション(CI)」
2 ビルド、デプロイプロセスの自動化
3 Github ActionsでCIを体験

継続的インテグレーション（CI）とは

継続的インテグレーション（CI）とはコード変更をGitHubなどのような共有ソースコードリポジトリに一日複数回取り込む手法のことです。コードをマージする頻度を増やし、1回にマージするコード量を減らすことができれば、エラーの検出が早くなり、コンフリクトの量も減らせます。また、最新のコードが素早く共有リポジトリにあがるようになればメンバー間の認識齟齬も減らせるようになり、開発体験（Developer Experience）が劇的に向上します。

CIはスクラムなどのアジャイル開発や、テスト駆動開発のような「動作するコードを作り続ける」アプローチとも相性がよく、チーム開発の前提となることが多くなってきました。また、アジャイル開発手法を解説している書籍である、アジャイルサムライや、エクストリームプログラミングなどでもCIについて触れられています。CIはXPやスクラムのようなアジャイル開発手法と密接に連携しており、開発速度と品質を担保するための重要なプラクティスであると言えるでしょう。

CIを実現するためのサービスやツールは数多くあります。大切なことは同じリポジトリにソースコードに安全にマージすることです。
これが実現できればどんなツールを使っても良いので、目的に合わせてツールの選定をしましょう。今回はGitHub Actionsを使用してCIを実現してみます。

GitHub Actionsとは

GitHub Actionsは、GitHubが提供する**継続的インテグレーション（CI）**および**継続的デリバリー（CD）**ツールです。リポジトリのイベント（プッシュ、プルリクエスト作成など）に応じて自動的にスクリプトを実行することで、ビルド、テスト、デプロイなどのタスクを自動化することが可能です。

GitHub Actionsの料金

GitHub Actionsはパブリックリポジトリであれば無料で使用可能です。

プライベートリポジトリの場合はGitHubのプランごとに月ごとに無料で使用できる時間が設定されています。

▼GitHub Actionsの無料枠

プラン	Storage	分 (月あたり)
GitHub Free	500 MB	2,000
GitHub Pro	1 GB	3,000
組織の GitHub Free	500 MB	2,000
GitHub Team	2 GB	3,000
GitHub Enterprise Cloud	50 GB	50,000

また、ここで記載されている月ごとに利用できる時間は使用しているOSによって消費時間が異なります。Linuxランナー上で動かしたジョブであれば使用した時間と消費される時間は同じですが、Windowsの場合は2倍、macOSの場合10倍消費されますのでWindows及びmacOSのランナー上でジョブを実行する場合は注意が必要です。

無料枠を超えた場合の標準ランナーの分単位の料金は以下のとおりです。

▼GitHub Actionsの料金

オペレーティング システム	分あたりの料金 (米ドル)
Linux 2 コア	$0.008
Windows 2 コア	$0.016
macOS 3 コアまたは 4 コア (M1 または Intel)	$0.08

ランナーのOSやコア数によって料金が異なりますのでランナーのコア数を変更する場合については公式サイト＊1をご確認ください。

プライベートリポジトリでGitHub Actionsを使用していて、無料枠を使い切った場合、その後のワークフローは実行されなくなります。追加購入したい場合はSettingsのSpending limitsで上限金額を設定するか無制限にすることで継続して使用することが可能です。

＊1 https://docs.github.com/ja/billing/managing-billing-for-your-products/managing-billing-for-github-actions/about-billing-for-github-actions

▼GitHub Actionsの追加購入の設定

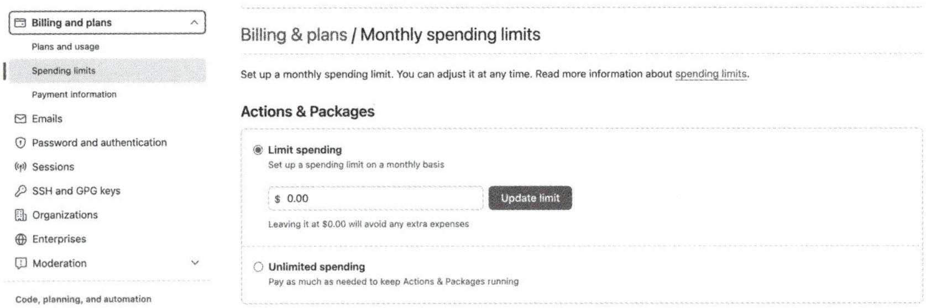

Billing and plans
Plans and usage
Spending limits
Payment information
Emails
Password and authentication
Sessions
SSH and GPG keys
Organizations
Enterprises
Moderation
Code, planning, and automation

Billing & plans / Monthly spending limits

Set up a monthly spending limit. You can adjust it at any time. Read more information about spending limits.

Actions & Packages

Limit spending
Set up a spending limit on a monthly basis
$ 0.00 Update limit
Leaving it at $0.00 will avoid any extra expenses

Unlimited spending
Pay as much as needed to keep Actions & Packages running

※価格等は2024年11月のものです。変更される可能性があります。

もしプライベートリポジトリで使用していても、個人で使う分にはFreeプランでも十分使えるのでまずは試してみてCIの力を体感してみましょう。

GitHub Actionsを使ってみる

さっそくGitHub Actionsを使ってみましょう。GitHub Acitonsの導入は非常に簡単で、YAMLファイルをリポジトリに追加するだけで、GitHubのイベントに応じた処理を実行させることが可能になります。

まずは、リポジトリのルートディレクトリに`.github/workflows/github-actions-ci.yml`というパスで以下のYAMLファイルを作成してみましょう。ここでは、pushイベントが発生した際に、コンソールに文字列を出力する簡単なワークフローを設定します。

```
name: GitHub Actions CI
on: push
jobs:
  GitHub-Actions-CI:
    runs-on: ubuntu-latest
    steps:
      - run: echo "Hello, GitHub Actions"
        uses: actions/checkout@v4
```

YAMLファイルの定義を簡単に見てみましょう。

- **name**: ワークフローの名前です。GitHub ActionsのUIで表示されるため、ワークフローが何をするのかを表す名前にしておくとよいでしょう。

- **on**: どのイベントでワークフローを実行するかを指定します。今回は、pushイベント、つまりコードがリポジトリにプッシュされたときに実行されます。`on: [push, pull_request]`のように記載すると、複数イベントで実行することも可能です。

- **jobs**: ワークフロー内で実行されるジョブの一覧です。ジョブは複数の定義することが可能です。ここでは「GitHub-Actions-CI」という1つのジョブを定義しています。

- **runs-on**: ジョブの実行環境を指定します。`ubuntu-latest`は、最新のUbuntu環境でワークフローを実行することを意味しています。`windows-latest`, `macos-latest`などを指定することで他のOSを指定することも可能です。`ubuntu-24.04`のようにバージョンを指定することも可能です。

- **steps**: ジョブ内で実行される一連のステップを定義します。ここでは2つのステップが存在していており、上から順番に実行されます。

- **run**: シェルコマンドを直接実行します。今回は`echo "Hello, GitHub Actions"`というコマンドを実行し、文字列をコンソールに出力します。

- **uses**: `actions/checkout@v4`は、GitHubの公式アクションを使用して、リポジトリのコードをチェックアウト（ダウンロード）するステップです。

ワークフロー構文の詳細を知りたい場合は、GitHub Actionsのドキュメント[*1]を確認しましょう。

ファイルの編集が終わったら、以下のコマンドでリポジトリにpushして、ワークフローを実行してみましょう。

```
git add .
git commit -m "初めてのGitHub Actions"
git push origin main
```

リポジトリにアクセスし、Actionsを見てみるとコミットのメッセージとともに、ワークフローが実行されていることがわかります。

＊1 https://docs.github.com/ja/actions/writing-workflows/workflow-syntax-for-github-actions

▼GitHub Actionsの実行結果

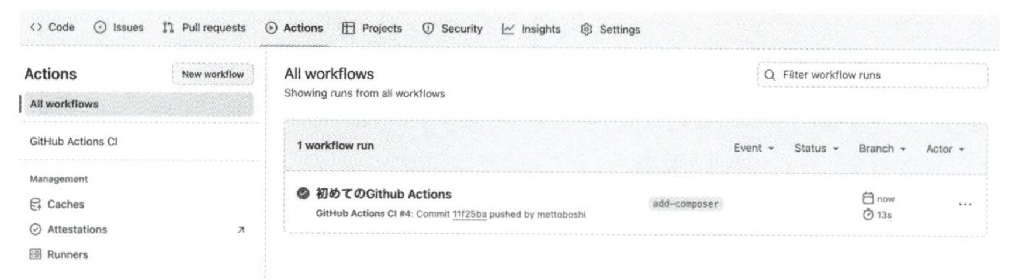

実行ログを見てみると実行されていることが確認できました。GitHub Actionsの最低限の使い方がわかったところで、ここからはCIを実現していきましょう。

▼GitHub Actionsの実行結果

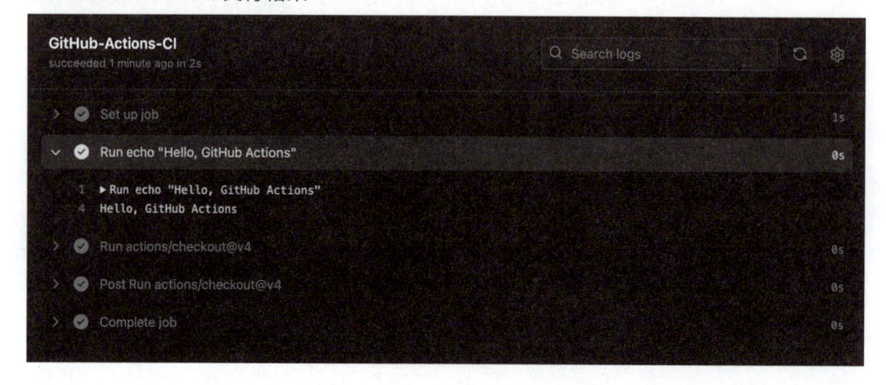

Section 13-02

GitHub Actionsでテストを実行できるようにする

GitHub Actionsに自動テストを組み込んでみましょう。

このセクションのポイント

1. GitHub ActionsでPHPUnitを実行できるようにする
2. CIで動く自動テストで失敗を検知する
3. コードを修正して、CIで動く自動テストを成功させる

GitHub Actionsの基本的な使い方がわかったところで、次はテストの自動化を実現してみましょう。本節では、コードをpushするたびにUnitテストを実施する方法を学びます。先ほど作成したYAMLファイル`GitHub-actions-ci.yml`を修正してPHPUnitのテストが実行されるように設定しましょう。

PHPUnitの実行環境が整っていない場合は「12-03 PHP における自動テスト」を参考にテストを実行できる環境を準備しておきましょう。

```
name: GitHub Actions CI
on: push
jobs:
  GitHub-Actions-CI:
    runs-on: ubuntu-latest
    steps:
      - name: Checkout
        uses: actions/checkout@v4

      # セットアップ
      - name: Setup
        run: |
          docker compose up -d
          docker compose exec web composer install
          docker compose exec web composer dump-autoload

      # PHPUnitを実行
      - name: Run Unit Tests
        run: docker compose exec web vendor/bin/phpunit
```

「12-03 PHP における自動テスト」(p.327)で実施したテストが失敗して、修正する流れをCIで実行してみましょう。まずは、PHPとテストファイルを準備します。

▼app/FizzBuzz.php

```
<?php

namespace App;

class FizzBuzz
{
    public function execute(int $number): string
    {
        return $number;
    }
}
```

▼tests/FizzBuzzTest.php

```
class FizzBuzzTest extends TestCase
{
    public function test_3の倍数の場合、Fizzを返すこと(): void
    {
        // Given
        $sut = new FizzBuzz();

        // When
        $actual = $sut->execute(6);

        // Then
        $this->assertSame('Fizz', $actual);
    }
}
```

準備ができたら、GitHubにプッシュしてみましょう。

```
git add .
git commit -m "CIでUnitテストを実行（失敗を検知）"
git push origin main
```

リポジトリにアクセスし、Actionsを見てみるとコミットのメッセージとともに、テストが失敗していることがわかります。

▼CIでPHPUnitを実行（失敗を検知）

実装を修正して再度pushしてみましょう。

```
<?php

namespace App;

class FizzBuzz
{
    public function execute(int $number): string
    {
        return 'Fizz';
    }
}
```

```
git add .
git commit -m "CIでUnitテストを実行（成功）"
git push origin main
```

▼CIでPHPUnitを実行（成功）

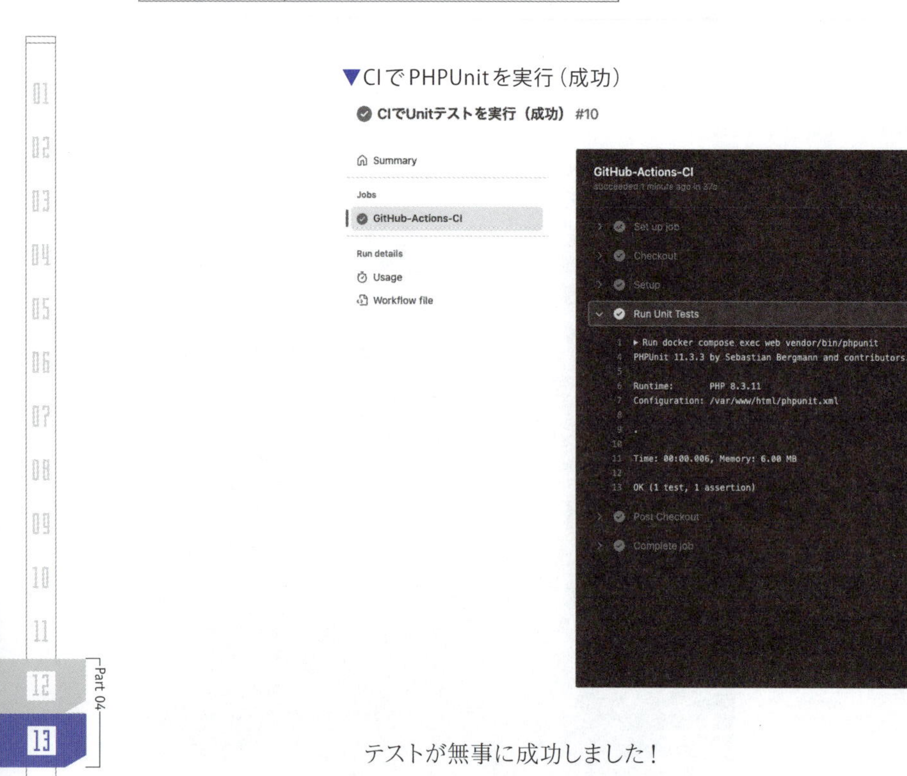

テストが無事に成功しました！

コードをマージする前に自動でテストを実行できるようにすることで、誤りを早期に発見しやすくなり、品質の確保がやりすくなります。CIによる自動テストを実施し開発効率を高めましょう。

Section 13-03

GitHub Actionsで静的解析を実行できるようにする

GitHub Actionsに静的解析を組み込んでみましょう。

このセクションのポイント

1. 静的解析を実行することでコードの品質を保ちやすくなる
2. PHPにおける静的解析の一つにPHPStanがある
3. PHPStanをCIに組み込んでみる

静的解析

静的解析は、プログラムを実行することなく、そのコードの構造や品質、潜在的な問題を検査する手法です。主にエラーや不具合になりうる箇所や、非推奨になっているコードを検出するために使用されます。また、静的解析ツールをCIに統合することで、継続的にコードの品質を保つことが可能になります。

PHPStanとは

PHPStan[*1]はPHPで開発するときに使用されることが多い静的解析ツールです。PHPStanは、PHPプロジェクトにおける静的解析を効果的に行うための強力なツールです。コードの品質向上やバグの早期発見に貢献し、開発者がメンテナンスしやすいコードの作成を支援します。プロジェクトの規模や要件に応じてカスタマイズでき、日々の開発ワークフローに自然に組み込むことが可能です。

レベル

PHPStanは、レベルを設定することでコードの静的解析を段階的に調整することが可能です。レベルは、現在0から9まで構成されており、レベルが高くなるほど、より詳細で厳格なチェックが行われるようになります。これにより、開発者はプロジェクトの成熟度や開発段階に応じて、どれくらい静的解析の厳密にチェックするかを選ぶことが可能です。

レベルごとにどのようなチェックがされるかについてはPHPStanの公式ドキュメントのRule Levels[*2]を確認してみましょう。

*1 https://phpstan.org/
*2 https://phpstan.org/user-guide/rule-levels

プレイグラウンド

PHPStanの機能を試してみたい場合や、コードの静的解析を手軽に行いたいときは以下のサイトで簡単に試すことが可能です。

PHPStanトライページ
https://phpstan.org/try

▼PHPStanを試す

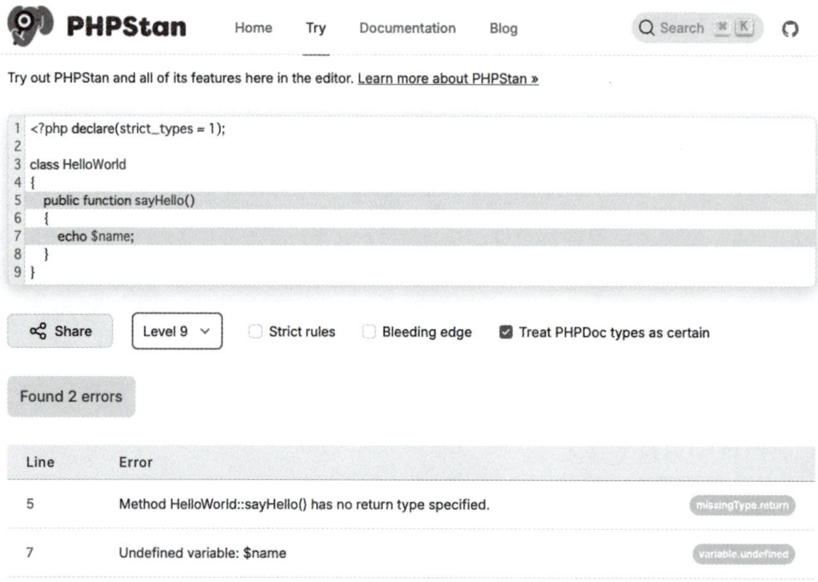

PHPStan Home Try Documentation Blog Search

Try out PHPStan and all of its features here in the editor. Learn more about PHPStan »

```
1 <?php declare(strict_types = 1);
2
3 class HelloWorld
4 {
5   public function sayHello()
6   {
7     echo $name;
8   }
9 }
```

Share　Level 9　Strict rules　Bleeding edge　Treat PHPDoc types as certain

Found 2 errors

Line	Error	
5	Method HelloWorld::sayHello() has no return type specified.	missingType.return
7	Undefined variable: $name	variable.undefined

この画面でコードやレベルを入力することで実際のエラーを確認できます。試しに以下のようなコードをエディター入力してみましょう。

```
<?php declare(strict_types = 1);

class HelloWorld
{
    public function sayHello()
    {
        echo $name;
    }
}
```

Level5では以下のようなエラーが出ました。

Line	Error	
7	Undefined variable: $name	`variable.undefined`

レベルを変更してみましょう。Level9に変更すると1つエラーが増えました。

Line	Error	
5	Method HelloWorld::sayHello() has no return type specified.	`missingType.return`
7	Undefined variable: $name	`variable.undefined`

PHPStanのレベルによって抽出されるエラーが変わることが確認できました。

それでは実際にエラーを修正してみましょう。エラー内容を見ると、5行目のsayHello()関数に戻り値が定義されていないことと、7行目の$nameが定義されていないことを指摘されています。そこで、コードを以下のように修正してみましょう。

```
<?php declare(strict_types = 1);

class HelloWorld
{
    public function sayHello(): void
    {
        $name = "hoge";
        echo $name;
    }
}
```

エラーがなくなりました。このようにプレイグラウンドを使うことで、簡単にPHPコードの静的解析を試すことが可能です。

PHPStanを使って静的解析をする

それでは、実際にPHPStanをインストールして実行できるようにしてみましょう。以下のコマンドを実行することで、PHPStanをインストールすることが可能です。

```
$ composer require --dev phpstan/phpstan
```

次に、phpstan.neonに以下の設定をしましょう。今回はlevelを5に設定しています。pathsには、静的解析を実行したいディレクトリを指定します。

```
parameters:

    level: 5
    paths:
        - src
        - tests
```

静的解析の実行

静的解析をする場合は以下のようなコマンドを実行します。先ほどプレイグラウンドで実行したPHPファイルをsrc配下においてコマンドを実行してみましょう。

```
./vendor/bin/phpstan analyse

Note: Using configuration file /var/www/html/phpstan.neon.
 1/1 [▓▓▓▓▓▓▓▓▓▓▓▓▓▓▓▓▓▓▓▓▓▓▓▓▓▓▓▓▓▓▓▓▓▓▓▓▓▓▓▓▓▓▓▓▓▓▓▓▓▓▓▓▓▓▓▓] 100%

 ------ ---------------------------
  Line   HelloPhpStan.php
 ------ ---------------------------
  7      Undefined variable: $name
 ------ ---------------------------

 [ERROR] Found 1 error
```

先ほどプレイグランドでLevel5で試したときと同じエラーを確認することができました。

ベースラインファイルを作成して段階的にPHPStanを適用する

PHPStanを既存のプロジェクトに導入する際、一度にすべての修正ができない場合もあります。こういった場合、ベースラインファイルを作成し、既知の問題を一時的に無視することが可能です。

ベースラインファイルを作成してみましょう。

```
./vendor/bin/phpstan analyze --generate-baseline --allow-empty-baseline
```

これにより、現在のすべてのエラーと警告がphpstan-baseline.neonファイルに保存されます。作成したベースラインファイルを設定ファイルに追加しましょう。

```
includes:
    - phpstan-baseline.neon

parameters:

    level: 5
    paths:
        - src
        - tests
```

このようにしておくことで、PHPStanはベースラインファイルに記録されたエラーや警告を無視し、それ以外の新しい問題だけを検知してくれるようになります。

ベースラインファイルに記載されたエラーを修正し、再度ベースラインファイルを作り直すということを繰り返すことで、段階的に静的解析を適用していくことが可能になります。

GitHub Actionsに静的解析を組み込む

それでは、静的解析をGitHub Actionsに取り込んでみましょう。YAMLファイルにPHPStanを実行するステップを追加します。

```
name: GitHub Actions CI
on: push
jobs:
  GitHub-Actions-CI:
    runs-on: ubuntu-latest
    steps:
      - name: Checkout
        uses: actions/checkout@v4

      # セットアップ
      - name: Setup
        run: |
          docker compose up -d
          docker compose exec web composer install
          docker compose exec web composer dump-autoload

      # PHPStanを実行
      - name: Run PHPStan
```

```
        run: docker compose exec web vendor/bin/phpstan analyse

      # PHPUnitを実行
      - name: Run Unit Tests
        run: docker compose exec web vendor/bin/phpunit
```

ファイルの編集が終わったら、先ほど試してみたコードをCIで静的解析してみましょう。

```
<?php declare(strict_types = 1);

class HelloWorld
{
    public function sayHello()
    {
        echo $name;
    }
}
```

```
git add .
git commit -m "CIでPHPStanを実行（失敗を検知）"
git push origin main
```

▼CIでPHPStanを実行（失敗を検知）

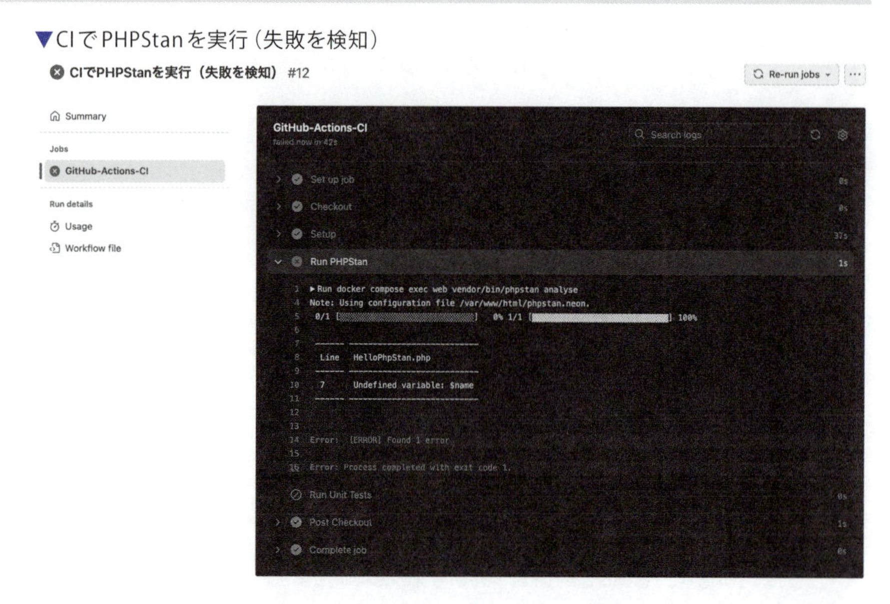

PHPStanが実行されて、静的解析でエラーを検知できました。それでは、指摘事項を修正してみます。

```
<?php declare(strict_types = 1);

class HelloPhpStan
{
    public function sayHello(): void
    {
        $name = "hoge";
        echo $name;
    }
}
```

修正が終わったらリポジトリソースコードをプッシュしましょう。

```
git add .
git commit -m "CIでPHPStanを実行（成功）"
git push origin main
```

▼CIでPHPStanを実行（成功）

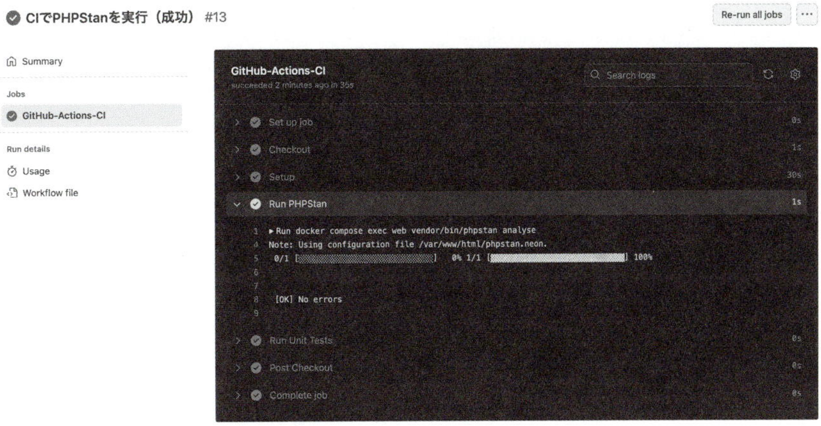

PHPStanが無事成功するようになりました。

これで、PHPStanを使った静的解析の基本が理解できました。静的解析を導入することでコードレビューで本質ではない指摘をしなくてすむようになりますし、最低限のコードの品質を保ちながらエラーや不具合を未然に防ぐことができます。静的解析をCIに組み込むことで、開発体験を向上させましょう。

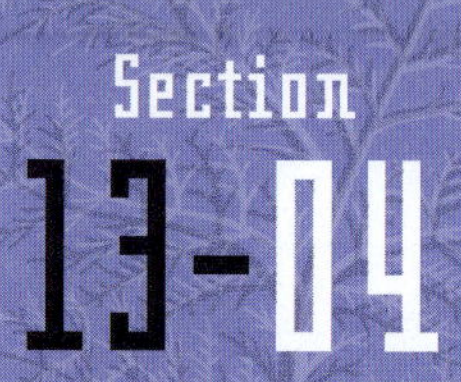

GitHub Actionsで脆弱性検知をできるようにする

脆弱性検知をGitHubActionsに組み込んでみましょう。

このセクションのポイント

1. Composerを使ってパッケージの脆弱性チェックができる
2. 脆弱性チェックと対応方法を知る
3. 脆弱性検知をCIに組み込んでみる

Composerを使ってパッケージの脆弱性チェック

Composerのバージョン 2.4.0で`composer audit`コマンドが追加されました。このコマンドを実行するとインストールしているパッケージに脆弱性があるかチェックしてくれます。

まずは、確認のために**guzzlehttp/guzzle**パッケージの脆弱性があるバージョンをインストールした状態にしてみましょう。

guzzlehttp/guzzleパッケージ
https://packagist.org/packages/guzzlehttp/guzzle

```
composer require guzzlehttp/guzzle:7.4.4
```

composer.jsonを確認します。

```
{
    "require": {
        "guzzlehttp/guzzle": "7.4.4"
    },
}
```

この状態で`composer audit`コマンドを実行してみます。

```
$ composer audit

Found 2 security vulnerability advisories affecting 1 package:
+-------------------+--------------------------------------------------------------------------------+
| Package           | guzzlehttp/guzzle                                                              |
| Severity          | high                                                                           |
```

```
| CVE               | CVE-2022-31091                                                          |
| Title             | Change in port should be considered a change in origin                  |
| URL               | https://GitHub.com/guzzle/guzzle/security/advisories/GHSA-q559-8m2m-g699 |
| Affected versions | >=7,<7.4.5|>=4,<6.5.8                                                   |
| Reported at       | 2022-06-20T22:24:00+00:00                                               |
+-------------------+-------------------------------------------------------------------------+
+-------------------+-------------------------------------------------------------------------+
| Package           | guzzlehttp/guzzle                                                       |
| Severity          | high                                                                    |
| CVE               | CVE-2022-31090                                                          |
| Title             | CURLOPT_HTTPAUTH option not cleared on change of origin                 |
| URL               | https://GitHub.com/guzzle/guzzle/security/advisories/GHSA-25mq-v84q-4j7r |
| Affected versions | >=7,<7.4.5|>=4,<6.5.8                                                   |
| Reported at       | 2022-06-20T22:24:00+00:00                                               |
+-------------------+-------------------------------------------------------------------------+
```

脆弱性があるパッケージを利用している状態であれば上記のように脆弱性の内容と影響があるバージョンを確認することが可能です。次に影響が受けないバージョンまで上げてから再度実行してみましょう。

```
$ composer audit

No security vulnerability advisories found.
```

このように影響を受けないバージョンを利用していると何も出力されません。このような状態であることが理想ですので定期的にcomposer auditコマンドを実行することを検討しましょう。

また、今回はパッケージをインストールした状態で確認していますが、composer.lockファイルがあれば--lockedオプションをつけることで事前にパッケージをインストールする必要もなくチェックすることも可能です。

```
$ composer audit --locked
```

GitHub Actionsに脆弱性検知を組み込む

脆弱性検知も、GitHub Actionsに組み込んでみましょう。

```
name: GitHub Actions CI
on: push
jobs:
  GitHub-Actions-CI:
    runs-on: ubuntu-latest
```

```
    steps:
      - name: Checkout
        uses: actions/checkout@v4

     # セットアップ
      - name: Setup
        run: |
          docker compose up -d
          docker compose exec web composer install
          docker compose exec web composer dump-autoload

      # 脆弱性検知を追加
      - name: Run Composer audit
        run: docker compose exec web composer audit

      # PHPStanを実行
      - name: Run PHPStan
        run: docker compose exec web vendor/bin/phpstan analyse

      # PHPUnitを実行
      - name: Run Unit Tests
        run: docker compose exec web vendor/bin/phpunit
```

ローカルで実行したときと同様、脆弱性のあるライブラリを入れた状態でCIを回してみましょう。

```
composer require guzzlehttp/guzzle:7.4.4
git add .
git commit -m "CIで脆弱性検知を実行（失敗を検知）"
git push origin main
```

▼CIで脆弱性検知を実行（失敗を検知）

脆弱性検知を実行できていることが確認できました。
それでは、guzzleを最新版にアップデートしてみて再度CIを回してみましょう。

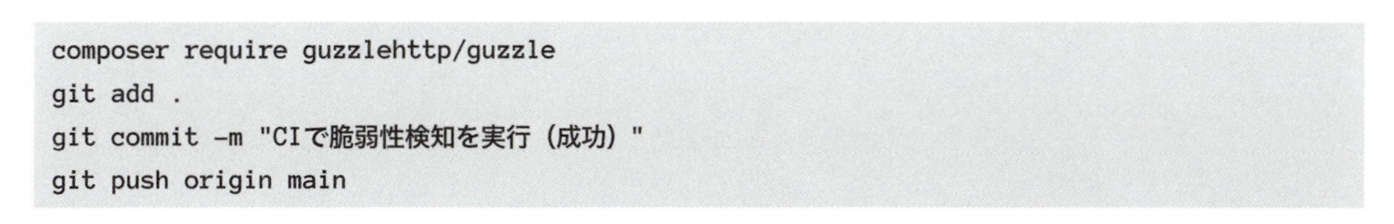

```
composer require guzzlehttp/guzzle
git add .
git commit -m "CIで脆弱性検知を実行（成功）"
git push origin main
```

▼CIで脆弱性検知を実行（成功）

脆弱性のチェックが正常に終了しました。

GitHub Actionsを使用してパッケージの脆弱性を自動的にチェックする仕組みを導入することができました。脆弱性検知をCIに組み込むことで、セキュリティリスクを早期に発見し、常に安全なコードを保つことができます。定期的に脆弱性のチェックを行うことで、開発サイクルの中でセキュリティも含めた品質管理を実施していきましょう。

Section 13-05

GitHub ActionsでSlack通知を行えるようにする

GitHub ActionsでSlack通知をおこなってみましょう。

このセクションのポイント

1 GitHub Actionsの結果を毎回見に行くのは大変
2 GitHub ActionsはSlackと連携することが可能
3 CI/CDパイプラインの結果をSlackに通知する

これまでGitHub Actionsにさまざまな処理を組み込んできましたが、開発中にアクションの結果を確認するのは大変です。本節では、GitHub ActionsとSlackを連携し、CI/CDパイプラインの結果をSlackに通知する方法を解説します。

Slackアプリの作成と設定

まずは、Slackアプリを作成し、GitHub Actionsと連携するための設定を行います。

Slackアプリの作成

Slack APIポータルにアクセスします。

Slack APIポータル
https://api.slack.com/apps

「Create New App」をクリックし、「From scratch」を選択します。

▼Slackアプリの作成-1

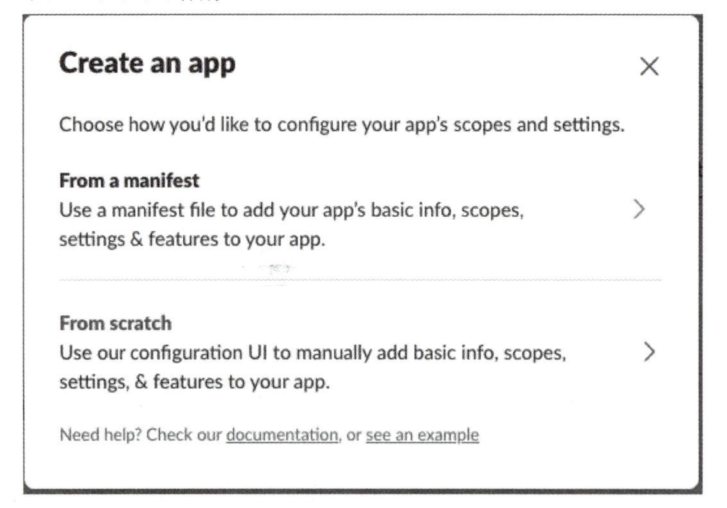

アプリ名を記載し、通知元のワークスペースを選択し、「Create App」をクリックします。

▼Slackアプリの作成-2

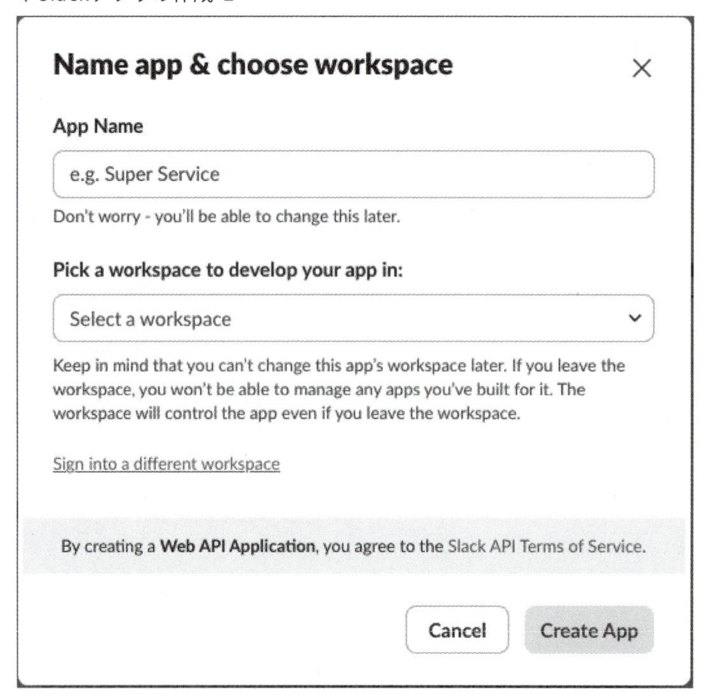

OAuth & Permissionsの設定

作成されたアプリを選択し、左側のメニューから「OAuth & Permissions」を選択します。Bot Token Scopesに`chat:write`のスコープを追加します。

▼Slackアプリの作成-3

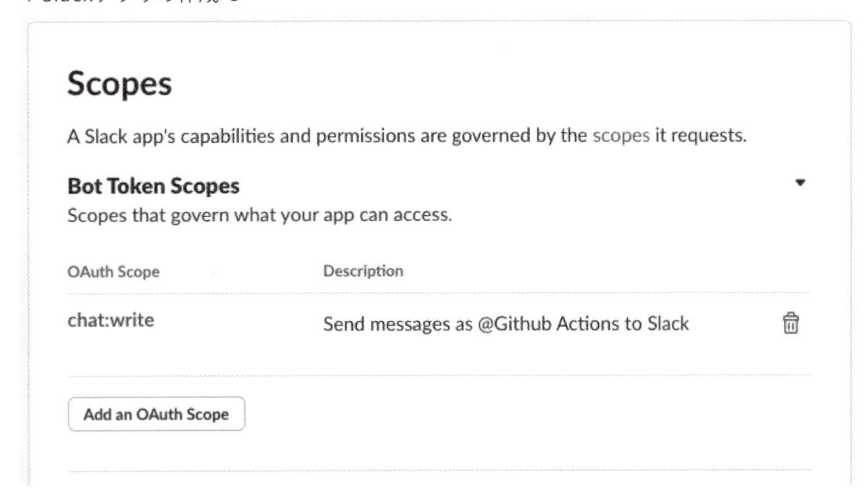

ページ上部の「Install App to Workspace」をクリックし、権限を許可します。`Bot User OAuth Token`をコピーします。

▼Slackアプリの作成-4

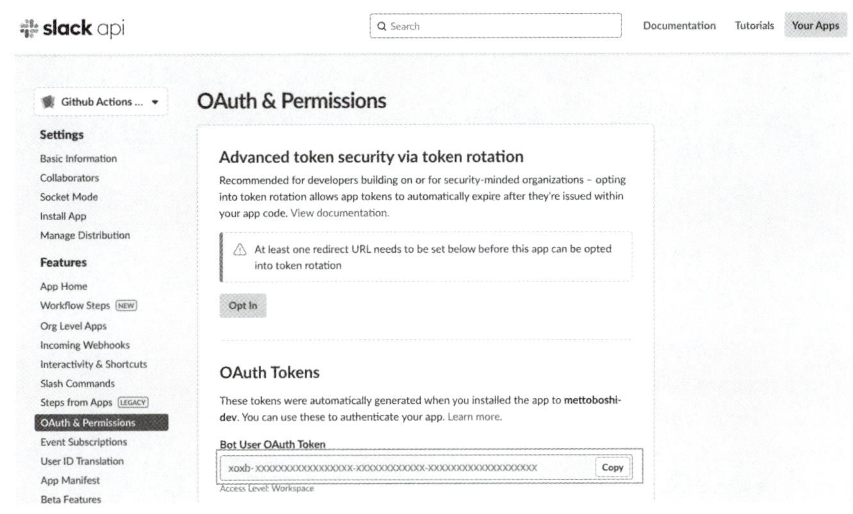

最後に通知したいチャネルに作成したスラックアプリを追加しておきましょう。

```
/invite @Slackアプリ名
```

これで、Slackアプリ側の準備は完了です。

GitHubリポジトリにシークレットを設定

次はGitHub側の設定です。GitHub ActionsでSlackのトークンを安全に使用するため、リポジトリのシークレットに追加します。

Slackアプリ側で設定したGitHubリポジトリのトップページで、「Settings」をクリックします。左側のメニューから「Secrets and variables」の「Actions」を選択します。

「New repository secret」をクリックし、`SLACK_BOT_TOKEN`という名前で、先ほど作成した `Bot User OAuth Token`の値を保存しておきます。

ここまでで準備完了です。GitHub ActionsからSlackに通知を送る準備が整いました。

GitHub Actionsワークフローに Slack 通知を追加

`GitHub-actions-ci.yml`にSlack通知のステップを追加します。

```
name: GitHub Actions CI
on: push
jobs:
  GitHub-Actions-CI:
    runs-on: ubuntu-latest
    steps:
      - name: Checkout
        uses: actions/checkout@v4

      # セットアップ
      - name: Setup
        run: |
          docker compose up -d
          docker compose exec web composer install
          docker compose exec web composer dump-autoload

      # 脆弱性検知を追加
      - name: Run Composer audit
        run: docker compose exec web composer audit

      # PHPStanを実行
      - name: Run PHPStan
        run: docker compose exec web vendor/bin/phpstan analyse

      # PHPUnitを実行
      - name: Run Unit Tests
```

```
        run: docker compose exec web vendor/bin/phpunit

      # Slack通知
      - name: Post to a Slack channel
        uses: slackapi/slack-GitHub-action@v1.27.0
        with:
          channel-id: 'channel-id'  # 投稿したいチャンネルID
          # For posting a rich message using Block Kit
          payload: |
            {
              "text": "GitHub Action build result: ${{ job.status }}\n${{ GitHub.
event.pull_request.html_url || GitHub.event.head_commit.url }}",
              "blocks": [
                {
                  "type": "section",
                  "text": {
                    "type": "mrkdwn",
                    "text": "GitHub Action build result: ${{ job.status }}\n${{
GitHub.event.pull_request.html_url || GitHub.event.head_commit.url }}"
                  }
                }
              ]
            }
        env:
          SLACK_BOT_TOKEN: ${{ secrets.SLACK_BOT_TOKEN }}
```

先ほど設定したSLACK_BOT_TOKENはenv:配下で${{ secrets.SLACK_BOT_TOKEN }}と指定することで、GitHub Actions内で使用することが可能です。

詳細は公式ページにAPI使用方法に関する記載がありますので、そちらを参照してみてください。

Slack公式API使用方法ページ
https://GitHub.com/slackapi/slack-GitHub-action

これで、GitHub ActionsとSlackを連携して、CI/CDパイプラインの結果をリアルタイムで共有できるようになりました。開発効率をさらに高めるためにこの仕組みを活用してみてください。

Section 13-06

GitHub Actionsに関わる設定

GitHub Actionsでよく使う設定をみてみましょう。

このセクションのポイント

1 ブランチプロテクションルールを設定する
2 ワークフローを手動で制御する
3 GitHub Actionsはメンテナンスし続けることが重要

本節では、GitHub Actionsを実際に活用するときの細かい設定の変更やその手順を紹介します。

ブランチプロテクションルールの適用

今までGitHubのPushイベントでCIを回していましたが、メンバー全員のpushで毎回CI実行はしなくても良いということもあるでしょう。

こういった場合は、発火条件を`on: push`を`pull_request`に変更します。ただ、この変更を入れるとmainブランチに直接pushしてしまうと、CIが回らなくなってしまいます。また、折角プルリクエストを作ってCIを実行したとしても、テストが失敗している状態でマージしてしまうと逆にノイズになってしまうことが考えられます。

こういった場合、ブランチプロテクションルールを設定することで、特定のブランチへの直接のプッシュを防いだり、CIが失敗している状態でのマージを禁止できます。

それでは設定してみましょう。GitHubのリポジトリページで、上部メニューの「Settings」をクリックし、左側のメニューから「Branches」を選択します。「Branch protection rules」セクションで、「Add rule」ボタンをクリックします。

▼ブランチプロテクションルールの作成

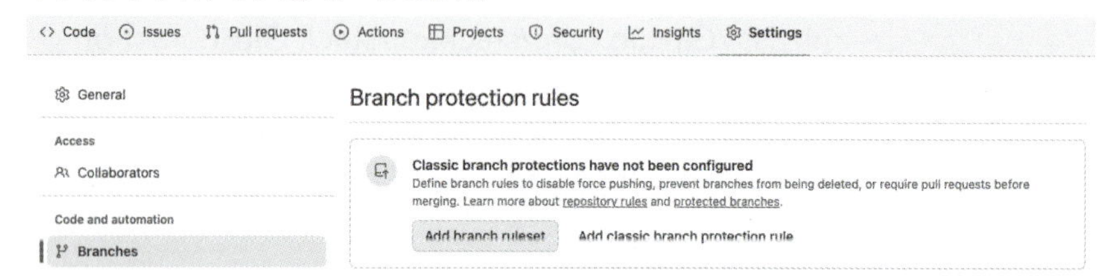

今回は以下の2つのルールを設定してみます。

・プルリクエストを必須とする
・CIが成功していること

▼ブランチプロテクションルールの設定

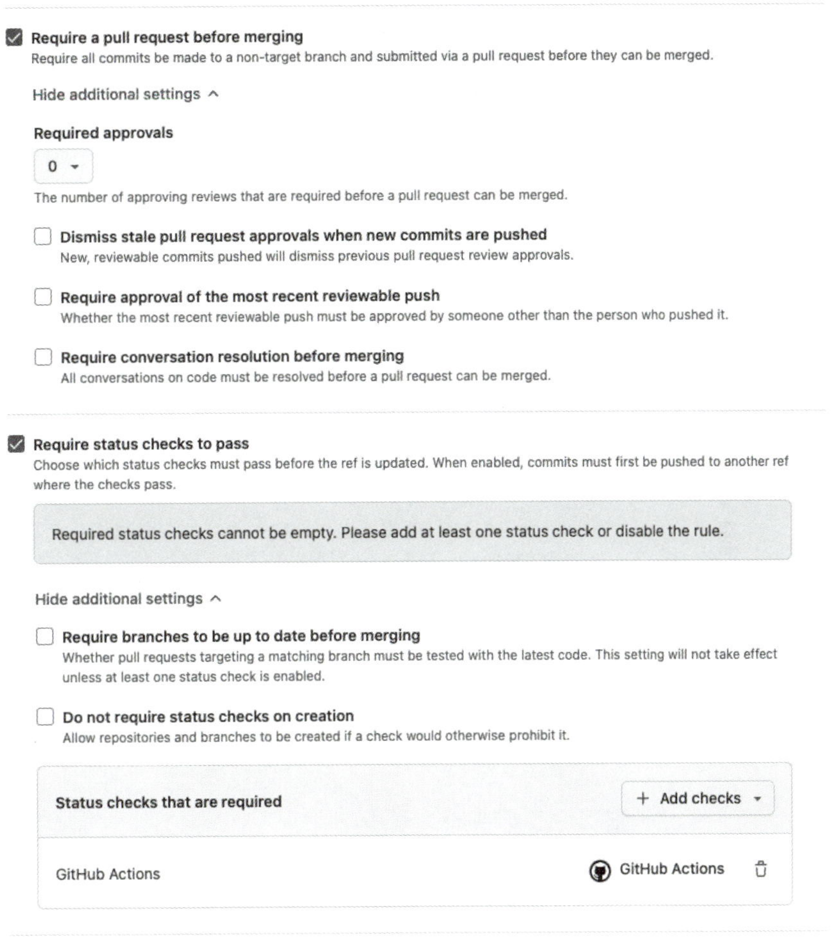

☑ **Require a pull request before merging**
Require all commits be made to a non-target branch and submitted via a pull request before they can be merged.

Hide additional settings ^

Required approvals

0 ▾

The number of approving reviews that are required before a pull request can be merged.

☐ **Dismiss stale pull request approvals when new commits are pushed**
New, reviewable commits pushed will dismiss previous pull request review approvals.

☐ **Require approval of the most recent reviewable push**
Whether the most recent reviewable push must be approved by someone other than the person who pushed it.

☐ **Require conversation resolution before merging**
All conversations on code must be resolved before a pull request can be merged.

☑ **Require status checks to pass**
Choose which status checks must pass before the ref is updated. When enabled, commits must first be pushed to another ref where the checks pass.

Required status checks cannot be empty. Please add at least one status check or disable the rule.

Hide additional settings ^

☐ **Require branches to be up to date before merging**
Whether pull requests targeting a matching branch must be tested with the latest code. This setting will not take effect unless at least one status check is enabled.

☐ **Do not require status checks on creation**
Allow repositories and branches to be created if a check would otherwise prohibit it.

Status checks that are required ＋ Add checks ▾

GitHub Actions　　GitHub Actions

この設定を追加しておくことで、必ずプルリクエストが作成され、CIが成功しているものだけがmainブランチにマージされるようになります。ただし、ブランチプロテクションルールを設定しすぎると、逆に開発効率が下がる可能性があります。チームの状況に合わせて、適切なルールの設定・見直しを行うようにしましょう。

ワークフローを手動で制御する

ワークフローファイルのonセクションにworkflow_dispatchを追加することで、GitHubのActionsタブから手動でワークフローを実行できるようになります。

```
on:
  push:
  workflow_dispatch:
```

ワークフローの手動実行

リポジトリの「Actions」タブを開きます。対象のワークフローを選択し、「Run workflow」ボタンを押下し、ブランチを選択することでワークフローを手動実行することが可能です。

▼ワークフローの手動実行

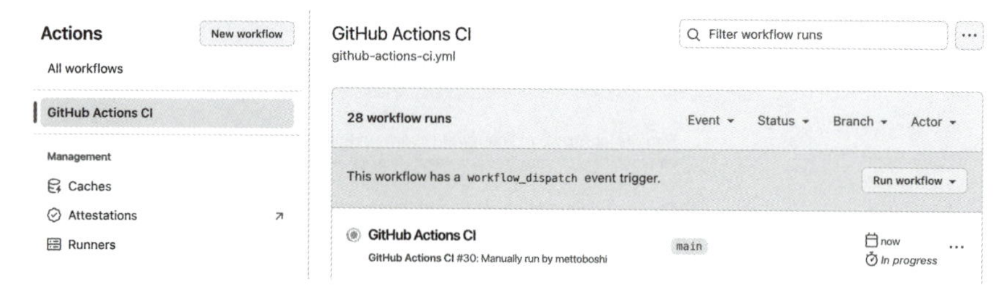

ワークフローの再実行

Actionsタブで、再実行したいワークフローを選択します。「Re-run jobs」ボタンをクリックして、ワークフローを再実行します。

▼ワークフローの再実行

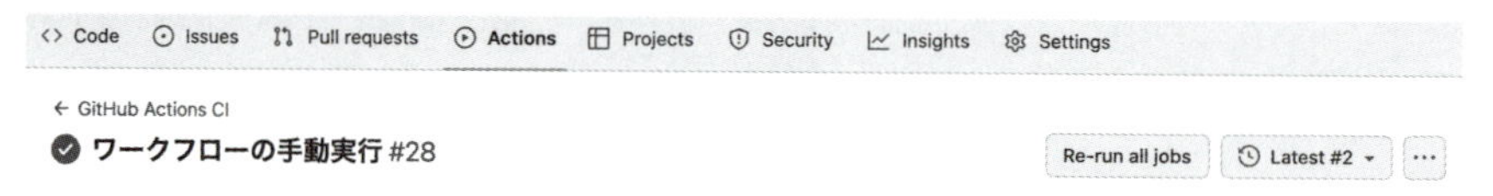

ジョブのキャンセル

実行中のワークフローのページで、「Cancel workflow」ボタンをクリックしてジョブをキャンセルします。

▼ジョブのキャンセル

まとめ

CIは便利なため、色々なチェックを追加し、Slack通知をおこないたくなります。しかし、CIのチェックを追加しすぎると、CI自体の時間がボトルネックになることや、通知される投稿がノイズだらけになってしまい誰もCIの結果を確認しなくなり改善が進まなくなるということが発生します。CIを組み込むのは開発体験を向上させることが目的です。CI自体が開発体験を損なう状態にならないよう、継続的にメンテナンスを実施するようにしましょう。

補足資料

参考文献

参考文献（9章）

『Patterns of Enterprise Application Architecture』（Martin Fowler 著、Addison-Wesley Professional 、2002 年）

『Clean Architecture 達人に学ぶソフトウェアの構造と設計』（Robert C.Martin 著, 角 征典 翻訳, 高木 正弘 翻訳、KADOKAWA、2018 年）

『ちょうぜつソフトウェア設計入門――PHP で理解するオブジェクト指向の活用』（田中 ひさてる 著、技術評論社 2022 年）

『なぜ依存を注入するのか　DIの原理・原則とパターン』（Steven van Deursen 著, Mark Seemann 著, 須田智之 翻訳、マイナビ出版、2024 年）

『手を動かしてわかるクリーンアーキテクチャ　ヘキサゴナルアーキテクチャによるクリーンなアプリケーション開発』（Tom Hombergs 著, 須田智之 翻訳、インプレス、2024 年）

『アーキテクトの教科書 価値を生むソフトウェアのアーキテクチャ構築』（米久保 剛 著、翔泳社、2024 年）

参考文献（10章）

『Web API: The Good Parts』（水野貴明 著、オライリー・ジャパン、2014 年）

『Web APIの設計』（Arnaud Lauret 著, 株式会社クイープ翻訳, 株式会社クイープ監修、翔泳社 2021年）

参考文献（11章）

『SQLアンチパターン』（Bill Karwin 著, 和田 卓人, 和田 省二 監訳, 児島 修 訳、オライリー・ジャパン、2013 年）

『失敗から学ぶ RDBの正しい歩き方』（曽根壮大 著、技術評論社、2019 年）

『達人に学ぶSQL徹底指南書 第2版 初級者で終わりたくないあなたへ』（ミック 著、翔泳社、2018 年）

『理論から学ぶデータベース実践入門 ― リレーショナルモデルによる効率的なSQL』（奥野幹也 著、技術評論社、2015 年）

『WEB+DB PRESS Vol.130』（技術評論社、2022 年）

参考文献（12章）

『アジャイル開発とスクラム 第2版 顧客・技術・経営をつなぐ協調的ソフトウェア開発マネジメント』（平鍋健児/野中郁次郎/及部敬雄 著、翔泳社、2021年）

『SCRUM BOOT CAMP THE BOOK【増補改訂版】スクラムチームではじめるアジャイル開発』（西村直人/永瀬美穂/吉羽龍太郎 著、翔泳社、2020年）

『アジャイルサムライ――達人開発者への道』（Jonathan Rasmusson 著、西村直人/角谷信太郎 監訳, 近藤修平/角掛拓未 訳、オーム社、2011年）

『テスト駆動開発』（Kent Beck 著, 和田卓人 訳、オーム社、2017年）

『エクストリームプログラミング』（Kent Beck/Cynthia Andres 著, 角征典 訳、オーム社、2015年）

『Google のソフトウェアエンジニアリング ―持続可能なプログラミングを支える技術、文化、プロセス』（Titus Winters/Tom Manshreck/Hyrum Wright 編, 竹辺靖昭 監訳, 久富木隆一 訳、オライリー・ジャパン、2021年）

『単体テストの考え方/使い方』（Vladimir Khorikov 著, 須田智之 訳、マイナビ出版、2022年）

Caitlin Sadowski, Emma Söderberg, Luke Church, Michal Sipko and Alberto BacchelliAuthors, "Modern Code Review: A Case Study at Google"（https://dl.acm.org/doi/10.1145/3183519.3183525）

参考文献（13章）

『アジャイルサムライ――達人開発者への道』（Jonathan Rasmusson 著, 西村直人/角谷信太郎 監訳, 近藤修平/角掛拓未 訳、オーム社、2011年）

『エクストリームプログラミング』（Kent Beck 著, Cynthia Andres 著, 角 征典 訳、オーム社、2015年）

TECHNICAL MASTER

Index 索引

記号・数字

' ……… 22
" ……… 22
-- ……… 31
--dev ……… 112
--no-dev ……… 112
--optimize ……… 115
--rollback ……… 113
!== ……… 38
……… 20
#[……… 91
$ ……… 5
$_FILES ……… 124
$_GET ……… 124
$_POST ……… 124
$this ……… 52
/* */ ……… 20
/** */ ……… 21
// ……… 20
:: ……… 55
; ……… 5
?（型名） ……… 83
?> ……… 5, 20
@deprecated ……… 21
@param ……… 21, 89
@return ……… 21, 89
@throws ……… 21
@var ……… 89
[ ] ……… 24
__construct() ……… 57
__destruct() ……… 58
{ } ……… 6
++ ……… 31
<?php ……… 5, 20
=== ……… 38
-> ……… 55
\ ……… 23
¥ ……… 24
\" ……… 23
\\ ……… 23
\n ……… 23
\r ……… 23
\t ……… 23
0b ……… 21
0o ……… 21
0x ……… 21
10進数 ……… 21
16進数 ……… 21
1対1 ……… 303
1対多 ……… 304
2進数 ……… 21
8進数 ……… 21

A

AAA ……… 338
Access Token ……… 180
alert ……… 164
apache2handler ……… 8
API ……… 278
array() ……… 24
ASD ……… 316
Auth ……… 172
Authentication ……… 172
Authorization ……… 172
Authorization Code Flow ……… 178
autoload.php ……… 114
autoloaddev ……… 117

B

BadFunctionCallException ……… 157
BDD ……… 338
Be Agile ……… 318

Blade テンプレート ・・・・・130

C

CakePHP ・・・・・11 ,140
CamelCase ・・・・・283
carbon ・・・・・108
catch ・・・・・159 ,160
CD ・・・・・350
cgi ・・・・・8
charset ・・・・・202
CI ・・・・・324 ,349 ,350
Classmap ・・・・・115
cli ・・・・・8
CMS ・・・・・5
CoC ・・・・・140
Composer ・・・・・104
composer dump-autoload ・・・・・114
composer install ・・・・・110
composer remove ・・・・・111
composer require ・・・・・108
composer search ・・・・・107
composer update ・・・・・111
composer.json ・・・・・107
composer.lock ・・・・・110
const ・・・・・27
Content-Security-Policy ・・・・・202
Content-Type ・・・・・202
Controller ・・・・・260
Cookie ・・・・・194
Countable ・・・・・65
critical ・・・・・164
CRUD ・・・・・135
CSRF ・・・・・211

D

DAG ・・・・・255
debug ・・・・・164
declare ・・・・・69
define ・・・・・27
DELETE ・・・・・280
DI ・・・・・254
DIP ・・・・・248 ,254 ,258 ,269 ,271
do while ・・・・・44
dump-autoload ・・・・・114

E

E_ERROR ・・・・・47
E_WARNING ・・・・・47
else ・・・・・42
elseif ・・・・・42
emergency ・・・・・164
Enum ・・・・・95 ,97
error ・・・・・164
error_log ・・・・・163
Exception ・・・・・156
exit() ・・・・・58

F

FastCGI Process Manager ・・・・・8
Fat コントローラー ・・・・・263
Fat サービス ・・・・・266
Fat モデル ・・・・・263
Files ・・・・・116
final ・・・・・68
finally ・・・・・159 ,161
float ・・・・・22
for ・・・・・45
foreach ・・・・・46
fpm ・・・・・8
function ・・・・・49

G

GET ・・・・・280
GitHub Actions ・・・・・350
Given-When-Then ・・・・・338
Green ・・・・・321

H

Hash ・・・ 80
hidden ・・・ 210
HTTP ・・・ 192
HTTP のステータスコード ・・・ 280
HTTP のメソッド ・・・ 280
HttpOnly ・・・ 202
HTTP ヘッダ インジェクション ・・・ 213
Hypertext Preprocessor ・・・ 4

I

Identity Provider ・・・ 178
IdP ・・・ 178
if ・・・ 42
include ・・・ 47
include_once ・・・ 48
info ・・・ 164
install ・・・ 110
instanceof ・・・ 37
interface ・・・ 65
internals ・・・ 16
IPA ・・・ 217
ISP ・・・ 243
iterable ・・・ 83
Iterator ・・・ 65

J

jobs ・・・ 353
join table ・・・ 305
JSON Web Token ・・・ 181
junction table ・・・ 305
JWT ・・・ 181

K L

Laravel ・・・ 127 ,183
LGTM ・・・ 341
litespeed ・・・ 8
LogicException ・・・ 156
LSP ・・・ 237

M

match ・・・ 43
mixed ・・・ 85
Model ・・・ 260
Model-View-Controller ・・・ 260
Monolog ・・・ 165
MVC ・・・ 260

N

name ・・・ 352
namespace ・・・ 69
nesbot/carbon ・・・ 108
never ・・・ 86
new ・・・ 76
notice ・・・ 164
NowDoc 構文 ・・・ 22
null ・・・ 83
nullable ・・・ 83
null 不許可 ・・・ 300

O

OAuth ・・・ 173 ,373
object ・・・ 84
OCP ・・・ 234 ,258
on ・・・ 352
open_basedir ・・・ 208
OpenAPI ・・・ 285
ORM ・・・ 129 ,307
OR マッパー ・・・ 307
OS コマンド インジェクション ・・・ 203

P

Packagist ・・・ 107
parent::__construct() ・・・ 57
parent::__destruct() ・・・ 58
password_hash ・・・ 190
PATCH ・・・ 280
PEAR ・・・ 121
PER ・・・ 99 ,101

Permissions …… 373
PHP …… 1 ,4
PHP Tools …… 9
php.ini …… 208
PHP/FI …… 9
PHPDoc …… 88
PHP-FIG …… 99
PHPStan …… 359
PHPUnit …… 327
PHP タグ …… 20
POST …… 280
private …… 60
protected …… 60
PSR …… 99 ,100
PSR-3 インターフェイス …… 165
PSR-3 ロギングインターフェイス …… 164
PSR-4 規約 …… 115
public …… 60
PUT …… 280

Q R

RAD …… 309
Red …… 321
Refactor …… 322
Refresh Token …… 180
remove …… 111
require …… 47 ,108
require_once …… 48
require-dev …… 112
RESTful API …… 277
RFC …… 16
run …… 353
runs-on …… 353
RuntimeException …… 157

S

salt …… 190
SAPI …… 7
search …… 107
Secure …… 202
self-update …… 112
Service Provider …… 178
session_regenerate_id …… 210
Session 認証 …… 175
Slack 通知 …… 371
Slim …… 146
snake_case …… 283
SOLID 原則 …… 228
SP …… 178
SPL …… 156
spl_autoload_register() …… 48
SQL インジェクション …… 205
SRP …… 228
static …… 85
steps …… 353
Swagger …… 285
switch …… 42
Symfony …… 11 ,133

T

TDD …… 319
throw …… 159
Traits …… 96
Travaersable …… 84
try …… 159

U

union …… 85
unsigned int …… 21
update …… 111
URL …… 279
User-Agent …… 194
utf-8 …… 202

V

View …… 260
void …… 83 ,86

W

warning……164
Web サーバー……7
Web アプリケーションフレームワーク……123
What you have……188
What you know……188
while……44

X

XP……316
XSS……201

Y

YAML……352

Z

Zend Framework……121

あ行

アーキテクチャ……219 ,222
アーキテクチャパターン……260
アウトバウンドポート……273
アカウント ID……176
アクセス権……60
アクセストークン……180
アクター……229
アジャイル開発……316
値……79
値渡し……49
アダプター……273 ,274
後処理を行う……159
アトリビュート……88 ,91
アプリケーション……153
アプリケーション層……265
安全なウェブサイト……217
アンチパターン……260 ,275
安定度……224
安定度が高い……226
安定度が低い……225
依存……224
依存関係……104 ,224
依存性逆転の原則……248 ,254 ,269 ,271
依存性の注入……254
依存性のルール……269
依存の向き……224
一般ユーザー……243
イプシロン……22
入れ子……283
インクリメント……31
引数……49
インスタンス化……55
インターフェイス……65
インターフェイスアダプタ……270
インターフェイス分離の原則……243
インバウンドポート……273
インピーダンスミスマッチ……296
インポート……72
運用戦略……293
英語……337
HTTP ヘッダ インジェクション……213
エイリアス……72
エクストリーム・プログラミング……316
SQL インジェクション……205
エスケープ……199
エスケープシーケンス……23
エスケープ処理……199
円記号……24
演算子……30
減算子……31
エンティティ……270
応用機能……63
OR マッパー……307

OSコマンド インジェクション ············203
オートローディング················· 114,117
オーバーライド···························· 64
オープン・クローズドの原則···············234
オブジェクト······························ 76
オブジェクト指向·························· 11

か行

下位····································249
開始タグ······························ 4,20
開発用パッケージ························112
開発プロセス····························313
外部ファイル参照························· 47
各原則間の関連性························257
学習曲線················ 132,139,145,150
拡張モジュール···························· 7
格納····································· 78
加算子··································· 31
カスタムハンドラー······················166
型······································· 28
型演算子································· 37
型宣言···················· 28,81,82,84,87
可変長引数リスト························· 49
関心事··································229
関数····································· 49
関数従属性······························298
完全修飾名······························· 69
管理者··································243
キー····································· 79
記述方法·································· 4
機能テスト······························126
基本演算子······························· 30
基本機能································· 54
基本構文································· 19
機密情報································169
規約····································115
キャメルケース··························283
クエリパラメータ························282
クラス定数······························· 87
クラスの応用機能························· 63
クラスの基本機能························· 54
クラスの自動読み込み····················· 48
クリーンアーキテクチャ·········· 256,268,269
クロスサイト スクリプティング ············201
クロスサイト リクエスト フォージェリ ······211
継承····································· 64
継続的インテグレーション········ 324,349,350
継続的デリバリー························350
結合演算子······························· 39
結合代入演算子··························· 39
コアコンポーネント······················135
高凝集··································256
交差型··································· 86
更新····································112
高度な演算子····························· 33
構文····································· 20
コードレビュー··························339
心構え······························ 342,343
誤差····································· 22
個数····································· 78
異なる例外型····························160
コメント································· 20
コンストラクタ··························· 57
コンテキスト情報························168
コントローラー··························260

さ行

サニタイズ······························199
サブクラス······························· 64
算術演算子······························· 30
参照····································· 71
シークレット····························374
式······································· 29
自動テスト······························327

自動読み込み………………………… 48
終了タグ…………………………… 4 ,20
順番………………………………… 80
上位………………………………… 249
条件分岐…………………………… 42
詳細………………………………… 248
情報処理推進機構………………… 217
新機能……………………………… 1 ,77
数値………………………………… 21
スカラ型宣言……………………… 82
スクラム…………………………… 316
ステータスコード………………… 195
ステータステキスト……………… 195
ステータス行……………………… 194
ステートレス……………………… 181
ストラテジーパターン…………… 258
スネークケース…………………… 283
正規化……………………………… 297
脆弱性……………………………… 196
脆弱性一覧………………………… 200
脆弱性検知………………………… 366
脆弱性チェック…………………… 366
整数………………………………… 21
静的解析…………………………… 358
制約………………………………… 301
セーフリスト……………………… 198
セキュリティ……………………… 191
設計………………………………… 219
設計原則…………………………… 221
セッション ハイジャック ……… 209
設定より規約……………………… 140
セミコロン………………………… 5
セルフレビュー…………………… 340
ソーシャルログイン……………… 177
疎結合……………………………… 256

た行

代入………………………………… 74
代入演算子………………………… 32
タイプヒンティング……………… 81
タグ………………………………… 4 ,20
多対多……………………………… 305
単一責任の原則…………………… 228
単体テスト………………………… 126
中間テーブル……………………… 305
抽象………………………………… 248
抽象クラス………………………… 67
抽象メソッド……………………… 67
通信規約…………………………… 192
定義………………………………… 69
定数………………………………… 26
ディスク容量……………………… 168
ディレクトリ トラバーサル …… 207
データアクセス層………………… 264
データベース設計………………… 293 ,296
データ型…………………………… 301
適応型ソフトウェア開発………… 316
適切なログレベル………………… 168
デクリメント……………………… 31
デザインパターン………………… 258
テスト駆動開発…………………… 319
デストラクタ……………………… 58
デフォルト引数…………………… 49
動的型付け………………………… 28
トークン認証……………………… 180
ドキュメンテーションコメント… 21
ドキュメント……………………… 285
特殊な演算子……………………… 38
独自例外…………………………… 157
特徴………………………………… 4
ドメイン…………………………… 273
ドメイン層………………………… 265
トランクベース開発……………… 324
ドルマーク………………………… 5

トレイト…… 95 ,96

な行

ナイーブツリー…… 305
投げる…… 159
名前空間…… 69
名前付き引数…… 49
入力値…… 196
二要素認証…… 188
認可…… 171 ,173
認証…… 171 ,172
認証強度…… 188
ネスト…… 283

は行

排他的論理和…… 33 ,36
配列…… 24 ,78 ,79
配列の短縮表記…… 12
パスワード…… 176
パスワードの保存方法…… 190
パターン…… 221
バックスラッシュ…… 24
パッケージ・バイ・フィーチャー…… 276
パッケージのインストール…… 108
パッケージの検索…… 107
パッケージの更新…… 111
パッケージの削除…… 111
パッケージのバージョン指定…… 110
パッケージマネージャー…… 103
ハッシュ…… 80
ハッシュテーブル…… 80
発展プロセス…… 16
バッファオーバーフロー…… 215
バリデーション…… 125 ,143 ,198
配列演算子…… 40
ハンドラー…… 166
バンドルシステム…… 135
ヒアドキュメント…… 22
比較演算子…… 38
引数…… 49
ビジネスロジック層…… 264
非推奨ルール…… 86
ビット演算子…… 35
ビット積…… 36
ビット和…… 36
否定…… 33 ,36
ビュー…… 260
標準化…… 99
標準関数…… 7
ビルトインウェブサーバー…… 12
フィッシング詐欺…… 202
浮動小数点…… 21
ブランチプロテクションルール…… 376
振る舞い駆動開発…… 338
プレイグラウンド…… 360
フレームワーク…… 11 ,119
フレームワーク＆ドライバ…… 270
プレゼンテーション層…… 264
プロジェクトの作成…… 107
ブロック…… 6
プロトコル…… 192
プロパティ…… 55 ,84
文法…… 5
ペアプログラミング…… 323
平文のパスワード…… 190
ベースラインファイル…… 362
ヘキサゴナルアーキテクチャ…… 256 ,268 ,273
ヘキサゴン…… 273
別名…… 72
編集者…… 243
変数…… 26
変数名…… 26
ポート…… 273
ポートとアダプター…… 273

捕捉する……159

ま行

マイグレーション……309
ミドルウェア……147
無名関数……52
メーリングリスト……16
メソッド……56
文字列……22
文字列演算子……39
文字列リテラル……22
モダンな機能……77
モデル……260
戻り値……51 ,82
モブプログラミング……323

や行

有向非循環グラフ……255
ユースケース……270
優先順位……41
ユニーク制約……302
要素……78

ら行

ライフサイクル……14
ライブラリ……120
リクエスト……124 ,192 ,282
リクエストヘッダ……193
リクエストボディ……194 ,283
リクエスト行……193
リスコフの置換原則……237
リテラル……22
リファクタリング……322 ,333
リファレンス……74 ,76
リファレンスの代入……74
リファレンス渡し……49 ,75
リフレッシュトークン……180
リリースサイクル……131 ,139 ,144 ,150
リリースマネージャー……15
リレーショナル・データベース……294
リレーションシップ……303
ルーティング……124
ループ……44
ルールチェック……198
例外……156 ,159
例外処理……155
例外を投げる……159
例外を捕捉……160
レイヤードアーキテクチャ……264
レインボーテーブル……190
歴史……9
レスポンス……124 ,192 ,282
レスポンスヘッダ……194
レスポンスボディ……195
列挙型……95 ,97
レビュアー……343
レビュイー……342
レベル……359
連想配列……24 ,79
ロギング……155 ,168
ログレベル……164
ログを記録……163
六角形……273
論理演算子……33
論理積……33
論理和……33

わ行

ワークフロー……377

著者プロフィール

宇谷有史

受託開発、事業会社で開発やサービスの企画を経験した後、2022年4月に株式会社カオナビ入社。カオナビではデータの蓄積や分析周りの機能の開発を担当。
趣味はコーヒーと積読とサッカー観戦。

島袋隆広

魂は沖縄に置いてあるバックエンドエンジニア。
心はPHPer、身体はGopher。

佐野元気

2017年に不動産会社向けの業務支援ツールを提供する会社に入社し、顧客管理機能の開発に従事。2020年1月に株式会社カオナビへ入社以後、バックエンドエンジニア→EMを経験。現在は開発チームのテックリードとして、分析機能関連の開発を担当している。

岩原真生

愛知県名古屋市出身。フルリモートワーカー。
就職後システムエンジニアとして、上流工程からリリースまで担当。
その後、ソーシャルゲーム会社でクライアントサイドからツール作成まで幅広く経験。
2021年4月カオナビに入社後、開発環境整備などに従事している。

富所亮

2005年中小SIerに入社以後、自社サービスと受託開発を交互に繰り返しながら、一貫してWebアプリケーションの開発に従事。2020年11月にカオナビに入社。バックエンドのエキスパートとしての業務の傍ら、PHP界隈の勉強会やカンファレンスに多数登壇。

矢田直

ソースコードは書くより消すのが好きなバックエンドエンジニア。
複数の企業でWebアプリケーションの開発、運用保守を経験。2019年4月に株式会社カオナビに入社し、ソースコードの整理整頓を日々取り組んでいる。

高橋邦彦

メーカー系のエンジニアからキャリアをスタートした後、受託系のWeb制作会社と自社サービスの会社を渡り歩いて、2023年10月に株式会社カオナビに入社し、プロダクト横断のプロジェクトに従事している。福岡で愛犬と暮らしつつ、フルリモートで仕事を行っている。

藤田泰生

SIerとして10年ほど働いたのち、ゲーム系のベンチャー企業でエンジニア兼プロダクトオーナーを経験。2021年6月に株式会社カオナビに入社。カオナビでは、プロダクトロードマップの作成や新規事業の企画/開発を行いつつ、EMとして組織横断的な活動をしている。

スペシャルサンクス（敬称略）

金城 秀樹、増永 玲、市川 快、新原 雅司、赤瀬 剛、びきニキ、大谷 祐司、長井 裕美、望月 眞喜、菊川 和哉、城福 彩乃

本書サポートページ

本書で使われるサンプルコードは秀和システムのウェブページのリンクからダウンロードして学べます。

● **秀和システムのウェブサイト**

https://www.shuwasystem.co.jp/

● **本書ウェブページ**

https://www.shuwasystem.co.jp/book/9784798073224.html

TECHNICAL MASTER（テクニカルマスター）
はじめてのPHP（ピーエイチピー） エンジニア入門編（にゅうもんへん）

発行日　2024年 12月 12日　　第1版第1刷

著　者　宇谷（うたに）　有史（ありふみ）／島袋（しまぶくろ）　隆広（たかひろ）／高橋（たかはし）　邦彦（くにひこ）／
藤田（ふじた）　泰生（やすお）／佐野（さの）　元気（げんき）／岩原（いわはら）　真生（まさき）／
矢田（やだ）　直（すなお）／富所（とみどころ）　亮（りょう）

発行者　斉藤　和邦

発行所　株式会社　秀和システム
〒135-0016
東京都江東区東陽2-4-2　新宮ビル2F
Tel 03-6264-3105（販売）Fax 03-6264-3094

印刷所　三松堂印刷株式会社　　Printed in Japan

ISBN978-4-7980-7322-4 C3055

定価はカバーに表示してあります。
乱丁本・落丁本はお取りかえいたします。
本書に関するご質問については、ご質問の内容と住所、氏名、電話番号を明記のうえ、当社編集部宛FAXまたは書面にてお送りください。お電話によるご質問は受け付けておりませんのであらかじめご了承ください。